缺陷岩体
纵波传播特性分析技术

俞 缙 著

北 京
冶金工业出版社
2014

内 容 提 要

本书主要介绍缺陷岩体中纵波传播规律及分析方法。全书共分7章，主要内容包括：节理非线性变形对弹性纵波在单节理和平行多节理处多重透射和反射规律的影响，节理岩体双重非线性弹性介质中的纵波传播规律，含缺陷岩体声波实验，含缺陷岩体声波信号处理技术与时频分析，含缺陷岩体的卸荷敏感及声学反应等。

本书可供土木、地质、石油、采矿、水利水电、交通、国防等领域从事岩土工程和工程物理探测及相关专业的生产、科研和教学人员阅读参考，也可作为大专院校工程地质、地球物理、石油工程、采矿工程、水利工程、岩土工程等专业高年级本科生和研究生的教学参考书。

图书在版编目（CIP）数据

缺陷岩体纵波传播特性分析技术/俞缙著. —北京：冶金工业出版社，2013.5（2014.6 重印）

ISBN 978-7-5024-6250-5

Ⅰ.①缺…　Ⅱ.①俞…　Ⅲ.①岩体—纵波—波传播—研究　Ⅳ.①P583

中国版本图书馆 CIP 数据核字（2013）第 093802 号

出 版 人　谭学余
地　　　址　北京北河沿大街嵩祝院北巷 39 号，邮编 100009
电　　　话　(010)64027926　电子信箱　yjcbs@ cnmip. com. cn
责任编辑　廖　丹　美术编辑　彭子赫　版式设计　孙跃红
责任校对　郑　娟　责任印制　牛晓波
ISBN 978-7-5024-6250-5
冶金工业出版社出版发行；各地新华书店经销；北京慧美印刷有限公司印刷
2013 年 5 月第 1 版，2014 年 6 月第 2 次印刷
169mm×239mm；15.5 印张；304 千字；240 页
45.00 元
冶金工业出版社投稿电话：(010)64027932　投稿信箱:tougao@ cnmip. com. cn
冶金工业出版社发行部　电话:(010)64044283　传真:(010)64027893
冶金书店　地址:北京东四西大街 46 号(100010)　电话:(010)65289081(兼传真)
（本书如有印装质量问题，本社发行部负责退换）

前　言

岩体作为一种天然的非均匀材料，其内部富含各种地质缺陷，包括微裂纹、孔隙以及节理裂隙等宏观非连续面。这些缺陷严重影响着岩体中应力波的传播速度和衰减特性。在工程地质物探与勘探、岩石爆破工程、防护工程等领域中，探究应力波在含缺陷岩体中的传播规律具有重要意义。鉴于含缺陷岩体的复杂性，当前单纯从数学力学角度解决岩石工程中的实际问题有较大困难，而仅采用定性描述的方法又不能满足工程要求。因此，结合理论分析、数值模拟以及物理实验等手段，开展系统深入的含缺陷岩体中纵波传播规律的研究，具有十分重要的经济价值和社会效益。本书对节理非线性变形对纵波在单节理和平行多节理处多重透射和反射规律的影响，节理岩体双重非线性弹性介质中的纵波传播规律，含缺陷岩体声波实验，含缺陷岩体声波信号处理技术与时频分析，含缺陷岩体的卸荷敏感及声学反应等，做了较为深入的研究与探讨。

全书共分7章。第1章是绪论；第2、3章介绍了纵波法向穿越弹性非线性变形单节理和平行多节理时的传播特性；第4、5章介绍了双重非线性岩石介质中的纵波传播规律；第6章介绍了缺陷岩石声学特征及其小波时频分析；第7章介绍了卸荷敏感岩体与岩芯卸荷扰动的声学反应。本书主要以作者在攻读博士学位期间以及工作以来的研究成果和工程咨询项目为基础撰写。在撰写过程中，注意学科体系的完整和概念描述的准确。为了便于读者阅读，书中对一些重要的公式进行了较详细的推导，也给出了部分计算程序的源代码。

衷心感谢钱七虎院士在作者进行博士后研究阶段给予的悉心指导，

本书正是在他的鼓励和支持下完成的。书中的研究工作获得了国家自然科学基金项目（51109084）的资助，也得到了中国矿业大学深部岩土力学与地下工程国家重点实验室开放基金资助项目（SKLGDUEK1012），中国科学院武汉岩土力学研究所岩土力学与工程国家重点实验室开放基金资助项目（Z012002）、地质灾害防治与地质环境保护国家重点实验室开放基金资助项目（SKLGP2013K014）以及大连理工大学承担的973国家重点基础研究发展计划子课题（2011CB013503）的委外科研经费的资助。书中的研究成果都是作者所在的研究团队共同努力的结果，其中蔡燕燕博士、潘树来博士（澳门），宋博学、张亚洲硕士研究生做了重要工作，郑春婷、戚志博、胡舜娥、陈旭、穆康、江文放、江浩川、俞凯木、张建智等硕士研究生也都有一定贡献，在此向他们表示衷心的感谢。

　　本书在撰写过程中，得到了解放军理工大学王明洋教授、重庆大学周小平教授、中国科学院武汉岩土力学研究所陈卫忠研究员、南京大学李晓昭教授和赵晓豹副教授、大连理工大学李宏教授、江西理工大学中国生教授、南京水利科学研究院明经平高级工程师、中国地质大学吴文兵博士后等专家给予的大力支持和无私帮助，在此向他们表示诚挚的感谢。此外，作者还参阅了国内外相关专业的大量文献，已全部列入书后的参考文献中，向所有文献的作者一并表示衷心的感谢！

　　含缺陷岩体波动力学是一门正在发展着的边缘性交叉学科，有许多理论和实际应用问题尚需进一步研究和完善。由于作者水平及经验有限，书中难免有不足或不妥之处，敬请同仁和广大读者批评指正。

作　者

2013 年 1 月于杏林湾畔

目　　录

第1章 绪 论

1.1 引言

岩石（体）是天然形成的，性质十分复杂的地质介质，与实验室内制作的普通人造固体材料显著不同。岩石（体）有其特有的形成过程，经历了漫长的、不同程度和不同形式的地质构造运动，是赋存于一定地质环境之中，受地应力、地温和地下水影响的，内部存在各种缺陷（包括孔洞、孔隙、裂隙、节理、层理、断层和其他软弱结构面以及褶皱、不整合接触面等地质构造）的，含固、液、气三相物质的地质体。天然岩体具有非连续性、各向异性、非线性、非均质性等特征（见图1-1），这就使岩石工程较其他工程形式更加难以掌控（Goodman，1980）。这其中，岩体内的缺陷对岩体的力学、水力学及工程性质的影响起至关重要的作用。岩石力学家Brown（1987）就曾说过：考虑节理、裂隙及孔隙等地质缺陷对岩石影响的研究和模型化方法，已经成为岩石力学与岩石工程领域区别于其他工程领域的一大特色。

图1-1 岩体的特征

天然岩体中的固有缺陷多种多样，大小和层次不同，形状和分布各异。图1-2~图1-6分别显示了不同岩石在宏观、细观和微观下的孔隙及裂隙分布情况。其中，图1-2为天然砂岩、灰岩、玄武岩的典型宏观成组节理图；图1-3为砂岩试样细观孔隙结构图；图1-4和图1-5分别为电镜下砂岩试样微孔隙和花岗岩试样微裂隙的微观照片；图1-6所示为两种典型的裂纹形式。

图 1 - 2　典型宏观成组节理图

（a）砂岩；（b）灰岩；（c）玄武岩

图 1 - 3　砂岩试样细观孔隙结构图

图 1 - 4　砂岩及砂岩试样在电镜下的微孔隙图

图 1-5 花岗岩及花岗岩试样在电镜下的微裂隙图

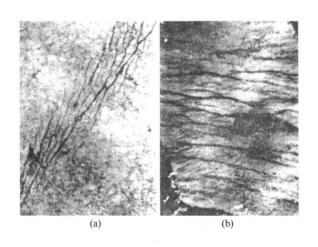

(a) (b)

图 1-6 裂纹形式

(a) 雁列式裂纹;(b) 横裂纹

　　节理、裂隙以及孔隙等缺陷结构对岩体的力学性质以及岩体中应力波的传播有很大影响。通常认为,节理、裂隙等缺陷结构会导致岩体中波的振幅衰减及波传播速度减慢。由于岩体的破坏准则往往是根据波振幅的门槛值(如位移峰值、质点速度或加速度峰值)来确定的,因此在解决防灾减灾与防护工程和岩土工程(岩体动力学及其与结构相互作用)问题时,缺陷结构对爆破波、地震波等多种类型应力波衰减的影响成为学者们最为关心的问题(Mohanty,1998)。另一方面,鉴于含缺陷岩体材料的复杂性,当前单纯从数学力学角度解决岩石工程的实际问题有较大困难,而仅采用定性描述的方法又不能满足工程设计、施工的要求。为解决有关问题，人们提出了岩石（体）地震勘探方法，如声波测井技术。值得一提的是，岩石材料声学特性研究轨迹与近几十年来岩体力学的发展动向是一致的，但相关研究还十分欠缺。

应力波在节理、裂隙岩体中的传播问题，除了在岩石工程学、防灾减灾与防护工程学、声学学科领域中受到广泛重视，还涉及地球物理、工程力学、地下工程、固体力学、地质工程、采矿工程、结构工程、材料科学、信号处理、应用数学与计算数学等众多的学科领域，属于多学科间高度交叉的科学范畴。本书针对应力波在节理、裂隙岩体中传播的若干问题，主要包括岩石节理非线性法向变形本构关系，节理非线性变形及其非线性程度对弹性纵波在单节理及平行多节理中法向传播的影响，裂隙岩石（体）声波测试及其信号处理方法等，作了较为深入的研究与探讨。

1.2 国内外研究现状

1.2.1 节理非线性变形特性及本构模型

岩体通常由岩石和不连续结构面两部分组成。这些不连续面包括小的微裂隙、微孔隙和大的节理、断层（以下统称为节理）。与微裂隙和微孔隙不同，宏观节理的存在会使应力波传播至节理时，节理两侧的位移场不连续。此外，节理在应力作用下产生的变形直接影响岩石的裂隙分布、接触面分布及裂隙空间连通等特性，这些特性的改变是岩体材料变形、破坏及导水特性发生变化的主要力学机制。因此岩石节理法向变形本构关系成为节理岩体力学及岩体水力学研究中的基础课题。目前对节理岩体变形本构模型的研究大致分为如下两类：

（1）理论法：该方法以接触力学理论、损伤力学理论以及概率论等理论为基础，依据一定的假设条件，从理论上推导出法向应力与变形、剪应力与剪切位移之间的函数关系，从而进一步进行实验验证。这种方法所建立的模型形式较为复杂，代表性模型如 Desai 等（1992）提出的 DSC 模型。

（2）半经验半理论法：该方法以节理面本身为研究对象，将其视作位移不连续体，先进行节理闭合实验，得到节理闭合变形曲线，分析其不同受力条件下的接触状态和本构关系，然后利用数学力学方法唯象地对实验结果进行拟合，建立节理闭合变形模型。这种方法形式较为简单，更适合于动力学问题的研究。本书主要侧重于第二类问题的讨论。

节理法向变形可由法向应力 - 应变曲线来描述。Goodman 等（1968）最早引入了"法向刚度"和"切向刚度"的概念来分别描述法向应力对于法向位移的变化率和剪切应力对于剪切位移的变化率，并认为刚度值取决于节理面特性，如初始接触面积、粗糙峰分布情况及其强度与变形特性、表面粗糙程度、充填物特性等。之后岩石节理法向非线性变形特性在静态单调加载条件下得到了广泛研究：Shehata（1971）首先采用半对数函数模型进行模拟；随后 Goodman（1975）建议用双曲线模型来描述节理法向闭合量 d_n 和节理法向压应力 σ_n 的关系；接着 Kulhaway（1975）提出了另一种形式更为简洁的双曲线模型。在对闪长岩、石灰岩、砂岩、泥质粉砂岩等不同岩性岩石进行大量室内试验的基础上，Bandis 等（1983）指出节理法向变形与法向应力对数值在整个应力域中并非呈线性关系，并和 Barton 等（1985）共同修正了 Goodman 模型，建立了一种新的双曲线模型——BB 弹性非线性模型（以下简称为"BB 模型"）。该模型简洁直观且参数易通过试验直接获得，并能较好地反映节理变形的非线性特征，在岩石力学与工程领域中被广泛运用。国内，周建民等（2000）在石灰岩、辉绿岩、板岩试验数据基础上，基于双曲线模型和对数模型提出了一种新的幂函数模型。Swan（1983）、Sun 等（1985）、Matsuki 等（2001）、Xia 等（2003）基于 Hertzian 接触理论，也各自提出了能够反映岩石节理非线性变形特征的模型。与前述模型不同，此类模型利用接触面积增大和接触体数量增加来反映变形的非线性，但仍假设粗糙微粒经历线弹性变形。近年来节理动态加载条件下的变形特性研究也有所进展：Cai（2001）在采用动态单轴压力实验机的节理岩石加载试验中，在应变率为 $10^{-1} \sim 10^{0} s^{-1}$（准静态）以下时，将静态 BB 模型推广至准静态条件。尤其值得一提的是，Cai（2001）还在节理应变率为 $10^{-1} \sim 10^{3} s^{-1}$（动态）时，采用动态单轴压力实验机对岩石节理法向动态力学特性进行了更为广泛的实验研究，发现 σ_n - d_n 关系仍符合双曲线规律，提出了 K_{ni}（节理初始切线刚度）与 d_{ma}（节理最大允许闭合量）随应变率变化的经验公式，推广建立了动态 BB 模型并将其嵌入 UDEC 程序中。Yang 等（2005）利用灰泥材料人工制备节理，进行 $10^{-1} \sim 10^{3}$ MPa/s 加载速率下的室内试验，进一步验证了动态 BB 模型。Wang（2007）基于试验拟合发现双曲线、指数函数、幂函数的拟合结果稍好，半对数函数拟合结果很差，同时建立了考虑率效应的节理动态经验本构模型。Zhao 等（2000）和 Zhao（2004）认为天然岩石节理在地质历史中一般都经历多次变形，故也采用 BB 模型研究纵波在具有非线性法向本构关系的单一及平行节理处的传播特征。俞缙等（2007）分别利用 BB 模型和经典指数模型研究了不同非线性节理变形行为下纵波的传播规律。目前学者们对准静态条件下 K_{ni} 与 d_{ma} 的物理意义和确定方式已基本达成共识，但是随着对岩石节理法向变形特性研究的不断深入和试验仪器精密化程度的提高，人们逐渐认识到以往的模型对 σ_n - d_n 曲线非线性程度的描述还很不完善。Malama 等（2003）对 Arizona 闪长岩、花岗闪长岩岩样进行节理法向加载试验时就发现，在中应力水平条件下，以往模型模拟结果与试验结果发生显著偏离，并在经典指数模型基础上提出了统一指数模型（generalized exponential model）。

对于法向循环荷载作用，最初 Goodman（1989）假定卸载曲线与加载曲线重合，从而对于卸载过程和重新加载过程无需定义新的本构方程，适用于强度较高的岩体结构面，如较硬岩石的无充填节理。Jing 等（1994）假定卸载阶段的应力位移特性为线性关系，沿加载曲线的切线方向线性卸载，重新加载时仍采用双曲线函数，适用于断层、软弱夹层等强度较低的岩体结构面。Makurat 等（1995）、Huang 等（2002）、Xia 等（2003）对人工裂隙和天然岩石裂隙进行了法向循环加载试验。结果表明：卸载曲线也可以用双曲线函数较准确地模拟，同样以法向最大压缩位移为渐近线；初次卸载时法向应力位移卸载曲线急剧下降；循环加载将产生较大的残余位移；每次加载 - 卸载循环过程中，卸载刚度高于加载刚度；循环加载过程中整体呈现硬化的特征，并逐渐接近为非线性弹性模型。此外，Bandis（1990）、Boulon 等（2002）、Souley 等（1995）都采用双曲线模型建立法向循环加载本构关系。但由于对卸载过程和重新加载过程法向起始刚度的假定各不相同，因此尚未能提出统一的法向循环加载本构方程。例如，对于重新加载过程，Boulon 等（2002）假定在法向应力为 0 时，重加载曲线的起始刚度按法向初始刚度取值，而 Souley 等（1995）假定这一刚度为前一循环的加、卸载曲线起始刚度的平均值。尹显俊 等（2005）也对岩体结构面法向循环加载本构关系进行了相关研究，王光纶等（2005）对岩体结构面三维循环加载本构关系进行了研究。

1.2.2 节理、裂隙及孔隙等岩体缺陷对应力波传播的影响

应力波穿越岩石节理时会产生波速下降及波幅衰减现象，这已经被众多研究者的实验所验证。Seinov 和 Chevkin 很早就指出应力波衰减取决于裂隙的数量、宽度以及充填物的波阻抗。Morris 等（1964）通过现场及室内试验发现横截面有单节理的钻孔墙的声波测井信号振幅下降。Yu 和 Telford（1973）发现单节理在受载荷情况下仍能反射 60Hz ~ 1kHz 入射波 96% 的能量。Kleinberg 等（1982）发现应力波穿越单节理时振幅下降并伴有波形转换。King 等（1986）进行了跨孔（节理间距 0.2 ~ 0.5m）纵波（波长约 0.1m）测试，发现与平行于节理方向应力波相比，穿越节理方向的应力波波速和波幅更小，波频更低。与此同时，相关理论也层出不穷。这些理论主要分为微裂隙的影响；节理（众多共线微裂隙、微空隙和微接触体的集合体）的影响两类。

1.2.2.1 微裂隙、微孔隙对应力波传播的影响

微裂隙对波的散射作用已经通过反射、透射系数的测定所证实。Mal（1970）、Martin 和 Wickham（1981，1983）、Achenbach 等（1982）分析了硬币状（penny - shaped）单一微裂隙的散射作用。之后 Boström 和 Eriksson（1993）用弹簧界面验证了双微裂隙的散射作用，Angle 和 Achenbach（1985）研究了共列裂隙对法向及斜向入射波的散射。此外，Achenbach 和 Kitahara（1986）对共列球形孔

隙，Angle 和 Achenbach（1987）对双列裂隙，Achenbach 和 Li（1986a）对多列裂隙，Achenbach 和 Li（1986b）对单列斜向掩蔽物情况，Mikata 和 Achenbach（1988）对单列斜向裂隙情况，Piau（1979）、Sotiropoulos 和 Achenbach（1988）、Zhang 和 Gross（1993）、Eriksson 等（1995）对随机分布裂隙等都进行了详细的研究。Rinehart（1981）指出对于裂隙长度比间距大很多的贯穿裂隙，可用弹性波在平面界面上的透反射分析方法研究。由于对如此复杂的问题解析解很难得到，因此数值方法（如边界元法）被大量运用。Morris 等（1979）对非线性裂隙的影响进行了计算并发现了高频谐振（higher harmonics）现象。Hirose 和 Achenbach（1993）采用时间域边界元法对非线性变形的单裂隙的散射作用进行了计算，发现高频谐振现象在远场中仍有体现。此外，Capuani 和 Willis（1997）对一维瞬态波入射线性与非线性变形平面界面进行了比较。钱七虎、王明洋等（1994）还利用动力有限元法研究三相介质饱和土自由场中爆炸波的传播规律及其在障碍物上的反射载荷。

除解析与数值方法以外，等效介质理论（equivalent medium theories）也被广泛地运用于波在两相介质和裂隙（裂隙尺寸远小于入射波长）介质的传播问题中。该理论中岩块与裂隙共同被等效地看作为连续、均匀、各向异性介质，通过波动方程，利用有效弹模（effective elastic moduli）建立与波速、衰减的联系，揭示不同的衰减机制。White（1983）介绍了对于散射介质的复合模量（complex moduli）法（两个独立复合模量要求各向同性介质，介质各向异性程度决定模量个数）。

Biot（1956）最早研究了波在流体饱和（fluid‐saturated）孔隙介质中的传播问题，他就饱和平行圆柱孔隙对波衰减的影响提出了许多重要的假设。他利用液体与固体骨架间的黏性界面来体现非弹性特性，导出了依赖频率的衰减系数，并发现其在低频条件下与 f^2、在高频条件下与 $f^{1/2}$ 成正比。之后，McCann 等（1985）将 Biot（1956）理论扩展到实际大小分布孔隙的液体饱和（liquid‐saturated）岩体中，并发现衰减系数在 $10\text{Hz} \sim 2.25\text{MHz}$ 范围内与频率呈线性关系。Eshelby（1957）基于能量考虑建立了有效弹模（effective elastic moduli），研究了含椭圆体的各向同性介质内部及外部的应力场、应变场。该方法后来被 Nur 和 Simmon（1969）、Nur（1971）推广到各向异性及裂隙分布的岩石介质中去，其中波速的各向异性通过考虑随压力变化的裂隙参数的方法来评价。Walsh（1965）假设裂隙处无应力场相互作用，提出残余应变能法计算有效弹模，该法仅适合于小裂隙密度。O'connell 和 Budianski（1974）提出了一种自相容方法来计算含随机方向性的椭圆裂隙固体的有效弹模，此时考虑了高度集中裂隙的应力场相互作用，且是在干性或部分饱和情况下计算波速。O'connell 和 Budianski（1977）运用同样方法对流体饱和裂隙介质的波衰减作用作了进一步研究。

Garbin 和 Knoff（1973，1975）提出在随机分布圆形空裂隙及液体饱和裂隙介质中，考虑入射角及波偏振现象的波速变化时的有效模量计算方法。Chatterjee 等（1980）运用同样方法研究了充填黏性液体的平行硬币状裂隙对波速、波散射及黏性衰减的影响，并指出在低频情况下，液态黏性比散射对波的影响更为显著。Hudson（1980，1981）提出一种滤波法（method of smoothing）计算有效弹模，进而研究裂隙尺寸与分布集中程度都较小的介质的波速及衰减问题。研究表明波散射造成的衰减不仅与波频有关，还与裂隙密度、裂隙半径与波长比值的三次方成正比。Hudson（1986，1990）、Hudson 和 Knopoff（1989）、Peacok 和 Hudson（1990）将滤波法推广到裂隙密度无序且含多方向裂隙列的介质中。Hudson（1988）修正了解析表达式来评价部分饱和椭圆裂隙介质的波衰减，结果显示该情况因液体的流动而不同于完全干性和完全饱和裂隙情况。后来 Xu 和 King（1989，1990）的实验证实了 Hudson（1981）理论，并指出品质因子比波速对裂隙介质更为敏感。Ass'ad 等（1993）进行了随机裂隙分布介质中横波（S 波）散射实验，与 Hudson（1981）理论计算结果比较后发现在裂隙密度为 7% 时吻合良好，但在裂隙密度在 10% 以上时偏差很大。Dzebam 的试验结果与 Knopoff 计算出的平面纵波（P 波）、横波（S 波）传过无限介质中无限薄润滑裂缝的传播系数基本吻合。国内文献中，张光莹（2003）对含分布裂缝岩石的弹性本构及波传播特性做了研究。刘斌等（1998）对不同围压下孔隙度不同的干燥及水饱和岩样中的纵横波速度及衰减特性进行了研究。赵明阶（1998）进行了裂隙岩体在受荷条件下的声学特性研究。毕贵权（2004）进行了裂隙介质中波传播特性试验研究。

Mavko 和 Nur（1975）、O'Connell 和 Budianski（1977）提出液体喷射理论来解释波在完全饱和裂隙岩体中的衰减现象。后来 Mavko 和 Nur（1979）又提出气泡在不完全饱和裂隙岩体中的运动机制。Johnston（1978）又对干性及饱和裂隙岩体中波的衰减（归结于裂隙面和颗粒边界的滑移摩擦）作了深入研究。Hudson（1981）认为裂隙对波的散射及依赖频率的衰减系数与 Chatterjee 等（1980）推导出的结果相同。Miksis（1988）基于孔隙与所含液体的接触线运动（contact line movement）研究波的衰减。Murphy（1982a，1984b，1984）通过对颗粒及裂隙边界的滑移实验验证了波的衰减，之后 Mochizuki（1982）又将 Murphy 的实验结果与 Biot 模型（1956）的理论预测进行比较，并阐明其中的差异是由于实验频率范围内不同的衰减机制造成的。Johnston 等（1979）和 Crampin（1981）详细讨论了其衰减机制，并得出摩擦消散主要存在于超声频域，流体喷射流动主要存在于低频范围，显然衰减机制的类型还与裂隙特性及饱和条件有关（例如摩擦更容易发生于窄裂隙，而气泡运动只发生在部分饱和裂隙中，喷射流只发生于完全饱和裂隙中）。Spencer（1981）、Jones 和 Nur（1983）、Winkler

（1983）的实验结果均体现出不同饱和程度下孔隙岩体的波速差异（1Hz ~ 1MHz）。Spencer（1981）和 Winkler（1985）又揭示了部分饱和及完全饱和裂隙岩体中波的品质因子对频率的依赖性。Green 等（1993，1994）对不同约束应力、饱和程度的Berea 砂岩和熔融玻璃样品在 0.03Hz ~ 0.1kHz、0.6kHz ~ 1MHz 波条件下的衰减及品质因子进行测试，发现品质因子均随约束应力与波频率的变化而改变。

1.2.2.2 节理对应力波传播的影响

有关应力波在裂隙（相对于波长具有较小尺寸）岩体中的传播理论对节理（相对于波长而言长度很大但厚度很小）岩体是不适用的。当节理间含液体或固体充填物时常被看做在高波速介质中的低波速夹层处理，即层状介质（Ewing 等（1957），Brekhovskikh（1980），Bedford 和 Drumheller（1994））。当 P 波、S 波射入介质的界面，除了发生反射与透射外，还会出现局部波（localized wave）。自由界面会产生 Rayleigh 波（固 - 固界面上是 Stoneley 波，固 - 液界面上是Scholte 波）。局部波在自由边界临近处无散射传播，衰减比 P 波、S 波稍慢，因此造成破碎的潜力大，而在成层介质中，局部波是在自由边界处有散射（由多重反射引起）的传播。Thomson（1950）、Haskell（1953）首先推导出波在成层介质中传播的矩阵表达式，此时单一界面上的位移与应力与其他界面的有关。Aki 和 Richards（1980）、Kennett（1983）用传播矩阵法对多层介质中一维波传播及质点共振进行解析与数值研究。Watanabe 和 Sassa（1995）对一维 P 波穿越节理区时的波速及振幅变化进行试验，此时节理带被视作低波速夹层介质，主要分析了层数、层厚、分布规律及其物理力学参数对应力波传播的影响，所得试验结果与传播矩阵法所得计算结果吻合较好。Rytov（1956）、Helbig（1984）推导了周期性层状介质（periodically layered medium）中波的散射方程，发现透射波频域中有明显的高能与低能透射带宽。Cetinkaya 和 Vakakis（1996）采用双重积分变换法分析了轴对称加载条件下有限双周期性层状介质的瞬态响应。

当节理厚度远小于入射波波长时，节理处应力场是连续的，而位移场却是非连续的。一些学者提出位移不连续理论（节理被视为非黏结界面、不完全黏结界面、滑移界面）来研究此类问题。Goodman（1976）、Swan（1981）、Zhao（1987）针对拉张节理，Bandis 等（1983）、Zhao（1987）针对天然节理受法向或切向应力造成的张开、闭合、滑移现象进行了研究并发现含节理岩样变形要大于完整岩样，这启发人们用位移不连续体对其进行描述，用节理比刚度（fracture specific stiffness）来描述节理面上应力与不连续位移的关系。

Jones 和 Whitter（1967）用位移不连续理论研究了波传过弹性黏结的两个相异空间。Schoenberg（1980）、Myer 等（1985，1990，1997）、Myer（1991，1998）、Pyrak - Nolte（1988，1996）、Pyrak - Nolte 等（1990a），Suárez - Rivera（1992）、Haugen 等（2000）、Daehnke 和 Rossmanith（1997）研究了 P 波、S 波

穿越非线性变形单节理的传播特性，White（1965）、Miller（1977，1978）、Chen 等（1993）研究了 S 波穿越率相关滑移节理，Pyrak‑Nolte 和 Cook（1987）、Pyrak‑Nolte 等（1990，1996）、Gu（1994）、Pyrak‑Nolte 和 Nolte（1995）、Roy 和 Pyrak‑Nolte（1995，1997）研究了平面波穿越线性变形单节理，Cai（2001）、Zhao 和 Cai（2001）用非线性位移不连续模型与一维波动方程特征线法结合的方法研究了纵波穿越非线性变形单节理的衰减特性，并讨论了高频谐波现象；Frazer（1995）在不假设大波长情况下对 SH 波传过平行多节理时衰减及波速降低现象进行了理论研究。在数值模拟方面，基于连续位移假设，Goodman 等（1968）、Ghaboussi 等（1973）的有限元法（FEM）计算中节理被视为特殊单元；Crotty 等（1985）、Pande 等（1990）的边界元法（BEM）计算中节理被视为边界面；Gu 等（1994，1995）、Coates 和 Schoenberg（1995）的有限差分（FDM）计算中节理被视为滑移线。因连续位移假设的节理位移与岩块旋转均过小的限制，更多的是采用基于位移不连续假设的离散元法（DEM）进行研究，Lemos（1987）用离散元法对坝基与断裂带处节理岩体进行了动态分析，Dowding 等（1983）用 UDEC 对节理岩体中的井巷工程进行了计算分析，Chen 等（1998，2000）、Zhao 等（2002）用 UDEC 模拟了爆炸波在节理岩体中的传播，Fan 等（2004）对 UDEC 模拟应力波在节理岩体中传播时入射边界条件对模拟结果的影响进行探讨，Zukas 等（2000）、Scheffler 等（2000）研究了动态建模中单元网格划分、材料本构关系和参数对模拟结果的影响，Chapman 等（1995）用 AUTODYN2D 模拟爆破波并与试验结果进行了比较。

　　Schoenberg（1980）、Pyrak‑Nolte 等（1988）推导出线弹性位移不连续模型下，一维情况时以任意入射角射入干性（线性弹簧模型）单节理的应力波（P 波、SV 波、SH 波）的透射、反射系数精确解析解，且仅适合小振幅波情况；Pyrak‑Nolte 等（1996）还推导出用流变模型（Kelvin 模型或 Maxwell 模型）描述饱和含水节理的透射、反射系数解。Gu 等（1996）对简谐波斜入射单节理时的透射、反射和波形转换（wave conversion）进行研究，发现当 SV 波以临界角（critical angle）入射时会出现 Head 波和不均匀表面纵波。Nakagawa S（1998，2000）发现了 P 波、S 波法向入射具有切向变形节理时仍有波形转换的现象。Myer 等（1985）通过声波传过单一部分接触节理（通过调节节理接触面积和调整刚度）的室内试验，试验结果与位移不连续模型理论解吻合较好。Wu 等（1998）、Hao 等（2001）通过现场实验研究了节理对爆炸应力波传播的影响。Suárez‑Rivera（1992）对 S 波传过充填黏土或流体的节理（被表示为质点速度不连续边界）时，做了解析计算和试验验证且结果良好。Gu（1994）和 Gu 等（1995）通过解析方法和数值方法研究了界面波传过单节理问题。Pyrak‑Nolte 和 Cook（1987）、Pyrak‑Nolte 等（1992，1996）以及 Pyrak‑Nolte（1995，

1997）也对纵波和横波在单一闭合天然节理中的传播效应进行了可控室内试验验证。他们认为节理对波传播的主要影响表现在信号延迟、信号衰减、高频滤波三个方面。此外 Pyrak – Nolte（1995）还对试验数据进行小波分析并发现速度频散现象与位移不连续理论预测吻合。White（1965）、Miller（1977，1978）、Chen 等（1993）建立了节理滑移率相关的位移不连续模型来研究 S 波在节理中的传播，Miller（1977，1978）还提出了吸收系数（absorption coefficient）来反映由节理面滑移引起的能量损失。

Cai（2001）、Zhao 等（2001）在没有剪切波的情况下，研究了正向入射大振幅（如靠近震源冲击波的传播以及地下开凿和采矿中的爆炸波）弹性 P 波穿越具有非线性法向变形本构关系的节理时的传播特性，将传统的线性位移不连续理论模型发展为非线性模型（BB 模型），获得了节理透射和反射系数的数值解并进行了一系列的参数研究，包括节理初始刚度、节理闭合量相对于最大允许闭合量的比率以及入射波的振幅和频率对节理透射系数的影响等，同时对线性和非线性位移不连续理论模型做了比较。结果表明：线性模型得到的透射和反射系数解是非线性解的一种特例，即当入射波的振幅很弱以至于在波传播中产生的最大节理闭合量相对于最大允许闭合量足够小的条件下，非线性解与线性解等同，此外还发现当波在节理处传播时，节理的非线性变形行为会引起一种高频波现象。Nihei 等（1999）指出波沿节理面方向传播时没有多重反射发生，但当应力波斜入射平行多节理时会发生多重反射与透射，而对它们进行精确的叠加分析是十分困难的。Pyrak – Nolte 等（1990）、Myer 等（1995）提出用 $|T_N| = |T_1|^N$（$|T_1|$ 为单节理透射系数、N 为节理数）来计算透射系数的简便方法。但是 Hopkins 等（1988）、Pyrak – Nolte 等（1990b）、Myer 等（1995）、Nakagawa 等（2000b）的实验表明该公式只适用于不含多重反射现象的初至波情况，Hopkins 等（1988）和 Myer 等（1995）还发现节理间距相对波长较小情况下，$|T_N|$ 大于 $|T_1|^N$。

Cai 和 Zhao（2000）、Cai（2001）考虑多重反射，用特征线法与位移不连续模型结合的方式对线性变形平行多节理处垂直入射纵、横波的传播进行理论研究，对节理间距与波长相对大小 ζ 不作限制。他们发现了两个重要指标，即节理间距门槛值 ζ_{thr} 与临界值 ζ_{cri}（$\zeta_{thr} > \zeta_{cri}$），并依此将节理无量纲间距划分为三个部分，$|T_N|$ 在这三部分中有不同的变化规律。Zhao（2004）延续上述思路研究了具有 BB 非线性变形关系平行多节理处纵波的衰减特性和具有 Coulomb 滑移模型平行多节理处横波的传播，并且通过与 UDEC 模拟结果的对比，得到了许多新的结论。

国内文献中，张奇（1986）认为当岩体纵波波速、节理内充填物质纵波波速、应力波长和节理宽度满足（$\alpha_{岩体}/\alpha_{节理}$）·（$\lambda/\Delta r$）＝ n 时，应力波在节理内部能够发生 n 次反射，节理内将存在 $n+1$ 个波相互作用，并认为如果节理宽度在应力波波长的10%以下时，应力波幅值的80%可以通过节理，当 $\Delta r/\lambda \rightarrow 0$ 时，充填物对应力波传播的影响没有作用。尚嘉兰等（1979）、李夕兵等（1992）针对应力波斜入射节理裂隙可能产生的滑移现象，引用库仑摩擦边界条件给出爆炸波通过节理裂隙带的透射、反射关系。王明洋、钱七虎（1994，1995，1996）分别研究了爆炸应力波斜向通过闭合 n 条平行节理裂隙带的衰减规律，通过微结构连续力学和多刚体系统动力学研究应力波作用下断层中颗粒体状透镜体的动力特性，同时进行了试验研究。李宁等（1994）进行了岩体节理在动载作用下的有限元分析。郭易圆、李世海（2002）对有限长岩柱中纵波在节理岩体中的传播规律进行了离散元数值分析。王卫华（2004）借鉴岩石损伤力学领域的 Lemaitre 等效应变假设思想，引入节理非线性法向变形本构关系建立了节理非线性位移不连续模型，获得了垂直入射纵波在非线性法向变形节理时的透射、反射系数的解析解，并与数值计算结果进行了比较。雷卫东等（2006）研究了二维波传过单节理的透射率特性及其隐含意义。韩嵩等（2007）进行了节理岩体物理模拟与超声波试验研究。鞠杨等（2006）研究了节理岩石的应力波动与能量耗散。邓向允等（2009）通过在试件中预制裂缝来研究含缺陷玄武岩的弹性波传播特性，结果表明：缺陷对玄武岩的弹性波频散效应影响很大，随缺陷所占比例的增大而增大。刘永贵等（2010）研究岩体内部裂纹、孔洞等不连续结构面对弹性波的散射，结果表明，随着裂隙长度的增加和孔隙度的增大，频散效应越显著。

1.2.3 含缺陷岩石的声波测试及信号分析

声波属于高频低能量应力波，它不仅对各类岩石有一定的穿透力与分辨力，而且在岩石介质中传播时会与其相互作用，使接收波携带与岩石物理力学性质相关的各种信息。现代岩体力学理论认为岩体的强度和变形主要受内部节理、裂隙控制，而声波特征可充分反映岩体的力学特征。关于岩石介质声速研究，许多学者进行了广泛探索并建立了各种模型和计算表达式。1949年苏联学者最早提出了包括固、液两相的岩石介质的纵波表达式。Gassmann（1951）视岩石为各向同性介质，考虑干岩样、含水岩样和岩石骨架的体积压缩模量得出岩石含液体的等效体积模量，由此推导声速。Walsh（1966）将岩石中孔隙假定为椭球形，推导出含液孔隙介质纵、横波速表达式。Korrion 和 Lux（1971）对时间平均公式做了经验性修改。1978年另一位苏联学者区分了岩石中孔洞、裂隙及颗粒间孔隙对波速的影响，认为裂缝对声速影响最大而孔洞对声速影响较小，提出了裂缝型孔隙岩石介质的波速与孔隙度之间的关系式。Raymer（1980）在第21届测井分析家年会（SPWLA）上提出岩层中孔隙度变化范围不同的区段不同的计算模型，给出了纵波速度的经验公式。目前在工程当中，岩石声波测试技术利用的也主要是声波的运动学特征，即波速参数且主要应用的是纵波速度。周思孟（1998）认为岩体声波速度与岩性、岩体结构、风化程度、赋存围压等众多因素密切相关，所以弹性波的变化能反映岩体的结构特征和完整性。王思敬等（1978）根据他们对岩体结构的分类列出弹性波在各类岩体中传播的特征。声波速度测定已被国内外相关研究机构认为是评价岩体质量的一种可靠方法。丁梧秀等（2004）对岩体工程特性研究中弹性波速参数取值方法进行探讨。林韵梅等（1989，1998）通过对460组实测数据和国际典型工程实例的分析遴选出包括岩石声速 v_{rp}、岩体声速 v_{mp}、岩石单轴饱和抗压强度 R_c、点荷载强度 I_s、重力密度（容重 r）、埋深 H、平均节理间距 d 等7项测试指标和岩体完整性系数 K_v、应力强度比 rH/R_c 这两项国际上广泛使用的复合变量指标，进一步以来自国防、建筑、人防、煤炭、冶金、铁道和水电部门的103个岩体工程野外和室内测试数据为基础，对其进行相关、聚类分析，将这些指标分为声波族、强度族和应力族三个族。其中声波族（岩石声波速度 v_{rp}、岩体声波速度 v_{mp}、岩体完整性系数 K_v）和强度族独立于各种岩石工程，反映岩体质量的基本特征。然而事实上声波信号受多种因素影响，单纯运用波速指标难以辨别其影响因素，还会丢失许多有用信息（Seufert 等，1998），不能全面地反应岩石内部结构特征，易造成偏差（如闭合蚀变裂隙对 v_p 的降低作用并不明显，而强度却显著降低），因此有必要进一步对声波信号特征如衰减特性进行研究。

有关声波衰减在声吸收上的理论突破是分子弛豫吸收理论，主要用于解释流体声衰减问题及实测声波吸收系数与经典理论值的偏离现象。声衰减主要用品质因子表述，但因其较难使用，在工程上多采用振幅比、谱面积比来表述，因此波谱分析成为研究岩石声衰减的重要方法。常规的频谱分析方法是 Fourier 变换（罗骐先，1989），陈成宗（1990）提出用 Fourier 分析进行岩石声衰减研究的展望。对岩石材料的散射衰减问题，Szilard（1991）介绍的具有不同微结构钢材料无损检测的超声波谱测定法具有很好的启示作用。这种方法可用于估计、评定材料内部的颗粒、裂隙大小。Bonvallet（1987）用 Fourier 频谱分析法对地下采场顶板岩体的地震记录信号进行了研究，解释了在一个断裂或裂隙发育的岩体中，地震信号的变换特别表现在其频率内容的改变上，高频容易衰减。依据测试结果，可按照岩体对地震波的频率响应程度划分力学状态。原水电部华东勘测设计院科研所（1988）对花岗岩、灰岩等40多块岩芯进行频谱分析，在根据岩石纵波速度定级基础上，增加了主频、带宽、频谱面积等频谱特征值，还考虑了波速比等，对原定岩石可钻性级别进行修订和完善，较精确地综合评定了岩石可钻性级别。刘彤等（2000）对风化花岗岩声波信号进行了 Fourier 分析。王让甲

（1997）利用国内外学者已取得的初步成果，深入探索了岩石频谱特性与岩石力学性质的关系。对单轴压力条件下岩石破坏过程的研究表明，频谱反映了声波传播途径上岩石破坏过程中裂隙产生、发展直至破裂的全过程，声谱特征值的变化比波速变化明显得多，尤其振幅的变化特别灵敏。针对传统频谱分析的局限性，许多学者采用新的信号分析理论，将各种交织在一起的不同频率组成的混合信号分解成不同频率的块信号之后，再对其做频谱分析，得到了较好的结果（高静怀等（1996），赵明阶等（1998））。其中，赵明阶等（1998，1999，2000）研究了岩石在单轴受荷条件下和劈裂过程中，波谱参数随应力变化的规律。席道瑛等（1995）对岩芯声学特征与原位测井参数进行了对比研究。此外朱合华等（2005）进行了饱水对致密岩石声学参数影响的试验分析，周锦清等（1994）进行了超声反射波频谱分析的模拟与实验，陈枫等（2000）进行了岩石压剪断裂过程中的超声波波谱特性研究。

从开展接收波频谱分析角度入手，进行波速、波幅、波形的综合利用是一种有效方法，但由于声波信号所固有的特点及其复杂性不同于地震信号，对时频分析以及去噪的要求很高。传统的 Fourier 变换只是一种纯频域的分析方法，时域分析性能差，即使用加窗 Fourier 变换法，也会由于其局部化格式固定不变、不能方便地去除噪声干扰等缺点，在处理频率变化激烈的信号时受到很大限制。因此如果仅采用 Fourier 变换对声波信号进行分析，只能观察到岩石声波信号的一些基本的表面现象而丢失其本质。小波分析方法是近几年来迅速发展的一种时频信号分析理论，它弥补了传统 Fourier 变换在时域上没有任何分辨率的缺陷，在时域和频域上同时具有良好的局部化性质，因此开展声波信号的小波时频分析工作具有很大意义。

1.3 本书主要内容

本书在综述国内外关于节理、裂隙岩体的各类节理法向变形本构关系，应力波穿越节理、裂隙岩体时的传播规律和特性的解析计算与数值分析方法以及认识、试验测试结果，岩体原位及岩芯室内声波实验的信号处理方法等研究进展的基础上，结合当前存在的一些问题，主要进行了下列几方面的工作：

（1）以 Malama 和 Kulatilake（2003）提出的统一指数模型为例，指出当前的模型对节理应力 - 应变曲线非线性程度的描述还很不完善，并通过数学推导指出统一指数模型的不足之处。随后提出一种新的、非线性程度可调的、改进的岩石节理弹性非线性法向变形本构关系，并提出了通过试验结果求取模型参数的计算方法。随后假设再加载曲线初始刚度由前一次循环过程加、卸载初始刚度决定，将该模型应用于循环加、卸载情况，并利用已有试验结果进行验证。

（2）将改进的节理弹性非线性法向变形本构关系推广至动态条件，基于 Lemaitre 假设获得了纵波法向入射单节理处节理透射、反射系数近似解析解。采用位移不连续模型与特征线法相结合的方法，推导了单节理处透射波、反射波质点速度的数值差分格式并编制了计算程序，获得了单节理处大振幅入射纵波透射、反射系数半数值解，进而得到透射、反射系数解。着重分析了模型非线性程度的改变对应力波的影响，并结合 UDEC 离散元数值模拟做了对比分析。此外，对透射波波形畸变现象也做了较深入的探讨。

（3）考虑多重反射作用，沿用位移不连续模型与特征线法相结合的方法，采用修正钻石形关联模型，将空间域分格成多界面（节理面）空间，推导了平行多节理处透射波、反射波质点速度的数值差分格式并编制了计算程序，获得了平行节理处大振幅纵波透射、反射系数半数值半解析解，进而得到透射、反射系数解。着重分析了节理间距较大情况下的纵波传播规律，同时对多重反射造成的透射波尾波波形变化进行了初步研究。

（4）基于改进的非线性节理模型的透射波计算理论，将无充填节理岩体进行合理简化后，研究半正弦脉冲、三角脉冲、矩形脉冲传过大间距非线性成组节理过程中波形、振幅、频率分布和时间延迟的变化规律。根据该计算理论，经过线性插值和波形分解处理，分析墨西哥地震波传过大间距非线性成组节理后的透射波振幅衰减、频率分布及时间延迟。

（5）为了考虑弹性非线性岩石的非线性节理对应力波传播的共同作用。基于钱祖文得到的非线性波动方程近似解，结合特征线方程，对非线性纵波传过非线性节理时的透射特性进行了研究。对透射波形、透射系数、岩石非线性系数、节理参数、节理位置之间的关系进行了研究，并对透射波中的高谐波现象进行了分析，分析了岩石和节理各自对纵波传播的影响。由于钱祖文的近似解中只包含了非线性波在传播过程中自身产生的二阶高谐波，影响计算模型的精确度，引入 Hokstad 提出的弹性非线性岩石本构方程，从弹性非线性岩石本构模型出发，推导出非线性波动方程后简化为易于理论计算的非线性双曲线偏微分方程，利用有限差分法对非线性波动方程求解，得到透射位移波数值解，并通过特征线方程使弹性非线性岩石与非线性节理结合，得到应力波传过双重非线性单节理后的透射波波形，对透射特性进行了详细研究。

（6）将一维岩体分解为许多一维假想的线性节理的组合，设每条假节理的法向刚度趋向于无穷大，从而组成完整的岩石。纵波在弹性非线性岩体中传播时满足非线性波动方程，在经过离散后的岩石中引入非线性应力波的特征线方程，在合适位置处引入非线性节理模型（这里采用 BB 模型），建立了应力波在含有非线性成组节理的弹性非线性岩体中传播的计算模型，通过计算深入探讨了波传播特性。

（7）结合某工程现场钻孔声波测井试验及室内岩芯声波透射试验，发现岩体波速大于岩芯波速这一反常现象。通过岩体质量评价、节理裂隙统计、抗压强度试验、波速测试、声波信号频谱分析等多种手段，对研究区基岩的 150 余个岩芯进行对比研究，并初步探讨了其产生原因是岩芯对卸荷及钻取扰动比较敏感造成的。利用对所得信号进行小波时频分析，通过比较重构信号和原始信号误差的方式，选择最优小波基函数进行分析计算，试图通过小波变换方法，从信号分析角度对岩芯卸荷扰动的声学敏感特性、干燥和饱和状态下声学特性的区别做进一步的研究与探讨。

第2章　纵波法向穿越弹性非线性变形单节理时的传播特性

岩体是由各种结构面组分割而成的大小不等的岩块组合体，它所具有的非连续性、非均匀性、非线性和各向异性，是岩石工程区别于任何其他工程形式的最重要的基本属性之一。节理这一术语是一个力学概念，它包括节理、层理、断层和其他软弱结构面。岩体的力学性质由岩块材料的力学性质和节理的力学性质以及节理空间的组合形态共同决定（夏才初，1995）。因此研究节理的变形力学模型在岩石力学中具有重要意义。节理的力学性质主要表现在三个方面（周维垣，1990）：（1）法向应力作用下产生的法向变形规律；（2）剪应力作用下产生的剪切变形规律；（3）节理的抗剪强度准则。由于岩石节理在压应力作用下产生的变形会直接影响到岩石的裂隙分布、接触面分布及裂隙空间连通等特性，这些特性的改变是岩体材料变形、破坏发生变化的主要力学机制，因此岩石节理法向变形本构关系是节理岩体力学研究中的基础课题。

节理法向变形可由法向应力–应变曲线来描述，Goodman（1968）引入"法向刚度"和"切向刚度"概念来分别描述法向应力对于法向位移的变化率和剪切应力对于剪切位移的变化率，并直观地将刚度值与节理面的特性（如初始接触面积、粗糙峰分布情况及其强度与变形特性、表面粗糙程度、充填物特性）联系起来。至今研究岩石节理的法向闭合行为常用的方法可分为如下两类：

（1）理论法：该方法以接触力学理论、损伤力学理论以及概率论为基础，依据一定的假设条件，从理论上推导出法向应力与变形、剪应力与剪切位移之间的函数关系，从而进一步进行实验验证，代表性模型如 Desai（1992）提出的 DSC 模型。

（2）半经验半理论法：该方法以节理面本身为研究对象，将其视作位移不连续体，先进行节理闭合实验，得到节理闭合变形曲线，分析其不同受力条件下的接触状态和本构关系，然后利用数学力学方法唯象地对实验结果进行拟合，建立节理闭合变形模型，本章研究即属此类型。

众多学者（Bandis，1983；Barton，1985；Swan，1983；Sun，1983；Cook，1992；Xia，2003；Malama，2003 等）进行了不同岩性的节理闭合实验，所得到的节理闭合实验曲线的形状大致相同，闭合曲线具有高度的非线性特征，即在法向应力较低时，变形较大，曲线斜率较小，随着应力的增大，斜率逐渐增大。对于耦合节理，将趋近于一个垂直渐近线，预示着节理将达到最大闭合量，说明在应力较高时耦合节理能完全闭合，最大闭合量与应力历史有关（见图 2 - 1）。对于非耦合节理，则无法达到其节理最大闭合量。加卸载循环展示了回滞环和残余变形，并随着循环次数增多而快速减小，非耦合节理比耦合节理刚度更低、回滞环更大。

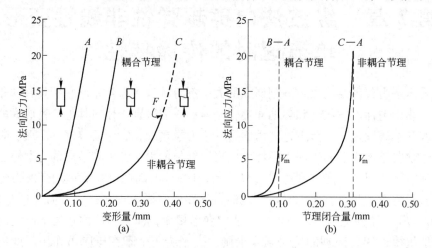

图 2 - 1 岩石节理闭合变形试验曲线（Goodman，1976）

2.1 岩体节理法向单调加载变形本构模型

岩石节理的法向变形本构关系在准静态单次加载或循环加载、卸载条件下已经得到广泛的研究，Shehata（1971）、Goodman（1975）、Kulhaway（1975）、Bandis 等（1983）、Barton 等（1985）、Swan（1983）、Sun 等（1985）、Matsuki 等（2001）、Xia 等（2003）都各自提出了能够反映岩石节理非线性变形特征的模型。近年来节理动态加载条件下的变形特性研究也有所进展：Cai 等（2001）将 BB 模型推广至动态条件，Yang 等（2005）进一步验证了动态 BB 模型。Wang（2007）基于试验建立了考虑率效应的节理动态经验模型。Zhao 等（2000）和 Zhao（2004）采用 BB 模型研究纵波在具有非线性法向本构关系单一及平行节理处的传播特征。俞缙等（2007）也分别利用 BB 模型和经典指数模型研究了不同非线性节理变形行为下纵波的传播规律。

随着对岩石节理法向变形特性研究的不断深入和试验仪器精密化程度的提高，学者们逐渐认识到以往的模型描述岩石节理应力变形曲线有时仍存在较大偏差。Malama 和 Kulatilake（2003）对 Arizona 闪长岩、花岗闪长岩岩样进行节理法向加载试验时就发现：在中应力水平阶段，以往的模型模拟结果与试验结果发生显著偏离，见图 2 - 2（a）。在经典指数模型基础上，提出了统一指数模型，见图 2 - 2（b）。本章较深入地揭示了该模型以及以往模型的缺陷，提出了一种改进的岩石节理弹性非线性法向变形本构关系。

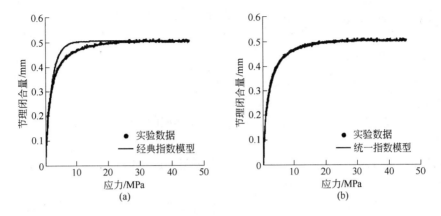

图 2 - 2　两种指数模型比较（Malama 等，2003）

（a）经典指数模型拟合；（b）统一指数模型拟合

2.1.1　以往模型简述及其数学缺陷分析

Goodman（1974）提出了一种利用双曲线函数表示节理法向应力与节理闭合量的关系模型：

$$\sigma_{\mathrm{n}} = \frac{\sigma_{\mathrm{ni}} d_{\mathrm{n}}}{d_{\mathrm{ma}} - d_{\mathrm{n}}} + \sigma_{\mathrm{ni}} \qquad (2-1)$$

式中，σ_{n} 为节理法向应力；σ_{ni} 为节理初始法向应力；d_{n} 为节理法向闭合量；d_{ma} 为节理最大允许闭合量。之后，Goodman（1976）又基于室内试验，修正了该模型：

$$\frac{\sigma_{\mathrm{n}} - \sigma_{\mathrm{ni}}}{\sigma_{\mathrm{ni}}} = A \left(\frac{d_{\mathrm{n}}}{d_{\mathrm{ma}} - d_{\mathrm{n}}} \right)^{t} \qquad (2-2)$$

式中，A，t 为两个材料常数。

Kulhaway（1975）提出了另一个双曲线函数模拟岩石节理在三轴压缩条件下的应力 - 应变关系：

$$\sigma_{\mathrm{n}} = \frac{\varepsilon}{a + b\varepsilon} \qquad (2-3)$$

式中，ε 为轴向应变；a，b 为材料常数。

此外，Shehata（1971）采用半对数函数模型；Matsuki 等（2001）、Xia 等（2003）基于 Hertzian 接触理论，也各自提出了能够反映岩石节理非线性变形特征的模型。

Bandis（1983）和 Barton（1985）在 Goodman（1974，1976）和 Kulhaway（1975）的双曲线模型基础上提出了一种修正双曲线模型，此模型建立在对天然节理（节理面相匹配情况）大量的实验研究基础之上，后来被称为 Barton - Bandis 模型，简称为 BB 模型，在岩石力学与工程领域中被普遍应用。假定节理的闭合（张开）和压缩（拉张）符号取正号（负号），则法向应力 – 节理闭合本构关系可以表示为：

$$\sigma_n = K_{ni}d_n / [1 - (d_n/d_{ma})] \quad \text{或} \quad d_n = \sigma_n / [K_{ni} + (\sigma_n/d_{ma})] \quad (2-4)$$

式中，K_{ni} 为初始应力下节理法向刚度。

对式（2-4）求导得到在任意应力下 BB 模型的节理刚度 K_n 为：

$$K_n = \partial\sigma_n / \partial d_n = K_{ni} / [1 - (d_n/d_{ma})]^2 \quad (2-5)$$

显而易见，对式（2-4）和式（2-5）求极限，就可得到岩石节理最大允许闭合量 d_{ma} 以及初始法向刚度 K_{ni}。

图 2-3 所示是一个典型的双曲线关系与线性关系的示意图。与线性模型中节理刚度为一常数不同，双曲模型中节理刚度随着法向有效应力增大而增大。当法向应力增为无限大时，节理闭合量接近于最大允许闭合量（$d_n \to d_{ma}$）。d_{ma} 和 K_{ni} 可以将节理粗糙系数 JRC、节理表面压缩强度 JCS 和节理缝隙宽度 a_j 代入前人建议的经验公式计算得到，其方程为（Bandis 1983）：

$$K_{ni} = 0.0178(JCS/a_j) + 1.748JRC - 7.155 \quad (2-6)$$

$$d_{ma} = -0.296 - 0.0056JRC + 2.241(JCS/a_j)^{-0.245} \quad (2-7)$$

$$a_j = JRC(0.2\sigma_c/JCS - 0.1)/5 \quad (2-8)$$

式中，JRC 为节理粗糙系数；JCS 为节理表面压缩强度；a_j 为节理缝隙宽度。

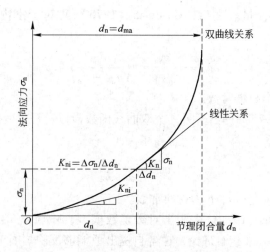

图 2-3 岩石节理的双曲线弹性变形本构关系
（BB 模型）和线弹性本构关系示意图

在循环加载、卸载条件下，BB 模型表明最初的加载、卸载循环可能在它们之间引起一种滞后现象，而连续的加载、卸载循环则可能使节理刚化，最后导致此模型变为一个在加载、卸载循环之间没有滞后现象的双曲线模型。对于天然岩石节理，由于其在漫长的地质历史中一般都经历了多次变形，因此双曲线弹性模型是合理的（Zhao 等，2000；Zhao，2004）。值得注意的是，由于理论和测试技术的限制，上述反映节理法向闭合性质的模型均来自于静态力学性质的研究，而对节理动态响应研究显得很不充分。近年来，新加坡南洋理工大学采用动态单轴压力试验机，对节理法向动态力学特性进行了研究，取得了较大进展。研究结果表明：节理的应变率在 $10^{-1} \sim 10^{0}\,\mathrm{s}^{-1}$ 以下时，节理法向应力 – 节理闭合量的关系仍符合双曲线规律，并推广建立了动态的 BB 模型（Cai，2001）。中南大学测试中心利用 INSTRON1342 电液伺服控制刚性材料试验机上试验结果经过拟合发现，双曲线函数拟合结果较好（Wang 等，2007）。

Malama（2003）采用指数函数模型来描述准静态条件下节理法向闭合变形性质：

$$d_{\mathrm{n}} = d_{\mathrm{ma}}\Big[1 - \exp\Big(-\frac{\sigma_{\mathrm{n}}}{K_{\mathrm{ni}}d_{\mathrm{ma}}} \Big) \Big] \quad 或 \quad \sigma_{\mathrm{n}} = K_{\mathrm{ni}}d_{\mathrm{ma}}\ln\frac{d_{\mathrm{ma}}}{d_{\mathrm{ma}} - d_{\mathrm{n}}} \quad (2-9)$$

这样，对式（2-9）求导得到在任意应力下的指数模型的节理刚度 K_{n} 为：

$$K_{\mathrm{n}} = \partial\sigma_{\mathrm{n}}/\partial d_{\mathrm{n}} = K_{\mathrm{ni}}/[1 - (d_{\mathrm{n}}/d_{\mathrm{ma}})] \quad (2-10)$$

此外，Swan（1983）、Sun 等（1985）利用 Hertzian 接触理论假设节理面峰值粗糙度分布符合幂函数关系，提出了幂函数模型：

$$d_{\mathrm{n}} = \alpha\sigma_{\mathrm{n}}^{\beta} \quad (2-11)$$

式中，α，β 为经验常数，且 $\beta < 1$。

需要注意的是幂函数模型并不满足 $\lim\limits_{x\to\infty}d_{\mathrm{n}} = d_{\mathrm{ma}}$ 的条件，而事实上 $\lim\limits_{x\to\infty}d_{\mathrm{n}} = \infty$。因此 Swan（1983）和 Sun 等（1985）指出只有在低应力水平下幂函数模型才与试验结果吻合较好；另外由于 $\beta < 1$，节理法向初始切线柔度为无穷大，因此模型仅适于描述高柔度的岩石节理变形特性（Malama 和 Kulatilake，2003）。周建民、许宏发等（2000）提出的修正模型本质上讲也属于幂函数模型，不同之处在于该模型利用对节理法向刚度方程中分母项加幂，而前者是对指数模型本构方程中应力变量加幂。

上述各模型只是从唯象学理论出发，基于形态相似的角度对节理法向加载试验进行建模，存在一定局限性，这里引入半值节理最大闭合量应力（half – closure stress，以下统称为"半值应力"）概念来分析此问题。半值应力是指 d_{n} 达到 $d_{\mathrm{ma}}/2$ 时，对应的 σ_{n} 值，记作 $\sigma_{1/2}$。它是以应力的形式描述 d_{n} 发展速度的一个特征参数，$\sigma_{1/2}$ 越小，d_{n} 发展速度越快。若将 K_{ni} 和 d_{ma} 视为模型的两个特征量，不妨将 $\sigma_{1/2}$ 看作第三个特征量。由定义可知 BB 模型的半值应力 $\sigma_{1/2}^{\mathrm{BB}} = K_{\mathrm{ni}}d_{\mathrm{ma}}$；经典指数模型的半值应力 $\sigma_{1/2}^{\mathrm{EXP}} = K_{\mathrm{ni}} d_{\mathrm{ma}} \ln 2$；幂函数模型由于无 d_{ma} 值而无法得到 $\sigma_{1/2}$。不难看出前两种模型的半值应力均由 K_{ni} 和 d_{ma} 决定，即当 K_{ni} 和 d_{ma} 确定后，$\sigma_{1/2}$ 不可调，参见图 2 - 4。这就使模型中隐含了 d_{n} 的发展速度完全由 K_{ni} 和 d_{ma} 控制的潜在假设。然而即使在 K_{ni} 和 d_{ma} 确定的情况下，节理法向位移曲线还与岩石的岩性、风化状态、节理面匹配度、节理面粗糙微粒空间和尺度分布状态以及接触状态等因素有关（Lanaro，2000），显然前述模型具有一定的缺陷。

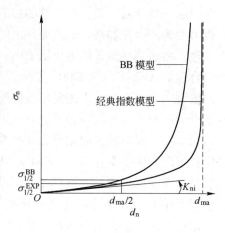

图 2 - 4 BB 模型与经典指数模型
半值应力对比示意图

2.1.2 统一指数模型概述

Malama 和 Kulatilake（2003）针对这一问题做了改进。他们在采用携带 LVDT（线性可调差动变压器）位移传感器（精度为 ±1μm）的 CT - 500 型伺服控制仪对含单一节理的 Arizona 闪长岩、花岗闪长岩矩形岩样进行节理法向单调加载试验（节理面与加载方向法向面夹角小于 1°）时发现，在中应力水平阶段，以往的模型模拟结果与试验结果发生显著偏离，进而将经典指数模型改写为含有 $\sigma_{1/2}$ 的形式：

$$d_{\mathrm{n}} = d_{\mathrm{ma}} \Big[1 - \exp \Big(- \frac{\sigma_{\mathrm{n}}}{\sigma_{1/2}} \ln 2 \Big) \Big] \qquad (2-12)$$

并对 $\sigma_{\mathrm{n}}/\sigma_{1/2}$ 项添加指数 n，提出统一指数模型：

$$d_{\mathrm{n}} = d_{\mathrm{ma}} \Big\{ 1 - \exp \Big[- \Big(\frac{\sigma_{\mathrm{n}}}{\sigma_{1/2}} \Big)^n \ln 2 \Big] \Big\} \text{ 或 } \sigma_{\mathrm{n}} = \Big(K_{\mathrm{ni}} d_{\mathrm{ma}} \ln \frac{d_{\mathrm{ma}}}{d_{\mathrm{ma}} - d_{\mathrm{n}}} \Big)^{\frac{1}{n}}$$

$$(2-13)$$

与 K_{ni} 和 d_{ma} 类似，指数 $n \in (0, 1]$ 被视为反映节理面参数的常量，从而作为对经典指数模型修正的修正系数。该模型由于引入第三个参数 n，在整个压应力变化域中与试验结果有更佳的拟合效果，并已被一些学者推广至模拟节理动态闭合变形试验中（Wang 等，2007）。

图 2 - 5 所示为统一指数模型曲线示意图，在相同 K_{ni}、d_{ma} 情况下，绘制三条模型曲线，其中 $n_1 < n_2 < n_3$。由图可见，三个曲线相交于点 $(d_{\mathrm{ma}}/2, \sigma_{1/2}^{\mathrm{EXP}})$，且随 n 增大，d_{n} 的发展速度加快。显然该模型相对于经典指数模型而言，除半值应力未被修正，其余部分均得到改进。然而该模型的建立却带来了一个新的问

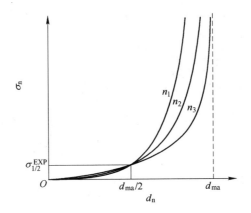

图 2 - 5　统一指数模型曲线示意图

题。对式（2 - 13）求导得到 K_n 表达式如下：

$$K_n = \frac{\sigma_{1/2}\left\{\ln\left[d_{ma}/(d_{ma}-d_n)\right]\right\}^{\frac{1}{n}-1}}{n\,(\ln 2)^{\frac{1}{n}}(d_{ma}-d_n)} \qquad (2-14)$$

由式（2 - 14）可见，统一指数模型自身仍有其较大的缺陷，即当 $d_n = 0$ 时，$K_{ni} = 0$。这就意味着统一指数模型由于采用对 $\sigma_n/\sigma_{1/2}$ 项添加指数 n 的修正方式，丢失了 K_{ni} 的物理意义。本书在扬弃前述各模型缺陷的基础上，提出了一个新的岩石节理法向弹性非线性本构模型。

2.2　岩石节理法向变形本构关系的改进

2.2.1　新模型的建立

由于室内试验中常将 d_n 作为因变量，σ_n 作为自变量，因此将节理切线柔度 C_n 作为目标参数较 K_n 更为恰当（Sun 等，1985）。对于一维问题，$C_n = 1/K_n$。根据实测试验数据分析，C_n 随 d_n 的发展逐渐减小至零（Malama，2003）。由各模型定义可绘制 $C_n - d_n$ 关系曲线，见图 2 - 6。BB 模型在 $C_n - d_n$ 平面上是起点为 $(0，C_{ni})$ 并与 d_n 轴交于点 $(d_{ma}，0)$ 的抛物线；经典指数模型为这两点间的直线；统一指数模型为起始端逼近 C_n 轴，终点交于点 $(d_{ma}，0)$ 的曲线；幂函数模型为两端分别逼近 C_n 轴和 d_n 轴的曲线。可见 BB 模型与经典指数模型均可明确体现 C_{ni}、d_{ma} 值；统一指数模型只可体现 d_{ma} 值，而 C_{ni} 值为 ∞，这与试验结果不符，也与理论相背；幂函数模型两者均无法体现。同样可绘制 $K_n - d_n$ 关系曲线，见图 2 - 7。图中统一指数模型的 $K_n - d_n$ 曲线起始于零点且单调递增，然而曲线呈由凸变凹的"S"形分布，这在理论上显然无法解释。

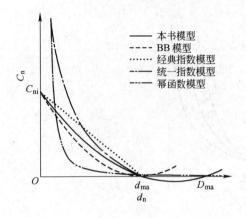

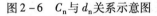

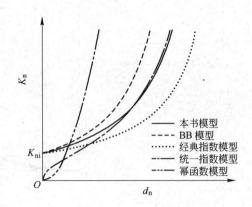

图2-6　C_n与d_n关系示意图　　　　图2-7　K_n与d_n关系示意图

为保留K_{ni}和d_{ma}的物理意义，理想的节理法向变形本构模型的$C_n - d_n$关系曲线应交于点（0，C_{ni}）与点（d_{ma}，0）。这里建议将 BB 模型与经典指数模型看作为两个极端情况，采用与d_n轴具有两个交点的抛物线方程对$C_n - d_n$关系进行模拟，见图2-6。第一个交点为图2-6上点（d_{ma}，0），将另一交点写作（D_{ma}，0）。不妨定义D_{ma}为拟节理最大闭合量，为便于建模，令$D_{ma} = \xi d_{ma}$，$\xi \in (1, +\infty)$，建立控制微分方程如下：

$$C_n = \frac{1}{K_n} = \frac{\partial d_n}{\partial \sigma_n} = q(d_{ma} - d_n)(D_{ma} - d_n) = q(d_{ma} - d_n)(\xi d_{ma} - d_n)$$

$$(2-15)$$

由C_{ni}定义可知：

$$C_{ni} = \frac{1}{K_{ni}} = q\xi d_{ma}^{2} \qquad (2-16)$$

$$q = \frac{1}{\xi K_{ni} d_{ma}^{2}} \qquad (2-17)$$

将式（2-17）代入式（2-15）可得

$$C_n = \frac{\partial d_n}{\partial \sigma_n} = \frac{(d_{ma} - d_n)(\xi d_{ma} - d_n)}{\xi K_{ni} d_{ma}^2} \qquad (2-18)$$

式（2-18）即为微分形式的改进的岩石节理弹性非线性法向变形本构关系。式（2-15）可写成：

$$\frac{1}{(d_{ma} - d_n)(\xi d_{ma} - d_n)} \partial d_n = q \partial \sigma_n \qquad (2-19)$$

式（2-19）两边求定积分：

$$\int_0^{d_n} \frac{1}{(d_{ma} - d_n)(\xi d_{ma} - d_n)} \partial d_n = \int_0^{\sigma_n} q \partial \sigma_n \qquad (2-20)$$

将式 (2-20) 左边分式重写可得

$$\int_0^{d_n} \frac{1}{\xi d_{ma} - d_{ma}} \left(\frac{1}{d_{ma} - d_n} - \frac{1}{\xi d_{ma} - d_n} \right) \partial d_n = \int_0^{\sigma_n} q \partial \sigma_n \qquad (2-21)$$

采用换元法容易得到下式:

$$\frac{1}{d_{ma} - \xi d_{ma}} \left[\int_0^{d_n} \frac{1}{d_{ma} - d_n} (d_{ma} - d_n)' \partial d_n - \int_0^{d_n} \frac{1}{\xi d_{ma} - d_n} (\xi d_{ma} - d_n)' \partial d_n \right] = \int_0^{\sigma_n} q \partial \sigma_n$$

$$(2-22)$$

$$\frac{1}{d_{ma} - \xi d_{ma}} \left[\ln(d_{ma} - d_n) \big|_0^{d_n} - \ln(\xi d_{ma} - d_n) \big|_0^{d_n} \right] = q \sigma_n \qquad (2-23)$$

$$\ln(d_{ma} - d_n) - \ln d_{ma} - \ln(\xi d_{ma} - d_n) + \ln(\xi d_{ma}) = q(d_{ma} - \xi d_{ma}) \sigma_n$$

$$(2-24)$$

$$\ln \frac{\xi(d_{ma} - d_n)}{\xi d_{ma} - d_n} = q(d_{ma} - \xi d_{ma}) \sigma_n \qquad (2-25)$$

$$\frac{\xi(d_{ma} - d_n)}{\xi d_{ma} - d_n} = \exp[q(d_{ma} - \xi d_{ma}) \sigma_n] \qquad (2-26)$$

$$d_n \exp[q(d_{ma} - \xi d_{ma}) \sigma_n] + (d_{ma} - d_n)\xi = d_{ma}\xi \exp[q(d_{ma} - \xi d_{ma}) \sigma_n]$$

$$(2-27)$$

$$\{ \exp[q(d_{ma} - \xi d_{ma}) \sigma_n] - \xi \} d_n = \xi d_{ma} \exp[q(d_{ma} - \xi d_{ma}) \sigma_n] - \xi d_{ma}$$

$$(2-28)$$

$$d_n = \frac{\xi d_{ma} \exp[q(d_{ma} - \xi d_{ma}) \sigma_n] - \xi d_{ma}}{\exp[q(d_{ma} - \xi d_{ma}) \sigma_n] - \xi} \qquad (2-29)$$

代入式 (2-17),最终得到弹性非线性法向变形本构关系表达式:

$$d_n = \frac{\xi d_{ma} \left\{ \exp\left[\dfrac{(1-\xi)\sigma_n}{\xi K_m d_{ma}} \right] - 1 \right\}}{\exp\left[\dfrac{(1-\xi)\sigma_n}{\xi K_m d_{ma}} \right] - \xi} \qquad (2-30)$$

如果用 d_n 表示 σ_n,则新本构关系可表示为:

$$\sigma_n = \frac{\xi K_{ni} d_{ma}}{\xi - 1} \ln \frac{\xi d_{ma} - d_n}{(d_{ma} - d_n)\xi} \qquad (2-31)$$

根据式 (2-31),容易得到半值节理闭合量应力指数为:

$$\sigma_{1/2}^{IMP} = \frac{\xi K_{ni} d_{ma}}{\xi - 1} \ln\left(2 - \frac{1}{\xi} \right) \qquad (2-32)$$

由式 (2-32) 可以看出,$\sigma_{1/2}^{IMP}$ 由 d_{ma}、K_{ni}、ξ 三个参数共同决定,避免了 BB 模型与经典指数模型的 $\sigma_{1/2}$ 不可调的缺陷。这就意味着,在相同 K_{ni} 和 d_{ma} 情况下,新模型可以通过调整 ξ 来修正 d_n 的发展速度。

新模型 $\sigma_n - d_n$ 关系曲线见图2−8，其中 $\xi_1 < \xi_2 < \xi_3$。如图2−8所示，新模型以 BB 模型和经典指数模型为边界，随着 ξ 值的增大，模型曲线由 BB 模型逐渐向经典指数模型靠拢。值得注意的是，改进后的模型同样具备传统模型所具备的 K_{ni} 与 d_{ma} 两个特征参量。

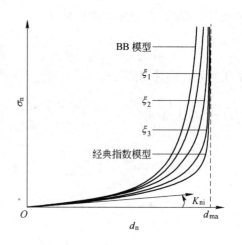

图2−8　改进的岩石节理法向变形本构模型示意图

2.2.2　新模型数学性质分析

在改进的节理法向变形本构关系曲线上任取一点 (σ_n, d_n)，以 $\exp\left[(1-\xi)\sigma_n/(\xi k_{ni}d_{ma})\right]$ 为自变量，对其进行 Maclaurin 级数展开：

$$\exp\left[\frac{(1-\xi)\sigma_n}{\xi K_{ni}d_{ma}}\right] = 1 + \frac{(1-\xi)\sigma_n}{\xi K_{ni}d_{ma}} + \cdots + \frac{\left[\frac{(1-\xi)\sigma_n}{\xi K_{ni}d_{ma}}\right]^j}{j!} + \cdots \quad (2-33)$$

式中，j 为自然数。对于给定的 σ_n，当 $D_{ma} \to d_{ma}$ 时（即 $\xi \to 1$），$(1-\xi)\sigma_n/\xi k_{ni}d_{ma}$ 为无穷小量，对式（2−33）略去高阶无穷小项，取前两项得

$$\exp\left[\frac{(1-\xi)\sigma_n}{\xi K_{ni}d_{ma}}\right] = 1 + \frac{(1-\xi)\sigma_n}{\xi K_{ni}d_{ma}} \quad (2-34)$$

将式（2−34）代入式（2−30）得

$$d_n\big|_{\xi \to 1} = \frac{d_{ma}\xi\left[1 + \frac{(1-\xi)\sigma_n}{K_{ni}d_{ma}\xi}\right] - d_{ma}\xi}{\left[1 + \frac{(1-\xi)\sigma_n}{K_{ni}d_{ma}\xi}\right] - \xi} = \frac{\frac{(1-\xi)\sigma_n}{K_{ni}}}{1 - \xi + \frac{(1-\xi)\sigma_n}{K_{ni}d_{ma}\xi}}$$

$$= \frac{\frac{\sigma_n}{K_{ni}}}{1 + \frac{\sigma_n}{K_{ni}d_{ma}\xi}} = \frac{\sigma_n}{K_{ni} + \frac{\sigma_n}{d_{ma}\xi}} = \frac{\sigma_n}{K_{ni} + \frac{\sigma_n}{d_{ma}}} \quad (2-35)$$

式（2−35）即为 BB 模型表达式。可见 BB 模型是提出的新模型在参数 $\xi \to 1$ 时的特例。在图2−6中体现为当 $D_{ma} \to d_{ma}$ 时，新模型曲线逼近 BB 模型曲线。

另一方面，当 $\xi \to \infty$ 时有：

$$\exp\left[\frac{(1-\xi)\sigma_n}{\xi K_{ni}d_{ma}}\right] = \exp\left(-\frac{\sigma_n}{K_{ni}d_{ma}}\right) \tag{2-36}$$

将式（2-36）代入式（2-30）得

$$d_n\big|_{\xi\to\infty} = \frac{d_{ma}\xi\left\{\exp\left[\frac{(1-\xi)\sigma_n}{K_{ni}d_{ma}\xi}\right]-1\right\}}{\exp\left[\frac{(1-\xi)\sigma_n}{K_{ni}d_{ma}\xi}\right]-\xi} = \frac{d_{ma}\xi\left[\exp\left(-\frac{\sigma_n}{K_{ni}d_{ma}}\right)-1\right]}{\exp\left(-\frac{\sigma_n}{K_{ni}d_{ma}}\right)-\xi}$$

$$= d_{ma}\left[1-\exp\left(-\frac{\sigma_n}{K_{ni}d_{ma}}\right)\right] \tag{2-37}$$

显然，经典指数模型即为新模型在参数 $\xi\to\infty$ 时的特例。同样，在图2-6中体现为当 $D_{ma}\to\infty$ 时，新模型曲线逼近经典指数模型曲线。

2.2.3 试验数据模拟

2.2.3.1 模型参数的确定

对 Malama（2003）所作的三组 Arizona 花岗闪长岩试验数据进行模拟，各试样的节理表面空间形态如图2-9所示，试验结果见图2-10，其中各模型参数的确定方法详见相应参考文献，在此不再赘述。以下讨论模型中修正系数 ξ 的求取方法。

式（2-32）为 ξ 在 $\sigma_{1/2}$ 状态下的隐式函数式。从图2-10中可以看出，$\sigma_{1/2}^{IMP}$ 与 BB 模型及经典指数模型曲线十分接近，显然仅由式（2-32）计算 ξ 值不合适，而应选择与传统模型偏差较大的中应力水平阶段的试验结果来进行计算。令 $\eta = d_n/d_{ma}$，由式（2-31）得

$$\sigma_\eta^{IMP} = \frac{\xi K_{ni}d_{ma}}{\xi-1}\ln\left[\frac{\xi-\eta}{\xi(1-\eta)}\right] \tag{2-38}$$

这里建议在 $\eta\in(0.7,0.95)$ 范围内取若干试验数据，由式（2-38）通过 Newton 迭代法计算后求平均值得到系数 ξ。各岩样的 ξ 值及各模型参数值见表2-1和表2-2。

2.2.3.2 试验结果拟合

根据表2-1和表2-2中的参数，新模型及传统模型模拟结果见图2-10。如图2-10所示，幂函数模型无法体现曲线发展趋势；经典指数模型在中应力水平条件下模拟 d_n 的发展速度大于试验结果；BB 模型小于试验结果且进入高应力水平时，BB 模型模拟 d_n 向 d_{ma} 逼近速度比试验结果慢；统一指数模型虽与试验结果拟合较好，但 K_{ni} 物理意义不明确；模型预测结果与试验结果吻合良好，能够较好地描述 K_{ni}、d_{ma} 以及 d_n 的发展速度。

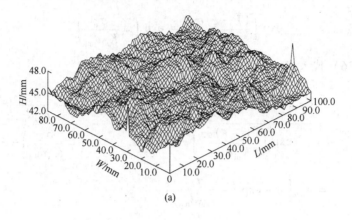

(a)

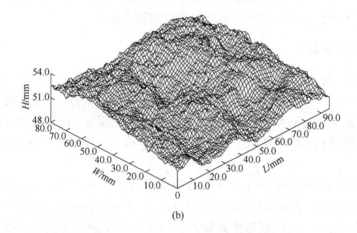

(b)

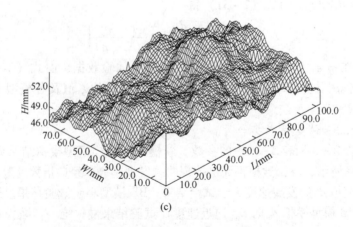

(c)

图2-9 Arizona 花岗闪长岩试样三维表面形态图

（a）试样一三维表面形态图；（b）试样二三维表面形态图；（c）试样三三维表面形态图

表2－1　岩样测试参数值

岩　样	尺寸 /mm × mm × mm	d_{ma}/mm	K_{ni} /MPa · mm^{-1}	$\sigma_{1/2}$ /MPa	n	α	β
图2－9（a）	93 × 106 × 93	0.505	4.142	1.45	0.70	0.154	0.40
图2－9（b）	87 × 99 × 95	0.481	4.949	1.65	0.70	0.148	0.38
图2－9（c）	103 × 104 × 89	0.683	3.380	1.60	0.80	0.222	0.44

表2－2　岩样测试参数值及计算值

图2－9（a）					图2－9（b）					图2－9（c）				
σ_n/MPa	d_n/mm	η	ξ	ξ 均值	σ_n/MPa	d_n/mm	η	ξ	ξ 均值	σ_n/MPa	d_n/mm	η	ξ	ξ 均值
3.5080	0.3774	0.747	2.60		3.5213	0.3447	0.717	2.75		3.4634	0.5070	0.742	3.87	
4.0072	0.3901	0.773	2.22		3.9663	0.3593	0.747	2.66		3.8419	0.5201	0.762	3.48	
4.5202	0.3995	0.791	1.92		4.8555	0.3769	0.785	2.05		4.2426	0.5369	0.786	3.16	
5.0887	0.4139	0.820	1.88		5.5219	0.3828	0.796	1.70		4.5339	0.5500	0.805	3.17	
5.6711	0.4239	0.839	1.79		6.1890	0.39755	0.826	1.74		4.7779	0.5618	0.823	3.31	
6.1702	0.4330	0.856	1.78		7.0782	0.4092	0.851	1.71		5.1243	0.5768	0.845	3.49	
6.8912	0.4330	0.856	1.51	1.78	7.7445	0.4180	0.869	1.66	1.83	5.6123	0.5883	0.861	3.15	3.11
7.5429	0.4447	0.880	1.56		8.6337	0.4268	0.887	1.62		6.0531	0.6017	0.881	3.24	
8.4026	0.4560	0.903	1.60		9.7451	0.4327	0.900	1.51		6.6907	0.6100	0.893	2.79	
9.1929	0.4599	0.910	1.52		11.0785	0.4444	0.924	1.57		7.2732	0.6199	0.908	2.66	
9.8446	0.4646	0.920	1.52		12.1898	0.4474	0.930	1.47		7.9580	0.6266	0.917	2.41	
10.718	0.4715	0.933	1.53		13.5248	0.4532	0.942	1.48		8.4460	0.6383	0.935	2.69	

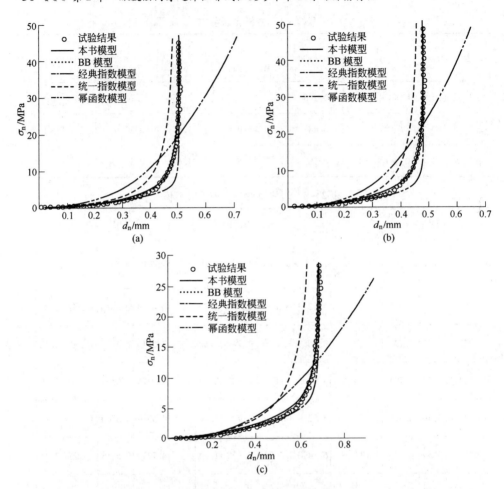

图2-10 Arizona花岗闪长岩节理法向加载试验及模型预测（Malama 和 Kulatilake，2003）

(a) 试样一；(b) 试样二；(c) 试样三

2.3 岩体节理法向循环加载本构模型

2.3.1 以往模型简述

在法向循环荷载作用下，对于卸载曲线，在最初的研究中，Goodman（1989）假定卸载曲线与加载曲线重合，从而对于卸载过程和重新加载过程，无需定义新的本构方程，简单方便。这一模型相当于非线性弹性模型，且适用于强度较高的岩体结构面，例如较硬岩石的无充填节理。Jing 等（1994）假定卸载阶段的应力位移特性为线性关系，沿加载曲线的切线方向线性卸载，重新加载时仍采用双曲线函数。由于加卸载曲线不重合，在循环加载过程中将产生法向残余位移，因此这一模型较适用于断层、软弱夹层等强度较低的岩体结构面。Makurat 等（1995）、Huang 等（2002）、Xia 等（2003）对人工裂隙和天然岩石裂隙进行了法向循环加载试验。结果表明：（1）卸载曲线也可以用双曲线函数较准确地模拟，并且同样以法向最大压缩位移为渐近线；（2）初次卸载时法向应力位移卸载曲线急剧下降；（3）循环加载将产生较大的残余位移；（4）每次加载－卸载循环过程中，卸载刚度高于加载刚度；（5）循环加载过程中整体呈现硬化的特征，并逐渐接近为非线性弹性模型。

在试验的基础上，Bandis（1990）、Boulon 等（2002）、Souley 等（1995）都采用双曲线模型建立法向循环加载本构关系。但由于对卸载过程和重新加载过程法向起始刚度的假定各不相同，因此尚未能提出统一的法向循环加载本构方程。例如，对于重新加载过程，Boulon 等（2002）假定在法向应力为 0 时，重加载曲线的起始刚度按法向初始刚度取值；而 Souley 等（1995）假定这一刚度为前一循环的加、卸载曲线起始刚度的平均值。事实上，由于岩体结构面的法向力学特性与结构面的充填状况、形成历史、岩体性质都有关，其卸载和重加载曲线初始刚度的假定应根据具体试验来确定，Boulon 等（2002）、Souley 等（1995）的假定过于严格，且各自适应于不同的结构面类型，所以难以推广应用。

2.3.2 统一节理法向循环加载本构模型

郑颖人、沈珠江、龚晓南（2002）认为，对于岩体结构面的法向循环加载，无论是加载－卸载过程，还是卸载－加载过程，都存在能量耗散，出现法向残余位移，而且在卸载－加载过程中，应力位移曲线应当存在滞回圈。试验曲线也证实了这一特性。假定卸载曲线和重加载曲线的法向起始刚度由前一次加载曲线和卸载曲线决定，从而完全确定循环加载本构方程；并试图通过模型参数的不同取值，将已有的不同模型统一起来，通过卸载曲线渐近线内移的方式来反映该滞回特性。

在循环加载过程中，假定接触法向应力 σ 和法向相对位移 ν（区别于单调加载情况的 d_n）均以压为正，加载、卸载的应力－位移关系均符合之前提出的新模型关系（改进的弹性非线性法向变形本构关系），如图 2－11所示，C_1 为首次加载曲线，C_2 为卸载

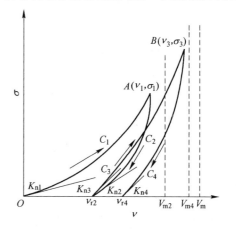

图 2－11 法向循环加载应力－位移曲线

曲线，C_3 为重加载曲线，C_4 为第二次卸载曲线，它们对应的法向起始刚度分别为 K_{n1}、K_{n2}、K_{n3} 和 K_{n4}，加载曲线的终点分别为 A（ν_1，σ_1）和 B（ν_3，σ_3），卸载曲线在法向应力为 0 时的相对位移分别为 ν_{r2} 和 ν_{r4}。V_m 为法向最大压缩位移，V_{m2}、V_{m4} 分别为卸载曲线 C_2 和 C_4 的渐近线，曲线非线性程度修正系数分别为 ξ_1、ξ_2、ξ_3、ξ_4。

加载曲线 C_1 各参数如前所述，其函数关系采用之前提出的改进的岩体节理弹性非线性法向变形本构关系，如下：

$$\nu = \frac{\xi_1 V_m \left\{ \exp \left[\dfrac{(1-\xi_1)\sigma}{\xi_1 K_{n1} V_m} \right] - 1 \right\}}{\exp \left[\dfrac{(1-\xi_1)\sigma}{\xi_1 K_{n1} V_m} \right] - \xi_1} \quad \text{或} \quad \sigma = \frac{\xi_1 K_{n1} V_m}{\xi_1 - 1} \ln \frac{\xi_1 V_m - \nu}{(V_m - \nu)\xi_1}$$

$$(2-39)$$

此时法向刚度表达式为：

$$K_n = \frac{\partial \sigma}{\partial \nu} = \frac{\xi_1 K_{n1} V_m^2}{(V_m - \nu)(\xi_1 V_m - \nu)} \qquad (2-40)$$

卸载曲线 C_2 经过 A 点，同时在法向应力为 0 时，曲线在点（ν_{r2}，0）的切线刚度已知，并且以法向最大闭合量 V_{m2} 为渐近线，由于试验资料较少，这里暂取 $V_{mi} = \sqrt{\nu_{i-1} V_m}$。不难得出卸载曲线 C_2 的数学关系如下：

$$\nu = \frac{\xi_2 (V_{m2} - \nu_{r2}) \left\{ \exp \left[\dfrac{(1-\xi_2)\sigma}{\xi_2 K_{n2}(V_{m2} - \nu_{r2})} \right] - 1 \right\}}{\exp \left[\dfrac{(1-\xi_2)\sigma}{\xi_2 K_{n2}(V_{m2} - \nu_{r2})} \right] - \xi_2} + \nu_{r2} \qquad (2-41)$$

$$\sigma = \frac{\xi_2 K_{n2}(V_{m2} - \nu_{r2})}{\xi_2 - 1} \ln \frac{\xi_2 (V_{m2} - \nu_{r2}) - (\nu - \nu_{r2})}{(V_{m2} - \nu)\xi_2} \qquad (2-42)$$

对于重加载曲线 C_3，同样经过 A 点，并且仍以法向最大闭合量 V_m 为渐近线。

$$\nu = \frac{\xi_2 (V_m - \nu_{r2}) \left\{ \exp \left[\dfrac{(1-\xi_3)\sigma}{\xi_3 K_{n3}(V_m - \nu_{r2})} \right] - 1 \right\}}{\exp \left[\dfrac{(1-\xi_3)\sigma}{\xi_3 K_{n3}(V_m - \nu_{r2})} \right] - \xi_2} + \nu_{r2} \qquad (2-43)$$

$$\sigma = \frac{\xi_3 K_{n3}(V_m - \nu_{r2})}{\xi_3 - 1} \ln \frac{\xi_3 (V_m - \nu_{r2}) - (\nu - \nu_{r2})}{(V_m - \nu)\xi_3} \qquad (2-44)$$

由式（2-39）~式（2-44），可递推得到各次加、卸载曲线。假定各曲线的起始刚度 K_{ni} 按如下规律取值：

卸载曲线 (C_i)

$$K_{ni} = l_1 K_{n(i-1)} + (1 - l_1) K_{C(i-1)} \qquad (2-45)$$

加载曲线 (C_{i+1})

$$K_{n(i+1)} = l_2 K_{n(i-1)} + (1 - l_2) K_{ni} \qquad (2-46)$$

式中，l_1，l_2 为依据法向循环加载试验确定的常数，取值范围为 $[0, 1]$；$K_{C(i-1)}$ 为加载曲线 (C_{i-1}) 的割线刚度。在缺乏试验资料时，可取 $l_1 = l_2 = 0.5$，即对卸载曲线，取此前加载曲线初始刚度、割线刚度的平均值；对加载曲线，取此前加载曲线和卸载曲线初始刚度的平均值。

2.3.3 模型验证与分析

Jing 等（1994）假定卸载曲线取与加载曲线相切的线性函数。在本模型中，令 $K_{n2} = K_{nA}$，其中 K_{nA} 为 A 点的加载曲线的切向刚度，则可求得

$$\sigma = K_{nA}(\nu - \nu_{r2}) \qquad (2-47)$$

卸载曲线 C_2 由双曲线退化为直线；此时不需要参数 l_1，而是可直接由 A 点加载刚度确定线性卸载的刚度。同时，对 l_2 取值约为 0.75，并忽略卸载 – 加载过程的滞回圈，可完全拟合 Jing 等（1994）的模型计算曲线。所以，该模型相当于本模型忽略参数 l_1，并对 l_2 取 0.75 时的情形。

Goodman（1989）的法向循环加载模型认为卸载曲线与加载曲线重合。在本书模型中，忽略卸载 – 加载过程的滞回圈，并假定 $K_{n2} = K_{n1}$，容易求得 $\nu_{r2} = 0$，加、卸载曲线重合，此时 $l_1 = l_2 = 1$。因此，Goodman 的模型是本模型的特例。

Boulon 等（2002）采用双曲线模型，并假定重新加载时，曲线起始刚度取值为 $K_{n3} = K_{n1}$。假定卸载时，曲线起始刚度取值近似为 $K_{n2} = 0.75 K_{n1} + 0.25 K_{C1}$。容易求得 $l_1 = 0.75$，$l_2 = 1$。Souley 等（1995）同样采用双曲线模型，并假定重新加载时，曲线起始刚度取值为 $K_{n3} = 0.5 K_{n1} + 0.5 K_{n2}$；卸载时，曲线起始刚度取值为 $K_{n2} = K_{C1}$。则可求得 $l_1 = 0$，$l_2 = 0.5$。所以，Boulon 等（2002）和 Souley 等（1995）的双曲线模型均可由 l_1，l_2 取不同参数得到。

2.3.4 试验结果拟合

Makurat（1995）采用 CSFT 试验仪对天然岩石裂隙进行法向试验，共经历了 3 次法向循环加载，最大压应力达到 25MPa。试验得到的法向应力与接触面相对位移曲线如图 2 – 12 所示。接触面的初始法向刚度 K_{n1} 为 $7.0 \times 10^3 MPa/m$，法向最大压缩量 V_m 为 $2.9 \times 10^{-4} m$。为进行比较，采用 Goodman（1989）和 Jing 等（1994）的法向循环加载模型以及本书的模型分别对该试验过程进行计算，如图 2 – 13 所示，计算参数如表 2 – 3 所示。

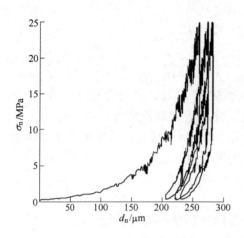

图 2 - 12　节理法向循环加载试验曲线
（Makurat 等，1995）

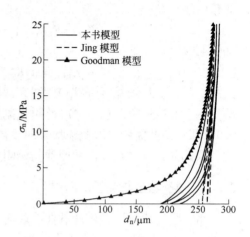

图 2 - 13　法向循环加载的试验与计算结果

表 2 - 3　岩样测试主要参数

$K_{n1}/MPa \cdot m^{-1}$	V_m/m	ξ_1	l_1	l_2
7.0×10^3	2.9×10^{-4}	1.01	0.75	0.5

采用本模型计算时，取 $l_1 = 0.75$，$l_2 = 0.5$。计算结果表明：在 3 次循环加载过程中，加载曲线和卸载曲线的起始刚度逐渐增大，岩体结构面表现出硬化的力学特性；在计算曲线上，总的法向残余位移随着加卸载循环次数的增加而逐渐增大，分别为 0.19 mm、0.22 mm、0.23 mm，这与将试验曲线外推至法向应力为 0 时的数值接近；法向残余位移的数值介于 Goodman （1989） 模型和 Jing 等 （1994） 的模型之间。在曲线变化形式和残余位移数值上，模型计算结果较好地拟合了试验曲线，且重现了卸载 - 加载过程的滞回圈。

2.4　改进的节理弹性非线性模型及动态推广

前人已将许多经典的拟静力节理变形本构模型推广运用到动态分析计算中。关于应力波穿越节理的传播问题，早期的研究是考虑应力波穿越含黏结界面或界面层介质时界面对波影响的理论计算及试验验证 （Schoenberger 等，1974；Spencer 等，1977；Banik 等，1985）。之后的研究又建立于波散射模型基础上，集中在相对于波长具有较小尺度节理 （如微裂隙、微空隙） 的影响方面，并经历了从考虑线性接触条件 （Hudson，1981；Angle 等，1985；Hirose 等，1991） 到考虑非线性接触条件 （Achenbach 等，1982；Smyshlyaev 等，1994；Capuani 等，1977） 的发展过程。然而多数天然节理岩体中大尺度平面节理 （相对于波长伸展尺寸较大而厚度较小，也称宏观节理，以下简称为节理） 的影响占主导地位（Zhao 等，2001；Zhao，2004）。从物理角度，节理可被看做众多共线微裂隙、微空隙和粗糙面上微接触体的集合体，它们的变形产生节理总体变形（如张开、闭合、滑移），这会使岩体结构的质点位移和速度变化在空间上不连续，故节理又被视为非黏结界面（Jones 等，1967）、滑移界面（Schoenberger，1980）或位移不连续体（Pyrak – nolte 等，1990）。当波传过它们时应力场连续，位移场却是非连续的。显然此时采用黏结界面假设或波散射模型均不适宜。因此一些学者提出了位移不连续理论（把节理变形本构关系看作波动方程中的位移不连续边界条件）来解释节理对波的影响（Kitsunrzaki，1983；Pyrak – nolte 等，1990；Cai 等，2000）。此类研究同样经历了从适用于小振幅波的线性位移不连续模型（Schoenberger，1980；Pyrak – nolte 等，1990；Cai 等，2000）到适用于大振幅波的非线性位移不连续模型的发展过程（Cai 等，2001；Zhao，2004；俞缙等，2007）。

关于非线性位移不连续模型，目前仅局限于研究单一类型的节理变形关系，如具有双曲型本构关系的节理对应力波的影响，而根据不同的节理闭合量与应力间的关系可建立不同的位移不连续模型（Zhao 等，2001；Zhao，2004，2007）。俞缙等（2007）曾分别利用 BB 模型和经典指数模型来探讨不同非线性节理变形行为下纵波的传播规律。该研究虽然在某种程度上弥补了前人采用单一模型分析的不足，但这两类模型在数学上却都具有半值应力（half – closure stress）不可调、非线性程度（节理闭合量发展速度）固定不变的缺陷。因此前述研究不能反映节理变形非线性程度的差异对应力波传播的影响。前面提出的改进的弹性非线性法向变形本构模型可定量化地描述节理闭合量随应力变化的发展速度。将该模型推广至动态条件，建立法向入射纵波（不考虑剪切变形）在单节理处传播的位移不连续模型，依据一维波动方程特征线法推导了节理处透射波、反射波质点速度的数值差分格式并编制了计算程序，获得了节理处透射、反射纵波质点速度时域半数值半解析解，进而得到透射、反射系数解；基于 Lemaitre 假设获得了近似解析解。依此探讨纵波在单节理处的传播过程及特征。在对节理法向初始切线刚度 K_{ni}、节理闭合量 d_n 与最大允许闭合量 d_{ma} 间的比值 γ、入射波应力振幅 σ_{inc} 及频率 f 等因素对节理透射、反射系数影响进行探讨的同时，着重分析了模型非线性程度的改变对应力波的影响，并结合 UDEC 离散元数值模拟做了对比分析。此外，对透射波波形畸变现象也做了较深入的探讨。

岩石节理准静态法向单调加载及循环加、卸载条件下的代表性模型很多，如 Shehata（1971）、Goodman（1976）、Kulhaway（1975）、Bandis 等（1983）、Barton 等（1985）、Swan（1983）、Sun 等（1985）、Malama 等（2003）、Xia 等（2003）等提出的模型。然而与岩石节理准静态力学性质的研究相比，动态力学性质的研究却显得很不充分，且基本是从准静态模型中移植而来的，如 Cai 等

（2001）、Yang 等（2005）分别对天然及人工制备节理进行动态单轴加载试验，将 BB（Barton 和 Bandis）模型推广至动态，Wang（2007）依据 Instron1342 电液伺服试验机对不同表面形态人工节理试验建立的考虑率效应的节理动态经验模型（幂函数形式），Cai 等（2000）、Zhao（2004）、Yu 等（2008）、石崇等（2007）也采用类似方式将准静态节理非线性本构关系推广到动态条件下来研究应力波在节理岩体中的传播特性。

前面已探讨了上述各模型非线性程度不可调的数学缺陷，基于 Malama 等（2003）的准静态法向单调加载试验结果，将传统的 BB 模型与经典指数模型统一起来，建立了改进的节理弹性非线性法向变形本构模型，并在数学上严格证明了两者是新模型的两个特例。模型方程及节理法向切线刚度 K_n 的表达形式见式（2-30）和下式：

$$K_n = \frac{\partial \sigma_n}{\partial d_n} = \frac{\xi K_{ni} d_{ma}^2}{(d_{ma} - d_n)(\xi d_{ma} - d_n)} \qquad (2-48)$$

式中，σ_n 为节理法向压应力；d_n 为节理法向闭合量；K_{ni} 为节理法向初始切线刚度；d_{ma} 为节理法向最大允许闭合量。这里规定 σ_n、d_n 以压缩为正。ξ 为用于对 $\sigma_n - d_n$ 关系的非线性程度（d_n 的发展速度）进行修正的系数。模型的 $\sigma_n - d_n$ 关系曲线见图 2-14，其中 $\xi_1 < \xi_2 < \xi_3$。新模型以 BB 模型（$\xi \to 1$）和经典指数模型（$\xi \to \infty$）为边界，随着 ξ 值的增大，模型曲线的非线性程度随之增大。该模型克服了传统节理弹性非线性模型半值应力不可调、非线性程度固定不变的缺点。

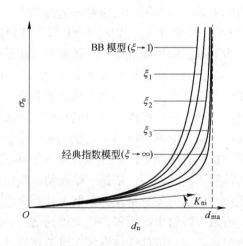

图 2-14　改进的岩石节理法向
变形本构模型示意图

Zhao 等（2001）、Zhao 等（2004）及俞缙（2007）认为连续的循环加、卸载对节理的刚化作用可使其 $\sigma_n - d_n$ 关系成为无滞回环的弹性关系，而天然岩石节理在漫长的地质历史中一般都经历了多次变形，故起初的循环加、卸载过程中的滞回现象可被忽略，在考虑加载速率对节理变形行为影响不大的情况下，建立了 BB 及经典指数准静态模型在纵波传播问题中运用的合理性。这里沿用上述思想，将改进的节理弹性非线性法向变形本构模型推广至动态条件，进行计算分析研究。

2.5 改进模型的节理透射、反射系数近似解析解

2.5.1 线性位移不连续模型透射、反射系数解析解

Schoenberg（1980）、Pyrak – Nolte（1988）已得出线弹性位移不连续模型下，一维情况时，以任意入射角射入干性（线性弹簧模型）单节理应力波（P波、SV 波、SH 波）的透射、反射系数精确解析解：

$$|T_{\text{lin}}| = \sqrt{\frac{4\,(K/z\omega)^2}{4\,(K/z\omega)^2 + 1}}\,,\ |R_{\text{lin}}| = \sqrt{\frac{1}{4\,(K/z\omega)^2 + 1}} \qquad (2-49)$$

式中，$|T_{\text{lin}}|$，$|R_{\text{lin}}|$ 分别为线性变形节理的透射、反射系数；z 为波阻抗；K 为节理法向刚度；ω 为入射波角频率。由于是弹性问题，所以应力波能量守恒，有：$|T_{\text{lin}}|^2 + |R_{\text{lin}}|^2 = 1$。Pyrak – Nolte 等（1996）还推导出用流变模型（Kelvin 模型或 Maxwell 模型）描述饱和含水节理的透射、反射系数解，这里不一一举出各表达式。

2.5.2 线性位移不连续模型理论解

考虑一个在 xOz 平面内传播的纵波 $S^{(1)}$，取分界面为 xOy 面，介质 1 和介质 2 都是均匀和各向同性的。当纵波以入射角 α 入射到界面时，通过同时发生的透、反射作用，通常产生 4 种不同的波，即反射纵波 $S^{(2)}$ 和横波 $S^{(3)}$，透射纵波 $S^{(4)}$ 和横波 $S^{(5)}$，见图 2 – 15。α 和 α' 分别表示反射纵波和横波的反射角，β 和 β' 分别表示透射纵波和横波的折射角。用弹性位移量值来表示波，并将入射波、反射纵波、反射横波、透射

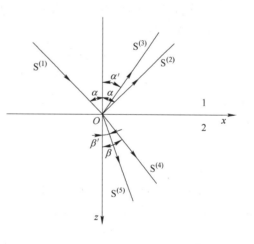

图 2 – 15　应力波透射、反射示意图

纵波和透射横波的波函数（戈革，1980）分别写成：

$$S^{(j)} = S_0^{(j)} \mathrm{e}^{i(k_x{}^{(j)}X + k_z{}^{(j)}z - \omega t)}\ (j = 1,2,3,4,5) \qquad (2-50)$$

式中，k 为波矢；ω 为波的角频率；t 为波传播时间。且有：

$$k_x^{(1)} = k_x^{(2)} = k_x^{(3)} = k_x^{(4)} = k_x^{(5)} \qquad (2-51)$$

$$\begin{cases} k_x^{(1)} = \omega\sin\alpha/v_{\text{P}_1},\ k_x^{(2)} = \omega\sin\alpha/v_{\text{P}_1},\ k_x^{(3)} = \omega\sin\alpha'/v_{\text{S}_1} \\ k_x^{(4)} = \omega\sin\beta/v_{\text{P}_2},\ k_x^{(5)} = \omega\sin\beta/v_{\text{S}_2} \end{cases} \qquad (2-52)$$

$$\begin{cases} k_z^{(1)} = \omega\cos\alpha/v_{P_1}, k_z^{(2)} = \omega\cos\alpha/v_{P_1}, k_z^{(3)} = \omega\cos\alpha'/v_{S_1} \\ k_z^{(4)} = \omega\cos\beta/v_{P_2}, k_z^{(5)} = \omega\cos\beta'/v_{S_2} \end{cases} \quad (2-53)$$

$$\sin\sigma/v_{P_1} = \sin\sigma'/v_{S_1} = \sin\beta/v_{P_2} = \sin\beta'/v_{S_2} \quad (2-54)$$

式中，v_{P_1}，v_{S_1} 分别为介质 1 中纵波和横波速度；v_{P_2}，v_{S_2} 分别为介质 2 中纵波和横波速度。式（2-54）表示反射定律和透射定律，其在可滑移界面处仍然成立（Cook，1992）。介质 1 和介质 2 中，位移的直角分量分别为：

$$\begin{cases} u_1 = S^{(1)}\sin\alpha + S^{(2)}\sin\alpha - S^{(3)}\cos\alpha' \\ w_1 = S^{(1)}\cos\alpha - S^{(2)}\cos\alpha - S^{(3)}\sin\alpha' \end{cases} 和 \begin{cases} u_2 = S^{(4)}\sin\beta + S^{(5)}\cos\beta' \\ w_2 = S^{(4)}\cos\beta - S^{(5)}\sin\beta' \end{cases}$$

$$(2-55)$$

根据线性位移不连续模型，此问题的边界条件为：

在 xOy 平面上，即 $z=0$ 处

$$\begin{cases} (\sigma_{zz})_1 = (\sigma_{zz})_2, (\sigma_{zx})_1 = (\sigma_{zx})_2 \\ u_1 - u_2 = \sigma_{zx}/K_x, w_1 - w_2 = \sigma_{zz}/K_z \end{cases} \quad (2-56)$$

式中，K_x 为节理的剪切刚度；K_z 为节理的法向刚度。利用各向同性介质中的虎克定律计算界面上的应力：

$$\begin{cases} \sigma_{zz} = \lambda\partial u/\partial x + (\lambda+2\mu)\partial w/\partial z \\ \sigma_{zx} = \mu(\partial w/\partial x + \partial u/\partial z) \end{cases} \quad (2-57)$$

而反射纵、横波的位移振幅反射系数以及透射纵、横波的位移振幅透射系数分别为：

$$\begin{cases} R_{PP} = S_0^{(2)}/S_0^{(1)} \\ R_{PS} = S_0^{(3)}/S_0^{(1)} \end{cases}, \begin{cases} T_{PP} = S_0^{(4)}/S_0^{(1)} \\ T_{PS} = S_0^{(5)}/S_0^{(1)} \end{cases} \quad (2-58)$$

可得各个系数所满足的如下联立方程组：

$$(v_{P_1}^2 - 2v_{S_1}^2\sin^2\alpha)/v_{P_1} + R_{PP}(v_{P_1}^2 - 2v_{S_1}^2\sin^2\alpha)/v_{P_1} + R_{PS}v_{S_1}\sin 2\alpha' +$$

$$T_{PS}v_{S_2}\sin 2\beta' - \rho_2 T_{PP}(v_{P_2}^2 - 2v_{S_2}^2\sin^2\beta)/(\rho_1 v_{P_2}) = 0 \quad (2-59)$$

$$v_{S_1}^2\sin 2\alpha/v_{P_1} - R_{PP}(v_{S_1}^2\sin 2\alpha)/v_{P_1} + R_{PS}v_{S_1}\cos 2\alpha' -$$

$$\rho_2 T_{PP}(v_{S_2}^2\sin 2\beta)/(\rho_1 v_{P_2}) + \rho_2 T_{PS}v_{S_2}\cos 2\beta'/\rho_1 = 0 \quad (2-60)$$

$$\sin\alpha + R_{PP}\sin\alpha - R_{PS}\cos\alpha' - T_{PP}\sin\beta - T_{PS}\cos\beta'$$

$$= \frac{i\omega\mu_1\left[\sin 2\alpha(1-R_{PP})/V_{P_1} + \cos 2\alpha' R_{PS}/v_{S_1}\right]}{K_s} \quad (2-61)$$

$$= \frac{i\omega\mu_2(\sin 2\beta T_{PP}/v_{P_2} + \cos 2\beta' T_{PS}/v_{S_2})}{K_s}$$

$$\cos\alpha - R_{PP}\cos\alpha - R_{PS}\sin\alpha' - T_{PP}\cos\beta - T_{PS}\sin\beta'$$

$$
= \frac{i\omega\rho_1(v_{P_1}^2 - 2v_{S_1}^2)(1 + R_{PP})/v_{P_1}}{K_n} +
$$

$$
\frac{2i\omega\mu_1[\cos^2\alpha(1 + R_{PP})/v_{P_1} + \cos\alpha'\sin\alpha' R_{PS}/v_{S_1}]}{K_n} \quad (2-62)
$$

$$
= \frac{i\omega\rho_2 T_{PP}(v_{P_2}^2 - 2v_{S_2}^2)/v_{P_2}}{K_n} +
$$

$$
\frac{2i\omega\mu_2(\cos^2\beta T_{PP}/v_{P_2} - \cos\beta'\sin\beta' T_{PS}/v_{S_2})}{K_n}
$$

求解这一方程组，就能得到各个反射系数和透射系数的表示式；这些角度可以根据式（2-54）写成入射角 α 的函数。现在考虑纵波垂直入射即 $\alpha = 0°$ 的情况，此时 $R_{PS} = 0$ 和 $T_{PS} = 0$，节理不含剪切变形，节理的非线性法向变形行为的影响与剪切变形不相混合而得以单独研究。当 $\alpha = 0°$ 时，由式（2-54）可得

$$
\alpha = \alpha' = \beta = \beta' = 0 \quad (2-63)
$$

$$
\begin{cases}
1 + R_{PP} - \rho_2 v_{P_2} T_{PP}/(\rho_1 v_{P_1}) = 0, R_{PS} + \rho_2 v_{S_2} T_{PS}/(\rho_1 v_{S_1}) = 0 \\
R_{PS} + (1 + i\omega\rho_2 v_{S_2}/K_s) T_{PS} = 0, 1 - R_{PP} - T_{PP} = i\omega\rho_2 v_{P_2} T_{PP}/K_n = 0
\end{cases}
$$

$$(2-64)$$

$$
\begin{cases}
(R_{PP})_0 = \dfrac{K_n(z_2 - z_1) - i\omega z_1 z_2}{K_n(z_1 + z_2) + i\omega z_1 z_2}, (R_{PS})_0 = 0 \\
(T_{PP})_0 = \dfrac{2K_2 K_1}{K_n(z_1 + z_2) + i\omega z_1 z_2}, (T_{PS})_0 = 0
\end{cases} \quad (2-65)
$$

如果界面两侧岩体性质完全相同，即 $z_1 = z_2$，可得

$$
(R_{PP})_0 = \frac{-i\omega z/K_n}{2 + i\omega z/K_n}, (T_{PP})_0 = \frac{2}{2 + i\omega z/K_n} \quad (2-66)
$$

从而得到纵波垂直入射线性变形节理处的反射系数和透射系数，见下式（值得一提的是上述解法与已有的解法有本质的区别）：

$$
|(R_{PP})_0| = \frac{1}{\sqrt{4(K_n/\omega z)^2 + 1}}, |(T_{PP})_0| = \sqrt{\frac{4(K_n/\omega z)^2}{4(K_n/\omega z)^2 + 1}} \quad (2-67)
$$

显然关系式与 Schoenberg（1980）和 Pyrak - Nolte（1988）给出的结果（式（2-49））一致。需要强调的是，该结论的获得依赖于 K_n 为一常数的必要条件，否则精确解不成立。

2.5.3 改进模型节理透射、反射系数近似解析解

实际上真实的岩石节理变形是非线性的，其节理刚度是随节理所受法向应力

或节理闭合量变化而变化的（Goodman，1976；Bandis 等，1983；Barton 等，1985；Swan，1983；Sun 等，1985），而非前面所考虑的线性变形情况。借鉴岩石损伤力学领域的 Lemaitre 等效应变假设的基本思想（谢和平，1990），王卫华（2006）进行了如下假设：在节理法向变形本构模型中，将精确解中的刚度常数 K_n 换成等效刚度 $\overline{K_n}$，非线性变形节理的变形行为可用线性变形节理的本构关系表示，则有：

$$d_n = \sigma_n / \overline{K_n}, \overline{K_n} = K_{ni}/D \qquad (2-68)$$

这里 D 被视为节理刚度的非线性系数，其表达式如下：

$$D = (1 - d_n/d_{ma})^2 \qquad (2-69)$$

根据上述假设，很容易推出 BB 模型下节理透射系数与反射系数的解析解，见下式。计算结果见图 2 – 16 和图 2 – 17：

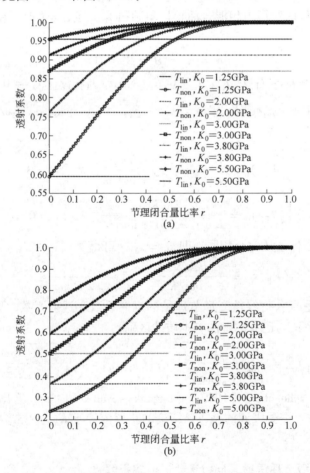

图 2 – 16　各 d_{ma} 和 K_{ni} 参数组合的 $|T_{BB}|$ 与 γ 关系曲线（王卫华，2006）

(a) $f=50\text{Hz}$；(b) $f=150\text{Hz}$

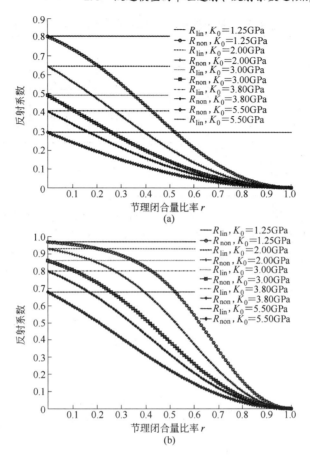

图 2 - 17 各 d_{ma} 和 K_{ni} 参数组合的 $|R_{BB}|$ 与 γ 关系曲线（王卫华，2006）

（a）$f = 50Hz$；（b）$f = 150Hz$

$$|T_{BB}| = \frac{2}{\sqrt{\left[\dfrac{z\omega(1 - d_n/d_{ma})}{K_{ni}}\right]^2 + 4}} , \quad |R_{BB}| = \frac{1}{\sqrt{\left[\dfrac{K_{ni}}{z\omega(1 - d_n/d_{ma})}\right]^2 + 4}}$$

$$(2 - 70)$$

需要强调的是，依据该方法，岩石密度 $\rho = 2.4 \times 10^3 kg/m^3$，波频 $f = 2\pi/\omega$ 分别为 50Hz、150Hz，波速 $\alpha_P = 4500m/s$，波阻抗 $z = \rho\alpha_P = 1.08 \times 10^7 kg/(m^2 \cdot s)$（为便于比较，参数均来自于文献[190]），针对节理初始法向刚度 K_{ni} 与节理最大允许闭合量 d_{ma} 的 5 种不同参数组合形式（见表 2 - 4）进行计算，所得的计算结果（见图 2 - 16 和图 2 - 17）并非如王卫华（2006）文中所述的与 Zhao 等（2001）的数值解完全一致，而只是与数值计算结果存在一定误差的近似解（误差原因分析见 2.6.5 节）。

表2-4 d_{ma}和K_{ni}参数值的组合（Zhao 等，2001，由 JRC、JCS 确定）

参 数 组 合	①	②	③	④	⑤
节理最大允许闭合量 d_{ma}/mm	0.61	0.57	0.53	0.50	0.40
节理初始法向刚度 $K_{ni}/GPa \cdot m^{-1}$	1.25	2.00	3.00	3.80	5.50

然而，上述方法虽然在一定程度上与数值解存在误差，却并不失为一种简便的计算方法。本书借鉴该思路，依据等效位移假设求得具有改进的弹性非线性法向本构模型单节理处的弹性纵波透射、反射系数近似解析解：

$$|T_{IMP}| = \frac{1}{\sqrt{\left[\dfrac{z\omega(1 - d_n/d_{ma})(\xi - d_n/d_{ma})}{2\xi K_{ni}}\right]^2 + 1}} \tag{2-71}$$

$$|R_{IMP}| = \frac{1}{\sqrt{\left[\dfrac{2\xi K_{ni}}{z\omega(1 - d_n/d_{ma})(\xi - d_n/d_{ma})}\right]^2 + 1}} \tag{2-72}$$

式中，$|T_{IMP}|$，$|R_{IMP}|$ 分别为具有改进的非线性变形本构关系节理的透射、反射系数。由式（2-71）和式（2-72）可知：$|T_{IMP}|^2 + |R_{IMP}|^2 = 1$，即由于应用了弹性模型假设，透射波与反射波能量之和仍然遵守能量守恒定律。

2.5.4 近似解析计算及参数研究

依据参数组合表2-4，并取$\xi \to 1$，$\xi = 1.5$，$\xi = 5.5$，$\xi \to \infty$四种情况，计算不同修正系数ξ情况下改进的非线性变形本构关系节理的透射、反射系数（见图2-18和图2-19）。由图2-18可知，$|T_{IMP}|$不仅随K_{ni}、γ的增大而增大，d_{ma}、f的增大而减小，而且随着修正系数ξ的变化而变化。在其他参数不变的情况下，ξ越大，$|T_{IMP}|$越小，这意味着节理位移不连续模型非线性程度越大，对入射波的阻碍也越大，透射波越少。同样，由图2-19可知，$|R_{IMP}|$不仅随K_{ni}、γ的增大而减小，d_{ma}、f的增大而增大，而且其他参数不变的情况下，ξ越大，$|R_{IMP}|$越大，这说明节理位移不连续模型非线性程度越大，反射波越多。在不同的ξ情况下，$|T_{IMP}|$、$|R_{IMP}|$的变化趋势各自在总体上具有一致性。

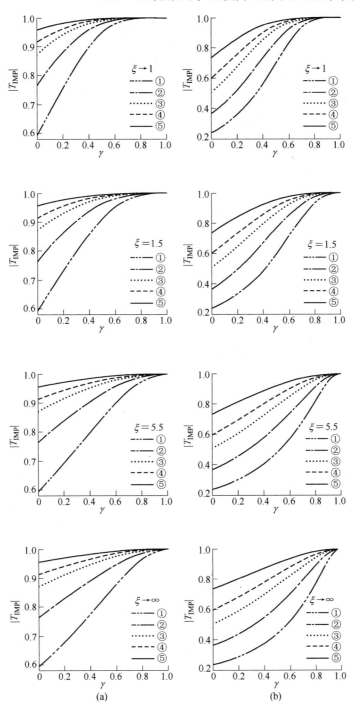

图 2 – 18 不同 ξ 情况下各 d_{ma} 和 K_{ni} 参数组合的 $|T_{IMP}|$ 与 γ 关系曲线

（a）$f = 50\text{Hz}$；（b）$f = 150\text{Hz}$

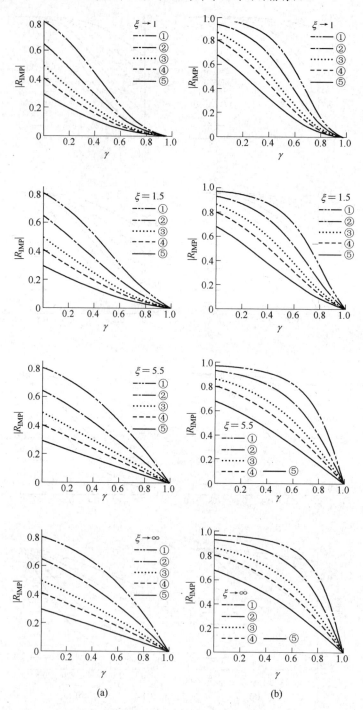

(a)　　　　　　　　　　　(b)

图 2 - 19　不同 ξ 情况下各 d_{ma} 和 K_{ni} 参数组合的 $|R_{IMP}|$ 与 γ 关系曲线

(a) $f = 50\,\mathrm{Hz}$；(b) $f = 150\,\mathrm{Hz}$

2.6 半数值半解析计算

前面的结论实际上是基于线性变形节理法向刚度假设而获得的，由于解析计算本身存在的种种局限性，而室内及现场实验耗资巨大，很自然地要求研究者利用数值分析手段进行研究。图 2-20 所示是均匀介质中线性变形节理对法向入射波影响的数值算例示意图，K 为节理刚度，z 为波阻抗，ΔT 为延迟时间。从图 2-20 上可以清楚地看到随节理刚度下降，应力波振幅下降，高频成分被滤除，延迟时间增加，波速降低等规律，体现了数值计算方法的优越性。实际上真实的岩石节理变形是非线性的，其节理刚度是随节理所受法向应力或节理闭合量变化而变化的，尤其是在大振幅波情况下（如靠近震源的冲击波及地下开凿和采矿中的爆破波），节理变形的这一特点尤为突出（Zhao 等，1999）。因此必须深入研究纵波垂直入射到非线性变形节理处的透射、反射规律。2.5 节探讨的仅仅是带有较大误差的近似解析解，要更准确地了解应力波在节理处的传播规律，就需要借助数值计算方法。如果直接将节理刚度的非线性表达式引入波动方程边界条件中进行数值计算，那么用目前的数学、力学方法求解将非常复杂繁琐。本书采用位移不连续模型与一维波动方程特征线法相结合的半数值半解析计算方法进行研究。

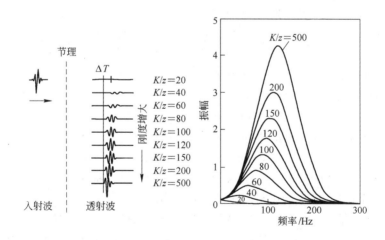

图 2-20 单节理对应力波波形及振幅谱影响示意图（Myer 等，1990）

2.6.1 一维波动方程特征线法与位移不连续模型

尽管节理处位移不连续边界条件是非线性的，但波场在节理前后仍是连续线弹性的，因而一维波动方程特征线法在该问题中仍然适用。弹性纵波法向穿越具有 BB 模型本构关系单节理及平行多节理时的透射、反射系数半数值半解析解已通过该方法求解得到（Zhao 等，2001；Zhao，2004）。这里借鉴该思路推导改进的弹性非线性法向本构模型单节理处质点速度波动方程特征线解，以此来反映节理变形非线性程度的差异对应力波传播的影响。弹性波的一维波动方程见下式：

$$\frac{\partial^2 u(x,t)}{\partial t^2} = \alpha_P^2 \frac{\partial^2 u(x,t)}{\partial x^2} \tag{2-73}$$

式中，$u(x, t)$ 为质点位移；α_P 为弹性波波速，且有 $\alpha_P^2 = E/\rho$，其中，E 为岩石杨氏模量；ρ 为密度。质点速度 $v(x, t) = \partial u(x, t)/\partial t$，应变 $\varepsilon(x, t) = \partial u(x, t)/\partial x$，则式（2-73）可写为：

$$\begin{cases} \dfrac{\partial v(x,t)}{\partial t} = \alpha_P^2 \dfrac{\partial \varepsilon(x,t)}{\partial x} \\[2mm] \dfrac{\partial v(x,t)}{\partial x} = \dfrac{\partial \varepsilon(x,t)}{\partial t} \end{cases} \tag{2-74}$$

假设在线弹性半空间内位于 $x = x_1$ 处有一干性节理，空间一侧受到质点速度函数为 $p(t)$ 的法向入射平面纵波，根据特征线法，$x - t$ 平面中函数 $v(x, t) - \alpha_P \varepsilon(x, t)$ 的增量为：

$$\mathrm{d}[v(x,t) - \alpha_P \varepsilon(x,t)] = \left[\frac{\partial v(x,t)}{\partial t} - \alpha_P \frac{\partial \varepsilon(x,t)}{\partial t}\right]\mathrm{d}t + \left[\frac{\partial v(x,t)}{\partial x} - \alpha_P \frac{\partial \varepsilon(x,t)}{\partial x}\right]\mathrm{d}x \tag{2-75}$$

由式（2-74），可将式（2-75）改写为：

$$\mathrm{d}[v(x,t) - \alpha_P \varepsilon(x,t)] = \left[\frac{\partial v(x,t)}{\partial x} - \frac{1}{\alpha_P}\frac{\partial v(x,t)}{\partial t}\right](\mathrm{d}x - \alpha_P \mathrm{d}t) \tag{2-76}$$

当 $\mathrm{d}x/\mathrm{d}t = \alpha_P$ 时，$\mathrm{d}[v(x, t) - \alpha_P \varepsilon(x, t)] = 0$，即沿着 $x - t$ 平面中斜率为 $1/\alpha_P$ 的任何直线，有特征方程：

$$v(x,t) - \alpha_P \varepsilon(x,t) = 常数 \tag{2-77}$$

由波阻抗 $z = \rho \alpha_P$，$\alpha_P^2 = E/\rho$ 容易得到：

$$z\alpha_P \varepsilon(x,t) = -\sigma(x,t) \tag{2-78}$$

式中，$\sigma(x, t)$ 为质点应力（定义压为正，拉为负）。将式（2-77）两边同乘以 z，引入式（2-78）后可得一维波的特征方程：

$$z[v(x,t) - \alpha_P \varepsilon(x,t)] = zv(x,t) + \sigma(x,t) = 常数 \tag{2-79}$$

同理，当 $\mathrm{d}x/\mathrm{d}t = -\alpha_P$ 时，即沿着 $x - t$ 平面中斜率为 $-1/\alpha_P$ 的任何直线有另一特征方程：

$$z[v(x,t) + \alpha_P \varepsilon(x,t)] = zv(x,t) - \sigma(x,t) = 常数 \tag{2-80}$$

如图 2-21 所示，$x - t$ 平面中始于节理处并交于 x 轴，斜率为 $-1/\alpha_P$ 的直线 AB 是波动方程的左行特征线；始于节理处并交于 t 轴上点 $(0, t - x_1/\alpha_P)$，斜率为 $1/\alpha_P$ 的直线 AC 是右行特征线；自点 $(0, t - x_1/\alpha_P)$，交于 x 轴的直线 CD，为另一斜率为 $-1/\alpha_P$ 的左行特征线。上标"−"、"+"分别表示参数属于节理前、后弹性波场。

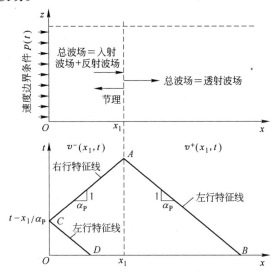

图 2-21 半无限空间中纵波法向穿越单节理波场示意图
与对应 $x-t$ 平面中左、右行特征线示意图

左行特征线 AB 与 x 轴交于 B 点，当 $t=0$ 时，研究域未受扰动，因此有：

$$v^+(x,0) = 0, \sigma(x,0) = 0 \qquad (2-81)$$

代入式（2-80）可得节理后波场中左行特征线 AB 上有：

$$zv^+(x_1,t) - \sigma(x_1,t) = v^+(x,0) + \sigma(x,0) = 0 \qquad (2-82)$$

右行特征线 AC 与 t 轴交于 C 点，在 $t-x_1/\alpha_P$ 时刻，研究域左边界质点速度 $v^-(0, t-x_1/\alpha_P) = p(t-x_1/\alpha_P)$，$p(t-X_1/\alpha_P)$ 为速度边界条件，再由式（2-79）可得节理前波场中右行特征线 AC 上有：

$$zv^-(x_1,t) + \sigma(x_1,t) = zp(t-x_1/\alpha_P) + \sigma(0,t-x_1/\alpha_P) \qquad (2-83)$$

与特征线 AB 相同，另一左行特征线 CD 上有：

$$zp(t-x_1/\alpha_P) - \sigma(0,t-x_1/\alpha_P) = 0 \qquad (2-84)$$

由式（2-83）和式（2-84）可得

$$zv^-(x_1,t) + \sigma(x_1,t) = 2zp(t-x_1/\alpha_P) \qquad (2-85)$$

将式（2-82）和式（2-85）相加可得

$$v^-(x_1,t) + v^+(x_1,t) = 2p(t-x_1/\alpha_P) \qquad (2-86)$$

式（2-86）表达了在节理前后质点速度之间的关系。

2.6.2 透射波、反射波质点速度数值差分格式

波场在 $x=x_1$ 处的位移不连续边界条件由应力连续条件式和节理法向变形本构关系式组成：

$$\sigma^-(x_1,t) = \sigma^+(x_1,t) = \sigma(x_1,t) \tag{2-87}$$

$$u^-(x_1,t) - u^+(x_1,t) = \frac{\xi d_{\mathrm{ma}}\left\{\exp\left[\dfrac{(1-\xi)\sigma(x_1,t)}{\xi K_{\mathrm{ni}}d_{\mathrm{ma}}}\right]-1\right\}}{\exp\left[\dfrac{(1-\xi)\sigma(x_1,t)}{\xi K_{\mathrm{ni}}d_{\mathrm{ma}}}\right]-\xi} \tag{2-88}$$

为简化计算过程，令

$$(1-\xi)/\xi K_{\mathrm{ni}}d_{\mathrm{ma}} = \psi \tag{2-89}$$

则式（2-88）可简写为：

$$u^-(x_1,t) - u^+(x_1,t) = \frac{\xi d_{\mathrm{ma}}\{\exp[\psi\sigma(x_1,t)]-1\}}{\exp[\psi\sigma(x_1,t)]-\xi} \tag{2-90}$$

对式（2-90）在时间域求导得

$$v^-(x_1,t) - v^+(x_1,t) = \frac{\xi d_{\mathrm{ma}}\psi(1-\xi)\exp[\psi\sigma(x_1,t)]}{\{\exp[\psi\sigma(x_1,t)]-\xi\}^2}\frac{\partial\sigma(x_1,t)}{\partial t} \tag{2-91}$$

将式（2-82）代入式（2-91）可得

$$v^-(x_1,t) - v^+(x_1,t) = \frac{\xi d_{\mathrm{ma}}\psi(1-\xi)\exp[\psi z v^+(x_1,t)]}{\{\exp[\psi z v^+(x_1,t)]-\xi\}^2}\frac{z\partial v^+(x_1,t)}{\partial t} \tag{2-92}$$

根据式（2-86）和式（2-92），可得到关于 $v^+(x_1,t)$ 的微分方程：

$$\frac{\partial v^+(x_1,t)}{\partial t} = \frac{2[p(t-x_1/\alpha_{\mathrm{P}})-v^+(x_1,t)]\{\exp[\psi z v^+(x_1,t)]-\xi\}^2}{z\xi d_{\mathrm{ma}}\psi(1-\xi)\exp[\psi z v^+(x_1,t)]} \tag{2-93}$$

将时间域 $[0,t]$ 划分为 J 个等时段（$j=1,2,\cdots,J$），每个时段时间增加值 Δt 取为 $\Delta t = T_{\mathrm{e}}/m$。$v^+(x_1,t)$ 在每个时间段有一阶向前差商：

$$\frac{\partial v^+(x_1,t_j)}{\partial t} = \frac{v^+(x_1,t_{j+1})-v^+(x_1,t_j)}{\Delta t} = \frac{m[v^+(x_1,t_{j+1})-v^+(x_1,t_j)]}{T_{\mathrm{e}}} \tag{2-94}$$

式中，T_{e} 为入射波的周期；m 为在入射波一个周期内的时间段个数。可以得到计算 $v^+(x_1,t)$ 的差分递归方程：

$$v^+(x_1,t_{j+1})$$

$$= v^+(x_1,t_j) + \frac{2T_{\mathrm{e}}[p(t_j-x_1/\alpha_{\mathrm{P}})-v^+(x_1,t_j)]\{\exp[\psi z v^+(x_1,t_j)]-\xi\}^2}{mz\xi d_{\mathrm{ma}}(1-\xi)\psi\exp[\psi z v^+(x_1,t_j)]} \tag{2-95}$$

可以得到计算 $v^+(x_1,t)$ 的完整形式的差分递归方程：

$v^+ (x_1, t_{j+1})$

$$= v^+ (x_1, t_j) + \frac{2 T_e K_{ni} [p(t_j - x_1/\alpha_P) - v^+ (x_1, t_j)] \left\{ \exp \left[\dfrac{z(1 - \xi) v^+ (x_1, t_j)}{\xi K_{ni} d_{ma}} \right] - \xi \right\}^2}{m z (1 - \xi)^2 \exp \left[\dfrac{z(1 - \xi) v^+ (x_1, t_j)}{\xi K_{ni} d_{ma}} \right]}$$

$$(2 - 96)$$

如果入射波的质点速度波形函数 $p(t)$ 和初始条件 $v^+ (x_1, 0)$ 已知，利用式 $(2 - 96)$ 可迭代计算得出 $v^+ (x_1, t)$，也就是透射波质点速度，即有 $v_{tra}(x_1, t) = v^+ (x_1, t)$。在计算中将 m 取得较大，可以得到一个足够小的 Δt，使得计算得到具有足够精度 $v^+ (x_1, t)$ 的差分数值解。再借助式 $(2 - 86)$ 易求出 $v^- (x_1, t)$，从而求出节理处反射波的质点速度：

$$v_{ref}(x_1, t) = v^- (x_1, t) - v_{inc}(x_1, t) = 2p(t - x_1/\alpha_P) - v^+ (x_1, t) - v_{inc}(x_1, t)$$

$$(2 - 97)$$

式 $(2 - 96)$ 和式 $(2 - 97)$ 就是弹性纵波穿越具有改进非线性本构关系节理时节理处透射波、反射波质点速度的数值差分格式。依据推导出的数值差分格式，利用 MATLAB 工具自行编写了数值差分计算程序（部分源代码见附录 A），在入射波为单周期的正弦波情况，通过试算法选择时间段个数 m 的大小，结果发现当 $m < 100$（$\Delta t = T_e/m > T_e/100$）时，可能引起差分计算的"溢出"等不稳定现象，而对 m 取值较大又会对计算机造成不必要的运算和存储压力，这里确定 $m = 500$，以确保稳定的差分计算。

在纵波的传播过程中，节理首先受压应力作用达到一定的闭合量，然后恢复至初始状态，即随 σ_n 的增大，d_n 以非线性方式增加到一个最大值后，再减小为 0。在此过程中，节理透射系数半数值解 $|T_{IMP}|$ 由透射波振幅与入射波振幅比计算得到，同样，节理反透射系数半数值解 $|R_{IMP}|$ 由反射波振幅与入射波振幅比得到：

$$|T_{IMP}| = v_{tra}(x_1, t)|_{max}/v_{inc}(x_1, t)|_{max}, |R_{IMP}| = v_{ref}(x_1, t)|_{max}/v_{inc}(x_1, t)|_{max}$$

$$(2 - 98)$$

为检验入射波在节理处的透射和反射过程中是否有能量消耗，通过对 $v_{tra}(x_1, t)$ 和 $v_{ref}(x_1, t)$ 的数值积分，计算出透射波能量比 e_{tra} 和反射波能量比 e_{ref}，其计算式为：

$$e_{tra} = \frac{E_{tra}}{E_{inc}} = \frac{\int_{t_{tra}^0}^{t_{tra}^1} z \left[v_{tra}(x_1, t) \right]^2 dt}{\int_{t_{inc}^0}^{t_{inc}^1} z \left[v_{inc}(x_1, t) \right]^2 dt} = \frac{\sum\limits_{j = t_{tra}^0}^{j = t_{tra}^1} \left[v_{tra}(x_1, t_j) \right]^2 \Delta t}{\sum\limits_{j = t_{inc}^0}^{j = t_{inc}^1} \left[v_{inc}(x_1, t_j) \right]^2 \Delta t} \quad (2 - 99)$$

$$e_{\mathrm{ref}} = \frac{E_{\mathrm{ref}}}{E_{\mathrm{inc}}} = \frac{\int_{t_{\mathrm{ref}}^0}^{t_{\mathrm{ref}}^1} z \, [\, v_{\mathrm{ref}}(x_1, t)\,]^2 \mathrm{d}t}{\int_{t_{\mathrm{inc}}^0}^{t_{\mathrm{inc}}^1} z \, [\, v_{\mathrm{inc}}(x_1, t)\,]^2 \mathrm{d}t} = \frac{\sum_{j=t_{\mathrm{ref}}^0}^{j=t_{\mathrm{ref}}^1} [\, v_{\mathrm{ref}}(x_1, t_j)\,]^2 \Delta t}{\sum_{j=t_{\mathrm{inc}}^1}^{j=t_{\mathrm{inc}}^0} [\, v_{\mathrm{inc}}(x_1, t_j)\,]^2 \Delta t} \qquad (2-100)$$

式中，E_{inc}，E_{tra}，E_{ref}分别为入射波、透射波、反射波能量；t_{inc}^0，t_{tra}^0，t_{ref}^0分别为入射波、透射波、反射波初始时刻；t_{inc}^1，t_{tra}^1，t_{ref}^1分别为入射波、透射波、反射波结束时刻；j为计算步数。

2.6.3　线性位移不连续模型计算

为验证所编程序思路的正确性及可运行性，先采用线性位移不连续模型进行试算分析，即将式（2-88）退化为$u^-(x_1, t) - u^+(x_1, t) = \sigma_{\mathrm{n}}/K_{\mathrm{n}}$，进行编程计算。由于是线性情况，由式（2-67）可知，单节理透射、反射系数解由$K_{\mathrm{n}}/z\omega$的具体数值决定，这里用Ψ_{n}来表示，即$\Psi_{\mathrm{n}} = K_{\mathrm{n}}/z\omega$。采用文献［189］中的计算参数：岩石密度$\rho = 2.65 \times 10^3 \mathrm{kg/m}^3$，波速$\alpha_{\mathrm{P}} = 5830 \mathrm{m/s}$，波阻抗$z = \rho \alpha_{\mathrm{P}} = 1.55 \times 10^7 \mathrm{kg/(m^2 \cdot s)}$。输入信号是频率为50Hz（对应周期100个无量纲时间单位）的正弦冲击脉冲，因后续输入波幅为0，故输入信号经FFT（快速Fourier变换）计算后主频为42.5Hz，见图2-22。选取$\Psi_{\mathrm{n}} = 0.99$和$\Psi_{\mathrm{n}} = 1.98$进行计算，入射波和透射波、反射波质点速度曲线见图2-23，计算得透射系数分别为0.86，0.95。为使图形更易观察，对透射波、反射波均在时间域做了不同程度的平移。

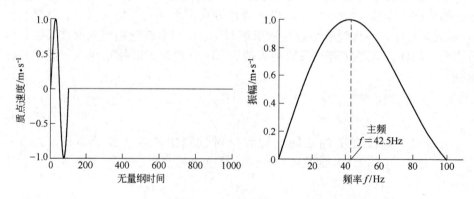

图 2-22　入射波（一周期正弦波）及其频谱图

由图2-23可见，透射波、反射波质点速度曲线与入射波曲线差别很大。对于入射波而言，透射波（波形持续大于100个无量纲时间单位）振幅降低、周期增大、频率下降；反射波（波形持续小于100个无量纲时间单位）为低振幅、

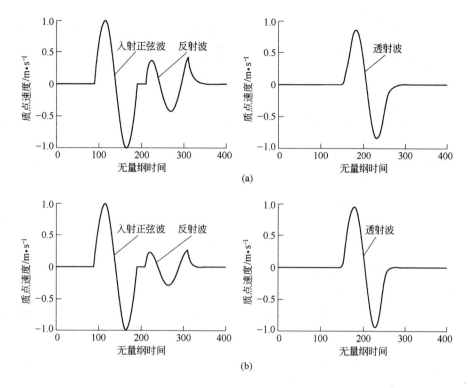

图 2-23 单节理情况的入射波、透射波、反射波曲线图

(a) $\Psi_n = 0.99$；（b）$\Psi_n = 1.98$

高频率的双波峰单波谷形脉冲。透射波、反射波振幅曲线随着 Ψ_n 的变化而改变，Ψ_n 越小，透射波振幅越低、频率越低，反射波振幅越高、频率越低。此时节理成为一个"低通滤波器"，对入射波的高频成分进行过滤（参见图 2-20）。

2.6.4 非线性位移不连续模型计算及参数研究

下面针对节理法向初始切线刚度 K_{ni}、节理闭合量 d_n 与最大允许闭合量 d_{ma} 间的比值 γ、入射波应力振幅 σ_{inc} 及频率 f、新模型修正系数 ξ 等因素进行参数研究，查明节理的非线性法向变形对纵波传播的影响。在计算中，采用前述近似解析计算中使用的参数，即岩石密度 $\rho = 2.4 \times 10^3 \, \text{kg/m}^3$，波频 $f = 2\pi/\omega$ 分别为 50Hz，150Hz，500Hz，波速 $\alpha_P = 4500 \text{m/s}$，波阻抗 $z = \rho\alpha_P = 1.08 \times 10^7 \text{kg/}(\text{m}^2 \cdot \text{s})$，针对节理初始法向刚度 K_{ni} 与节理最大允许闭合量 d_{ma} 的 5 种不同参数组合形式（见表 2-4）进行计算，垂直于左边界（$x = 0$）入射的质点速度为半正弦波，时间段个数 m 定为 500。

2.6.4.1　透射波波形分析

针对不同入射波振幅：（1）当节理最大允许闭合量 d_{ma} 为 0.61mm，节理初始法向刚度 K_{ni} 为 1.25GPa/m（表 2-4 中参数组合①）时，入射波波频为 50Hz，应力振幅 $\sigma_{inc} = \rho \alpha_P v_{inc}$ 分别定为 0.22MPa，0.54MPa，1.1MPa，2.2MPa，4.4MPa，相应的入射波振幅 v_{inc} 分别是 0.02m/s，0.05m/s，0.10m/s，0.20m/s，0.40m/s，模型修正系数选择 $\xi \to 1$，$\xi = 1.8$，$\xi \to \infty$ 三种情况进行计算。入射波、透射波及节理闭合曲线见图 2-24。（2）当节理最大允许闭合量 d_{ma} 为 0.50mm，节理初始法向刚度 K_{ni} 为 3.80GPa/m（表 2-4 中参数组合④）时，入射波波频为 500Hz，应力振幅 σ_{inc} 分别定为 2.2MPa，7.7MPa，16.5MPa，33.0MPa，相应的入射波振幅 v_{inc} 分别是 0.20m/s，0.70m/s，1.5m/s，3.0m/s，模型修正系数选择 $\xi \to 1$，$\xi = 1.8$，$\xi \to \infty$ 三种情况进行计算。入射波、透射波及节理闭合曲线见图 2-25。其中当 v_{inc} 为 3.0m/s 时，节理闭合接近完全。$\xi \to \infty$ 时计算发生"溢出"等其他不稳定现象，这是由于相对于非线性程度较低的节理，非线性程度高的节理闭合更接近完全，其刚度更趋近于无穷大，此时设定的时间段个数 $m = 500$ 不能满足计算要求。当 v_{inc} 更高时，由于节理刚度更大，不稳定现象更趋明显。

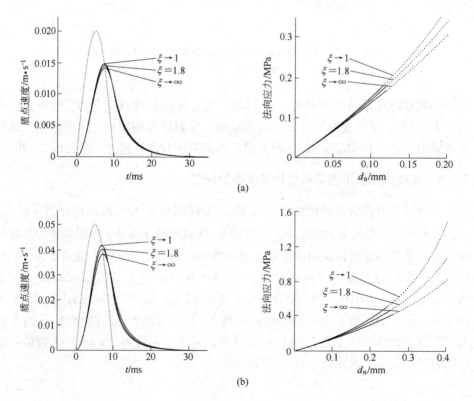

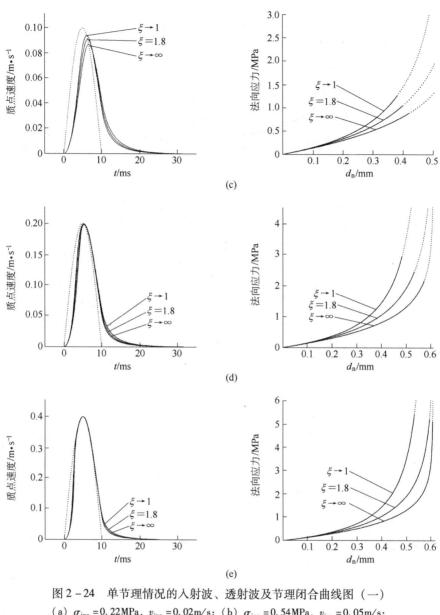

图 2-24 单节理情况的入射波、透射波及节理闭合曲线图（一）

（a）$\sigma_{inc} = 0.22$MPa，$v_{inc} = 0.02$m/s；（b）$\sigma_{inc} = 0.54$MPa，$v_{inc} = 0.05$m/s；

（c）$\sigma_{inc} = 1.1$MPa，$v_{inc} = 0.10$m/s；（d）$\sigma_{inc} = 2.2$MPa，$v_{inc} = 0.20$m/s；

（e）$\sigma_{inc} = 4.4$MPa，$v_{inc} = 0.40$m/s

……入射波；——透射波

从图 2-24 和图 2-25 可以看出，在纵波的传播过程中，节理首先受压应力作用达到一定的闭合量，然后恢复至初始状态，即随 σ_n 的增大，d_n 以非线性方

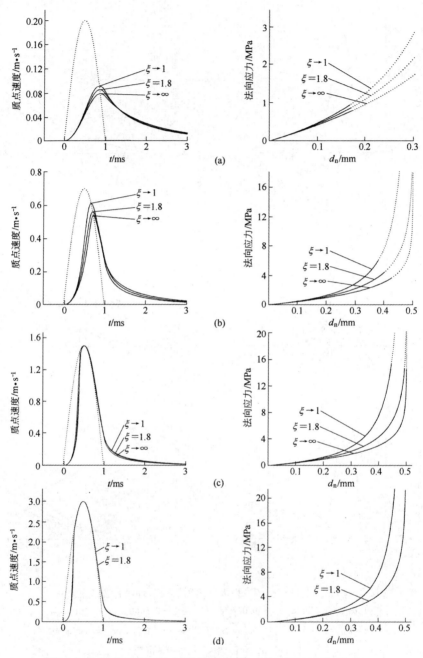

图 2-25　单节理情况的入射波、透射波及节理闭合曲线图（二）

（a）$\sigma_{inc} = 2.2\text{MPa}$, $v_{inc} = 0.20\text{m/s}$；（b）$\sigma_{inc} = 7.7\text{MPa}$, $v_{inc} = 0.70\text{m/s}$；

（c）$\sigma_{inc} = 16.5\text{MPa}$, $v_{inc} = 1.5\text{m/s}$；（d）$\sigma_{inc} = 33.0\text{MPa}$, $v_{inc} = 3.0\text{m/s}$

……入射波；——透射波

式增加到一个最大值后，再减小为0。在此过程中，节理透射系数$|T_{IMP}|$的大小由透射波振幅与入射波振幅的比率得到。入射波振幅增加将相应引起节理最大闭合量的增加，随之γ也增加，最终导致$|T_{IMP}|$的增加。从图上还可以看出，透射波波形相对于入射波而言均不同程度地在时间域上发生"畸变"现象，波起跳阶段均体现出"由缓到陡"的变化趋势，到达波峰后又不同程度地经历"由陡至缓"的变化趋势。当v_{inc}较小时，不同ξ取值的透射波波形间差别不大，这是因为ξ在节理变形初期对节理闭合程度影响不大（接近线性情况），对透射波的影响相应也较小；当v_{inc}较大时，ξ较大的节理其透射波振幅明显减小，这反映了变形非线性程度较大的节理对应力波的透射能力较低，这就意味着非线性程度较小的节理有更多的波传过，这是因为此时节理变形发展至中期阶段，ξ较大的节理由于闭合量较大，应力波穿越受到一定阻碍作用；当v_{inc}很大时，不同ξ取值的透射波波形之间差别又变小，甚至接近重合，这是由于此时节理变形发展至后期阶段，节理闭合趋于完全，应力波可以顺利传过节理，这可以从图2-24中$v_{inc}=0.4m/s$的情况、图2-25中$v_{inc}=3.0m/s$的情况下，透射波与入射波"先分离后重合"的现象上体现出来。从图上还能发现，无论ξ取值多大，透射波波峰总是与入射波（虚线半正弦波）相交。

2.6.4.2　透射系数分析

关于透射系数$|T_{IMP}|$与节理闭合量与最大允许闭合量比γ间关系的探讨见下一节，这里讨论$|T_{IMP}|$与ξ间的关系（见图2-26）。

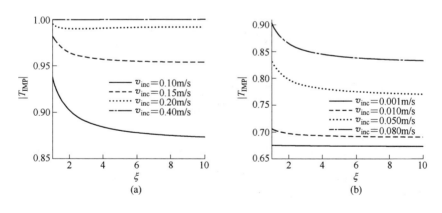

图2-26　透射系数与ξ关系曲线图

（a）v_{inc}较大时；（b）v_{inc}较小时

从图2-26可以看出：（1）$|T_{IMP}|$总体上随ξ的增加而降低，并且在v_{inc}处于中间阶段时，该趋势较为显著，这是由于较大ξ值的节理其变形非线性程度较大，在变形发展前期相对于较小ξ值的节理更易闭合，从而不利于透射波的传

播；（2）当 v_{inc} 较小（$v_{inc}=0.001\mathrm{m/s}$）或很大（$v_{inc}=0.4\mathrm{m/s}$）时两者关系均为一水平直线（$v_{inc}$ 较小时 $|T_{IMP}| \approx |T_{lin}|$，$v_{inc}$ 很大时 $|T_{IMP}|=1$），此时的 $|T_{IMP}|$ 与 ξ 无关，这是由于 v_{inc} 较小时节理闭合曲线接近线性情况，因此 $|T_{IMP}| \rightarrow |T_{lin}|$，而 v_{inc} 很大时节理接近完全闭合，透射波此时不受阻碍，因此 $|T_{IMP}| \rightarrow 1$。

2.6.4.3　透射波能量分析

对归一化透射波、反射波能量比 e_{tra}、e_{ref} 进行计算，结果表明，e_{tra}（e_{ref}）随 $|T_{IMP}|$（$|R_{IMP}|$）的增加而增加，并对任何情形有 $e_{tra}+e_{ref}=1$。这意味着透射和反射波的能量之和总是符合能量守恒定律，此处分析 e_{tra} 与 ξ 间的关系（见图 2–27）。

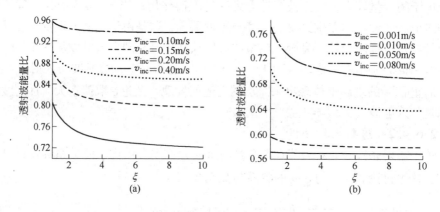

图 2–27　透射波能量比与 ξ 关系曲线图

（a）v_{inc} 较大时；（b）v_{inc} 较小时

从图 2–27 可以看出：（1）e_{tra} 总体上随 ξ 的增加而降低，并且在 v_{inc} 处于中间阶段时，该趋势较为显著，这也是由于较大 ξ 值节理变形非线性程度较大，在变形发展前期更易闭合，从而不利于透射波能量的传播；（2）当 v_{inc} 较小时（$v_{inc}=0.001\mathrm{m/s}$），$e_{tra}$ 与 ξ 呈直线关系；（3）当 v_{inc} 较大时（$v_{inc}=0.4\mathrm{m/s}$），e_{tra} 随 ξ 的增加而降低的趋势较弱，其原因与前述问题相同。

2.6.4.4　时间延迟现象分析

Pyrak–Nolte（1988）已得出线弹性位移不连续模型下，一维波入射干性单节理应力波延迟时间的精确解析计算式：$t=2\,(K/z)\,/[\omega^2+4\,(K/z)^2]$。在研究非线性位移不连续模型时，此解并不适用，以下探讨非线性情况下的时间延迟效应。由于起跳点往往难以识别（见图 2–20），两波时间间隔大多通过峰值所在时刻计算得到，即峰–峰间隔。这里就用透射波峰值时刻与入射波峰值时刻之差作为延迟时间，记作 T_{del}，计算结果见图 2–28。

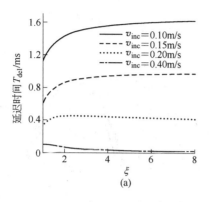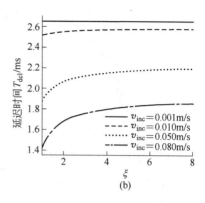

图 2 - 28　延迟时间与 ξ 关系曲线图

（a）v_{inc} 较大时；（b）v_{inc} 较小时

从图 2 - 28 可以看出：（1）T_{del} 随 v_{inc} 变化而变化，v_{inc} 越小，T_{del} 越长；（2）当 v_{inc} 较小时，T_{del} 随着 ξ 的增加而增大，v_{inc} 越小，增加的趋势越明显，随着 v_{inc} 增加，该趋势趋于平缓；（3）当 v_{inc} 较大时，出现 T_{del} 随着 ξ 的增加而减小的情况（即 $\xi_1 > \xi_2$ 时，$T_{del}^{\xi_1} < T_{del}^{\xi_2}$），这里不妨称之为"超越"现象，当 v_{inc} 很大时时间延迟为 0。

对上述现象的解释是：随着 v_{inc} 的增加（中低水平），节理被一定程度地压缩，其刚度随之增大，即发生"硬化"作用，较大 ξ 值的节理由于变形的非线性程度较大，在节理闭合发展的初期刚度比小 ξ 值情况增长得慢，因此 T_{del} 较大。v_{inc} 继续增加（较高水平）使节理被紧密压缩，在节理闭合发展到一定程度后，较大 ξ 值的节理刚度比小 ξ 值情况增长得快，"硬化"作用更为显著，其透射波开始"追赶"小 ξ 值的透射波，此时 T_{del} 开始减小，在这个节理"先软后硬"的发展过程中，是否发生"超越"现象主要看软化、硬化两方哪一方在竞争中占主要地位。"超越"现象见图 2 - 29。由于 v_{inc} 处于较高水平，$|T_{IMP}| \to 1$，因此 $|T_{IMP}|$ 的"超越"现象不明显。

2.6.5　半数值解与近似解析解误差分析

为减少不必要的计算量，这里仅考虑 $\xi \to 1$，$\xi \to \infty$ 这两种情况，依据参数组合表 2 - 4，利用差分程序计算不同修正系数 ξ 情况下改进的非线性变形本构关系节理的透射、反射系数半数值解，同时附上相关近似解析解（见图 2 - 30 和图 2 - 31，图中编号① ~ ⑤表示参数组合序号）。依据图示并对照参数组合表 2 - 4 可见，$|T_{IMP}|$ 随 K_{ni} 的增加而增加，说明具有较大初始刚度的节理处有更多的

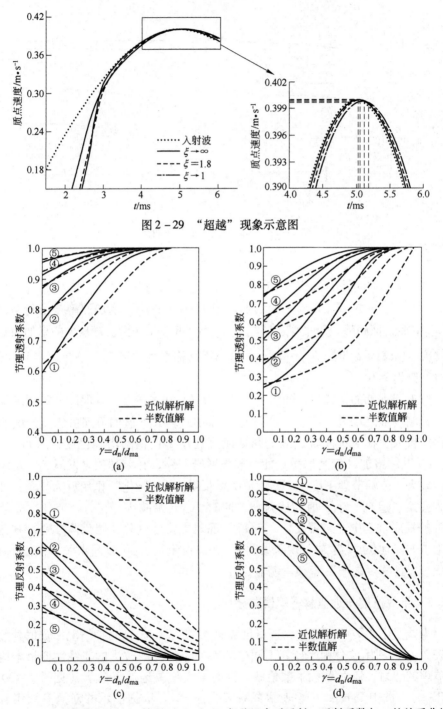

图 2-29 "超越"现象示意图

图 2-30 改进模型（$\xi \to 1$）情况下 d_{ma} 和 K_{ni} 各种组合时透射、反射系数与 γ 的关系曲线

（a）透射，$f = 50\,\mathrm{Hz}$；（b）透射，$f = 150\,\mathrm{Hz}$；（c）反射，$f = 50\,\mathrm{Hz}$；（d）反射，$f = 150\,\mathrm{Hz}$

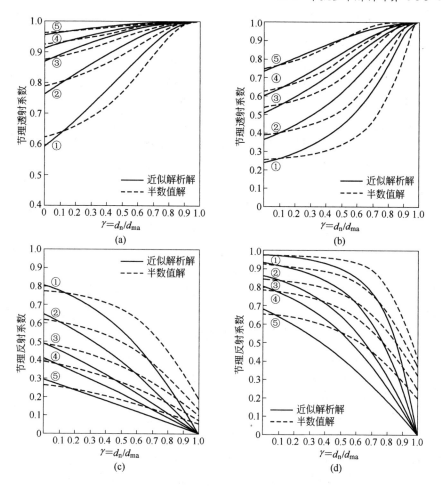

图 2-31 改进模型（$\xi \to \infty$）情况下 d_{ma} 和 K_{ni} 各种组合时透射、反射系数与 γ 的关系曲线

（a）透射，$f = 50\,\text{Hz}$；（b）透射，$f = 150\,\text{Hz}$；（c）反射，$f = 50\,\text{Hz}$；（d）反射，$f = 150\,\text{Hz}$

波传过；$|T_{IMP}|$ 随着 d_{ma} 的减小而增加，说明具有较小间隙的节理处会有更多的波传过。图 2-30（b）、图 2-30（d），图 2-31（b）、图 2-31（d）为 150Hz 弹性波的计算值，可以看出增大 f，$|T_{IMP}|$ 相应减小，$|R_{IMP}|$ 相应增大，这体现了节理对高频波的阻碍作用。由图还可知，$|T_{IMP}|$ 不仅随着 K_{ni}、γ 的增大而增大，f 的增大而减小，而且随着修正系数 ξ 的变化而变化。在 K_{ni} 与 γ 相同的情况下，ξ 越大，$|T_{IMP}|$ 越小，这意味着节理位移不连续模型非线性程度越大，透射波越少。同样，$|R_{IMP}|$ 不仅随着 K_{ni}、γ 的增大而减小，f 的增大而减小，而且在 K_{ni} 与 γ 相同的情况下，ξ 越大，$|R_{IMP}|$ 越大，这说明节理位移不连续模型非线性程度越大，反射波越多。在不同的 ξ 情况下，$|T_{IMP}|$，$|R_{IMP}|$ 半数值解与近似解析解的变化趋势各自在总体上具有一致性。

从图2-30（a）和图2-30（c）上可以看出，当$\gamma=0$时，$|T_{IMP}|$近似解析解比数值差分解略小一点，这是由于差分计算时间域上一阶向后差商产生的误差以及计算数据精度不够高造成的。作者做过对比，当输出数据精度设为$1/10^6$，输入振幅只能小到10^{-5}m/s，当输出数据精度提高到$1/10^{12}$，输入振幅可以小到10^{-8}m/s，后者计算出的$|T_{IMP}|$更接近于近似解析解。随着γ的不断增加，$|T_{IMP}|$近似解析解与半数值解均不断增加，其中近似解析解的增加速度较快；当$\gamma=1$时，各参数组合情况的$|T_{IMP}|$近似解析解与半数值解均为1。从图2-30（b）和图2-30（d）上可以看出，当$\gamma=0$时，$|R_{IMP}|$近似解析解比半数值解略大一点，这也可能是由于有限差分计算误差造成的。随着γ的不断增加，$|R_{IMP}|$近似解析解与半数值解均不断降低，其中解析解的下降速度较快；当$\gamma=1$时，各参数组合情况的$|R_{IMP}|$解析解均为零，而数值解均未归至零。容易看出$|T_{IMP}|$、$|R_{IMP}|$曲线总是具有相反的变化趋势。

从图2-30和图2-31还可以看出，近似解析解与半数值解都具有一定程度的误差，并且f越高，误差越大。存在这些误差的原因，除了是两种计算方法上不同以外，更重要的原因是在理论上近似解析解与精确解析解和半数值方法都有着本质的区别。近似解析解是依赖等效应变假设思想，利用等效刚度替换线性变形节理透射、反射系数精确解析解中的刚度常量而求得的，而线性变形节理透射、反射系数精确解析解的求解过程中需要节理刚度为一个常数这个必要条件，否则其精确解析解不成立。近似方法恰恰忽视了这一点，简单地直接用等效刚度进行计算，这在数学上以及物理力学上都是十分牵强的，因此近似解析解与半数值解在计算结果上必然会存在一定差别。例如，当$\gamma\rightarrow1$时，各参数组合情况的$|R_{IMP}|$近似解析解均为零，而半数值解均未归至零，而事实上无论该问题中应力波能量多大，节理都将经历非线性变形、节理刚度不断增大的过程，因此必然会发生反射现象，这就说明近似解析方法在$\gamma=1$时的计算结果失真。当$\gamma\rightarrow0$时，由于入射波能量极小，节理非线性变形无法发生，而是近乎于线性变形，此时近似解析计算是精确的。

2.6.6 半数值解与UDEC模拟结果对比分析

Cai等（2000）、Chen等（1998）、赵坚等（2002）、Zhao（2004）等学者对几种数值计算方法比较后，发现离散元程序Universal Discrete Element Code（UDEC）较其他数值计算软件更适合进行岩体不连续问题的分析计算，并系统地进行了节理岩体中应力波传播的数值模拟研究。UDEC是一款适用于岩石、土体、支护结构等土工分析的二维数值分析软件，利用显式分析法为岩土工程提供精确有效的分析，为不稳定物理过程提供稳定解，并可以模拟对象的破坏过程，该软件特别适合于模拟非连续介质（节理岩石系统或者不连续块体集合体系）

在静力或动力荷载条件下的响应。UDEC 可以在所有 Windows 环境下安装运行，在标准输出窗口带有命令模式操作。UDEC 提供刚性块体或可变形块体，多种材料模型，全动态能力和快速高分辨率图形能力以方便建模进程。用户可以指定分析参数从而最大限度地控制模型运行时间和效率，块体可以隐藏起来以观察模型，UDEC 内置的功能强大的编程语言 FISH 可帮助用户进行额外控制。这里采用 UDEC 模拟弹性纵波穿越单一非线性变形（准静态 BB 模型与动态 BB 模型）节理，同时与半数值计算结果进行对比分析。

计算域宽 1.0m，长 300m，为避免人工边界上出现波反射现象，计算域两边设置无反射边界，由于是纵波入射，上下边界对 y 方向约束，半正弦平面纵波自左边界正向射入。入射波、透射波、反射波数据由 A、B 两个接收点获得，A 点位于距左边界 10m 处，B 点位于节理右侧（见图 2-32）。为同时与半数值半解析解进行比较，计算中仍取岩石密度 $\rho = 2.4 \times 10^3 \text{kg/m}^3$，波频 $f = 2\pi/\omega$ 分别为 50Hz，500Hz，波速 $\alpha_P = 4500\text{m/s}$，波阻抗 $z = \rho\alpha_P = 1.08 \times 10^7 \text{kg/}（\text{m}^2 \cdot \text{s}）$（Cai，2001）。

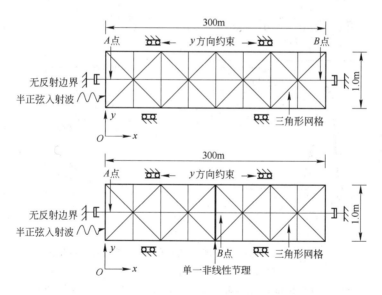

图 2-32　UDEC 模拟弹性纵波穿越单一非线性节理网格图

（1）当节理最大允许闭合量 d_{ma} 为 0.61mm，节理初始法向刚度 K_{ni} 为 1.25GPa/m（表 2-4 中参数组合①）时，入射波波频为 50Hz，应力振幅 $\sigma_{\text{inc}} = \rho\alpha_P v_{\text{inc}}$ 分别定为 0.54MPa，1.1MPa，2.2MPa，相应的入射波振幅 v_{inc} 分别是 0.05m/s，0.10m/s，0.20m/s，模型选用准静态 BB 模型与动态 BB 模型两种情况进行计算。入射波、透射波及节理闭合曲线见图 2-33。

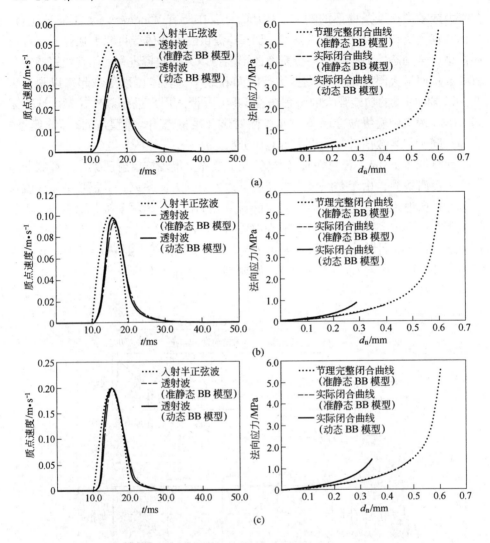

图2-33　半正弦入射波穿越准静态 BB 模型及动态 BB 模型
单节理时的 UDEC 模拟结果（一）

(a) $\sigma_{inc} = 0.54$MPa，$v_{inc} = 0.05$m/s；(b) $\sigma_{inc} = 1.1$MPa，$v_{inc} = 0.10$m/s；

(c) $\sigma_{inc} = 2.2$MPa，$v_{inc} = 0.20$m/s

（2）当节理最大允许闭合量 d_{ma} 为 0.50mm，节理初始法向刚度 K_{ni} 为
3.80GPa/m（表2-4中参数组合④）时，入射波波频为 500Hz，应力振幅 σ_{inc}
分别定为 2.2MPa，7.7MPa，16.5MPa，相应的入射波振幅 v_{inc} 分别是 0.20m/s，
0.70m/s，1.5m/s，模型选用准静态 BB 模型与动态 BB 模型两种情况进行计算。
入射波、透射波及节理闭合曲线见图2-34。

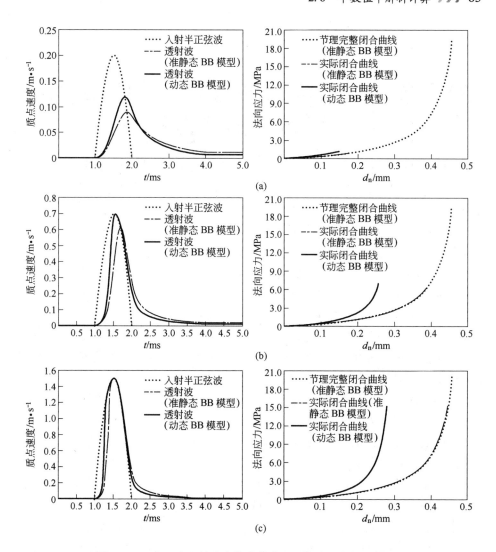

图 2-34 半正弦入射波穿越准静态 BB 模型及动态 BB 模型
单节理时的 UDEC 模拟结果（二）

（a）$\sigma_{inc} = 2.2$MPa，$v_{inc} = 0.20$m/s；（b）$\sigma_{inc} = 7.7$MPa，$v_{inc} = 0.70$m/s；

（c）$\sigma_{inc} = 16.5$MPa，$v_{inc} = 1.5$m/s

　　从图 2-33 和图 2-34 上可以看出，准静态 BB 模型的 UDEC 计算，与 $\xi \to 1$ 情况的半数值计算结果相同，体现了前述计算的模型建立、差分格式推导、程序编制的准确性。在动态 BB 模型的 UDEC 计算中，由于考虑加载速率对 d_{ma} 与 K_{ni} 的影响，随动态加载速率增加 d_{ma} 随之减小，K_{ni} 随之增大，使节理"硬化"现象更为显著，因此 v_{inc} 越大，节理闭合程度越大，透射波越容易传播。

第3章 纵波法向穿越弹性非线性变形平行多节理的传播特性

与单一节理相比，多个平行线性变形节理对波传播的影响较为复杂，原因是波在这些节理之间发生多重反射与透射，而对它们进行精确的叠加分析，是很困难的。在大波长范围内，多个平行节理的影响已有许多理论研究结果，如 Frazer（1995）在不假设大波长的情况下，对 SH 波传过多个平行节理时衰减且传播速度减慢的现象进行了理论研究。这些研究都是建立在有效介质方法（effective medium method）基础上的，成功地研究了节理岩体的振动特性。然而，有效介质方法忽略了各个节理对振幅衰减的各自独特作用。另外，有效介质方法采用了静态近似的假设，而没有考虑与频率有关的振幅及振动速度，这一问题被 Pyrak - Nolte（1988）提出。此后，有多人对有效介质方法与使用位移不连续模型的方法做了对比研究，并发现以位移不连续模型为基础的理论研究，难以明确地分析多重反射与透射的叠加结果。

Pyrak - Nolte 等（1990）使用位移不连续模型，采用忽略多重反射的简化方法，近似地研究波传过多个平行节理的问题，并提出一个波垂直入射多个平行且刚度相同的节理时，透射系数 $|T_N|$ 的计算公式：$|T_N| = |T_1|^N$。这里 $|T_1|$ 是每个节理透射系数的大小，N 是节理的个数。Pyrak - Nolte 等（1990）、Hopkins 等（1988）、Myer 等（1995）进行的实验研究表明，当节理间距与入射波长相比较大时，该公式可以准确地预测出 $|T_N|$ 的大小；但节理间距与波长相比非常小时，$|T_N|$ 比 $|T_1|^N$ 大。这表明，在节理分布较密集时，多重反射影响显著，上述计算公式不适用。Cai 等（2000）和 Zhao 等（1999）在考虑多重反射的前提下，将位移不连续模型与特征值方法结合起来，对垂直于多个平行节理入射的一维波的衰减问题，进行了理论研究。该方法对 P 波和 S 波均适用，考虑波垂直入射是为了避开入射角的影响，而将研究集中在节理刚度、节理间距、节理个数等因素上，对于节理间距与波长相比的大小未加限制，且没有考虑岩石内部的衰减机理。

用位移不连续模型，可以直接考察每个节理处波衰减的情况；而特征值方法，又隐含考虑了岩体内部节理的多重反射作用。同时，他们还假设了由多重反射波与透射波叠加得到的总波场，而不关心这些波叠加的具体过程；在总波场中，波动方程仍然适用，这样，特征值方法也适用。这种研究方法的优点是：既考虑了多重反射的影响，又避免了为直接确定反射波与透射波的叠加而进行复杂的中间处理过程。在总波场的波动方程中，运用各个节理处的位移不连续边界条件，可求出任一节理前后质点的位移和速度。那么，经过分析可以求出各个节理在波衰减中发挥的独特作用。另外，使用位移不连续模型，还能得出透射系数随节理刚度、波的频率改变而变化的结果，而用有效介质方法，不能得出这两项结果。下面采用此法，针对节理变形非线性程度可变的情况，对纵波法向入射平行多节理进行理论计算研究（示意图见图3-1）。

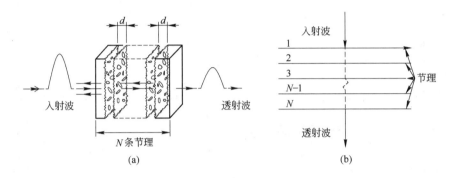

图3-1 纵波法向入射平行多节理示意图及模型简图
（a）纵波法向入射平行多节理示意图；（b）纵波法向入射平行多节理模型简图

3.1 半数值半解析计算方法

由于波场在节理前后仍是连续线弹性的，因而特征函数方法在波场中是适用的。Cai 等（2001）证实了特征函数方法对于正向入射一维弹性波穿越平行多节理的情况下也是适用的。Cai 等（2001）将 Bedford 和 Drumheller（1994）提出的关联模型改进后得到 n-j 平面上各离散点钻石形关联模型，见图3-2。

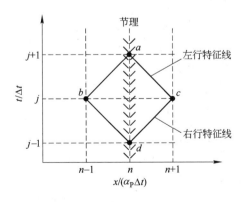

图3-2 n-j 平面中左、右行特征线上各离散点钻石形关联模型示意图（Cai 等，2000）

Zhao 等（2004）随后又将 Cai 等（2001）提出的关联模型图继续修正得到图 3 –3。

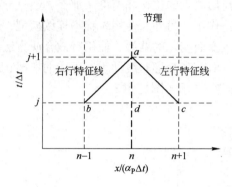

图 3 –3 n –j 平面中左、右行特征线上各离散点关联模型示意图（Zhao 等，2006）

在 x – t 平面上，右行特征线上有：
$$z[v(x,t) - \alpha_P \varepsilon(x,t)] = zv(x,t) + \sigma(x,t) = 常数 \qquad (3-1)$$
左行特征线上有：
$$z[v(x,t) + \alpha_P \varepsilon(x,t)] = zv(x,t) - \sigma(x,t) = 常数 \qquad (3-2)$$

图 3 –3 中 x – t 平面内：无量纲时间 $j = t/\Delta t$，无量纲距离 $n = x/\Delta x = x/(\alpha_P \Delta t)$。$\Delta t$ 为时间间隔，并假设有限个界面位于半无限空间内无量纲距离（为整数）上，其左边界 $n = 0$，第一边界 $n = 1$，第二边界 $n = 2$，最后边界 $n = l$（l 为整数）。界面可以为节理面或黏结界面（无限刚度），沿着图上右行特征线 ab 和左行特征线 ac，点 a，b，c 上有质点速度与应力关系式：
$$zv^-(n,j+1) + \sigma^-(n,j+1) = zv^+(n-1,j) + \sigma^+(n-1,j) \quad (3-3)$$
$$zv^+(n,j+1) - \sigma^+(n,j+1) = zv^-(n+1,j) - \sigma^-(n+1,j) \quad (3-4)$$
对于 d 点，有：
$$\sigma^-(n,j) = \sigma^+(n,j) = \sigma(n,j) \qquad (3-5)$$
$$u^-(n,j) - u^+(n,j) = \frac{\xi d_{\mathrm{ma}}\left\{\exp\left[\dfrac{(1-\xi)\sigma(n,j)}{\xi K_{\mathrm{ni}}d_{\mathrm{ma}}}\right] - 1\right\}}{\exp\left[\dfrac{(1-\xi)\sigma(n,j)}{\xi K_{\mathrm{ni}}d_{\mathrm{ma}}}\right] - \xi} \qquad (3-6)$$

式中，$u^-(n,j)$，$u^+(n,j)$ 分别为波场中 j 时刻距离为 n 的节理前后位移。与第 2 章相同，为简化计算过程，令
$$(1-\xi)/\xi K_{\mathrm{ni}}d_{\mathrm{ma}} = \psi \qquad (3-7)$$
则式（3 –6）可简写为：
$$u^-(n,j) - u^+(n,j) = \frac{\xi d_{\mathrm{ma}}\{\exp[\psi\sigma(n,j)] - 1\}}{\exp[\psi\sigma(n,j)] - \xi} \qquad (3-8)$$

对式 (3-8) 在时间域求导得

$$v^-(n,j) - v^+(n,j) = \frac{\xi d_{ma} \psi (1-\xi) \exp [\psi \sigma(n,j)]}{\{\exp [\psi \sigma(n,j)] - \xi\}^2} \frac{\partial \sigma(n,j)}{\partial t} \quad (3-9)$$

当 Δt 足够小时，即 $\partial \sigma(n,j)/\partial t = [\sigma(n,j+1) - \sigma(n,j)]/\Delta t$，则式 (3-9) 可写成差分形式：

$$\sigma(n,j+1) = \sigma(n,j) + \frac{\{\exp [\psi \sigma(n,j)] - \xi\}^2 [v^-(n,j) - v^+(n,j)] \Delta t}{\xi d_{ma} \psi (1-\xi) \exp [\psi \sigma(n,j)]}$$

$$(3-10)$$

将式 (3-10) 代入式 (3-3) 和式 (3-4)，分别得

$$v^-(n,j+1) = \frac{1}{z} \Big\{ zv^+(n-1,j) + \sigma^+(n-1,j) - \sigma(n,j) -$$

$$\frac{[\exp[\psi \sigma(n,j)] - \xi]^2 [v^-(n,j) - v^+(n,j)] \Delta t}{\xi d_{ma} \psi (1-\xi) \exp [\psi \sigma(n,j)]} \Big\} \quad (3-11)$$

$$v^+(n,j+1) = \frac{1}{z} \Big\{ zv^-(n+1,j) - \sigma(n+1,j) + \sigma(n,j) +$$

$$\frac{[\exp[\psi \sigma(n,j)] - \xi]^2 [v^-(n,j) - v^+(n,j)] \Delta t}{\xi d_{ma} \psi (1-\xi) \exp [\psi \sigma(n,j)]} \Big\} \quad (3-12)$$

式 (3-10) ~式 (3-12) 即为完整形式的差分递归方程：

$$\sigma(n,j+1)$$

$$= \sigma(n,j) + \frac{K_{ni} \{\exp [(1-\xi)\sigma(n,j)/\xi K_{ni} d_{ma}] - \xi\}^2 [v^-(n,j) - v^+(n,j)] \Delta t}{(1-\xi)^2 \exp [(1-\xi)\sigma(n,j)/\xi K_{ni} d_{ma}]}$$

$$(3-13)$$

$$v^-(n,j+1) = \frac{1}{z} \Big\{ zv^+(n-1,j) + \sigma^+(n-1,j) - \sigma(n,j) -$$

$$\frac{K_{ni} [\exp[(1-\xi)\sigma(n,j)/\xi K_{ni} d_{ma}] - \xi]^2 [v^-(n,j) - v^+(n,j)] \Delta t}{(1-\xi)^2 \exp [(1-\xi)\sigma(n,j)/\xi K_{ni} d_{ma}]} \Big\}$$

$$(3-14)$$

$$v^+(n,j+1) = \frac{1}{z} \Big\{ zv^-(n+1,j) - \sigma(n+1,j) + \sigma(n,j) +$$

$$\frac{K_{ni} [\exp[(1-\xi)\sigma(n,j)/\xi K_{ni} d_{ma}] - \xi]^2 [v^-(n,j) - v^+(n,j)] \Delta t}{(1-\xi)^2 \exp [(1-\xi)\sigma(n,j)/\xi K_{ni} d_{ma}]} \Big\}$$

$$(3-15)$$

在 $v^-(n, j+1)$、$v^+(n, j+1)$ 确定后，由 $v_{ref}(n, j+1) = v^-(n, j+1) - v_{inc}(n, j+1)$ 计算距边界 n 距离处节理反射波质点速度。要得到较精确的数值解，Δt 必须足够小。可通过对两相邻节理间在空间上细分一定数量等间距层

来实现，层宽为 Δl，则 $\Delta t = \Delta l / \alpha_P$，因此 Δl 需要足够小，即 $\Delta l / \lambda$ 足够小。经过 Cai（2001）在线性情况下、Zhao（2004）在 BB 模型情况下的分析计算，$\Delta l / \lambda$ 为 1/100 可满足计算稳定及精度要求。

为检验入射波在节理处的透射和反射过程中是否有能量消耗，通过对 v_{tra}（n，j）和 $v_{ref}(n$，$j)$ 的数值积分，计算出透射波能量比 e_{tra} 和反射波能量比 e_{ref}，其计算式为：

$$e_{tra} = \frac{E_{tra}}{E_{inc}} = \frac{\int_{t_{tra}^0}^{t_{tra}^1} z \left[v_{tra}(n,j) \right]^2 \mathrm{d}t}{\int_{t_{inc}^0}^{t_{inc}^1} z \left[v_{inc}(n,j) \right]^2 \mathrm{d}t} = \frac{\sum_{j=t_{tra}^0}^{j=t_{tra}^1} \left[v_{tra}(n,j) \right]^2 \Delta t}{\sum_{j=t_{inc}^0}^{j=t_{inc}^1} \left[v_{inc}(n,j) \right]^2 \Delta t} \quad (3-16)$$

$$e_{ref} = \frac{E_{ref}}{E_{inc}} = \frac{\int_{t_{ref}^0}^{t_{ref}^1} z \left[v_{ref}(n,j) \right]^2 \mathrm{d}t}{\int_{t_{inc}^0}^{t_{inc}^1} z \left[v_{inc}(n,j) \right]^2 \mathrm{d}t} = \frac{\sum_{j=t_{ref}^0}^{j=t_{ref}^1} \left[v_{ref}(n,j) \right]^2 \Delta t}{\sum_{j=t_{inc}^0}^{j=t_{inc}^1} \left[v_{inc}(n,j) \right]^2 \Delta t} \quad (3-17)$$

式中，E_{inc}，E_{tra}，E_{ref} 分别为入射波、透射波、反射波能量；t_{inc}^0，t_{tra}^0，t_{ref}^0 分别为入射波、透射波、反射波初始时刻；t_{inc}^1、t_{tra}^1、t_{ref}^1 分别为入射波、透射波、反射波结束时刻；j 为计算步数。

3.2　计算分析

3.2.1　线性位移不连续模型计算分析

为验证所编程序思路的正确性及可运行性，先采用线性位移不连续模型进行试算分析，即将式（3-6）退化为 u^-（n，j）$- u^+$（n，j）$= \sigma_n / K_n$，进行编程计算。由于是线性情况，因此针对 $\Psi_n = K_n / z\omega$ 进行计算。采用文献［189］中的计算参数：岩石密度 $\rho = 2.65 \times 10^3 \mathrm{kg/m^3}$，波速 $\alpha_P = 5830 \mathrm{m/s}$，波阻抗 $z = \rho \alpha_P$ $= 1.55 \times 10^7 \mathrm{kg/}$（$\mathrm{m^2 \cdot s}$）。输入信号是频率为 50Hz（对应周期为 100 个无量纲时间单位）的正弦冲击脉冲，因后续输入波幅为 0，故输入信号经 FFT 计算后主频为 42.5Hz，见图 3-4。选取 $\Psi_n = 0.99$，1.98 进行计算，设置平行双节理，为把不同次数的到达波区分清楚，节理间距设置为大间距，入射波和透射波、反射波质点速度曲线见图 3-5。为使图形更易观察，对透射波、反射波均在时间域做了不同程度的平移。

由图 3-5 可见，透射波、反射波质点速度曲线与入射波曲线差别很大。对于入射波而言，初至透射波（波形持续大于 100 个无量纲时间单位）均发生振

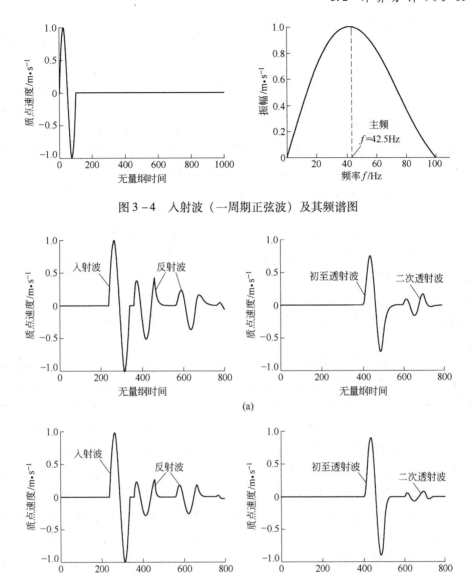

图 3-4 入射波（一周期正弦波）及其频谱图

(a)

(b)

图 3-5 纵波穿越线性变形平行双节理时入射波、反射波、透射波波形图
（a）$\Psi_n = 0.99$；（b）$\Psi_n = 1.98$

幅降低、周期增大、频率下降；二次透射波为双波峰单波谷形脉冲，且相对初至透射波而言振幅较小、频率较高。初至反射波（波形持续小于 100 个无量纲时间单位）为低振幅、高频率的双波峰单波谷形脉冲；二次反射波也为双波峰单波谷形脉冲，且相对初至反射波而言振幅较小，频率较低。透射波、反射波振幅

曲线随着 Ψ_n 的变化而改变，Ψ_n 越小，初至透射波振幅越低、频率越低，但二次透射波振幅随 Ψ_n 减小而增大，频率减小。Ψ_n 越小，初至反射波振幅越高，频率越低，二次反射波振幅随 Ψ_n 减小也增大，频率减小。

关于采用线性位移不连续模型研究平行多节理岩体中应力波传播规律，Pyrak - Nolte 等 （1990）、Hopkins 等 （1988）、Myer 等 （1995）已经作了许多开创性的研究工作，此处不做过多介绍，需要提到的是，Cai （2001）、Zhao X B （2004）针对节理间距和节理个数进行的参数研究显示，透射系数 $|T_N|$ 与节理间距、节理个数的依赖关系可由节理间距与波长的比值 ζ 统一控制，并发现 ζ 存在两个重要的指标——门槛值 ζ_{thr}、临界值 ζ_{cri} （$\zeta_{thr} > \zeta_{cri}$），进而将 ζ 域分为三个区：$\zeta \geq \zeta_{thr}$ 为独立区 （individual fracture area）、$\zeta_{thr} > \zeta > \zeta_{cri}$ 为过渡区 （transition area）、$\zeta \leq \zeta_{cri}$ 为小间距区 （small spacing area）。对于节理间距、节理个数两者的变化，是否多重反射，如何对 $|T_N|$ 产生影响，可以由 ζ_{thr}、ζ_{cri} 这两个指标界定。ζ_{thr} 随着无量纲化节理刚度 （$\Psi_n = K/z\omega$） 的增大而减小，而 ζ_{cri} 随 $K/z\omega$ 的增大而增大。由于 ζ_{thr}、ζ_{cri} 指标仅根据 $|T_N|$ 得到，并没有考虑能量因素，下面结合透射波、反射波能量比 e_{tra}、e_{ref} 对纵波穿越平行双节理情况做进一步分析探讨。

选取 $\Psi_n = 0.247$，0.495，0.99，1.98 计算，从图 3-6 可以看出，透射波能量比 e_{tra}、透射系数均随节理刚度 Ψ_n 的增加而增大。ζ_{thr} 为透射波不受多重反射影响的最小 ζ 值，ζ_{cri} 为透射系数最大时的 ζ 值，ζ_{thr} 随 Ψ_n 的增加而减小，ζ_{cri} 随 Ψ_n 的增加而增大。从图 3-6 中的能量关系图可见，透射波、反射波能量比 e_{tra}、e_{ref} 具有良好的对称性，且均有 $e_{tra} + e_{ref} = 1$。从 e_{tra} 对 ζ 的依赖关系曲线上还可以看出，其值随 ζ 的增加具有先增大后减小的发展趋势，e_{tra} 的最大值所对应的 ζ 值，即纵波穿越平行多节理时，最利于透射能量的节理间距，这里记作 $\zeta_{cri}^{(e_{tra})}$，且 $\zeta_{cri}^{(e_{tra})}$ 随 Ψ_n 的增加而增大。当 $\zeta < \zeta_{cri}^{(e_{tra})}$ 时，节理透射波能量比随 ζ 增加而增加，当 $\zeta > \zeta_{cri}^{(e_{tra})}$ 时，节理透射波能量比随 ζ 增加而减小。容易看出，当 $\zeta \geq \zeta_{thr}$ 时，透射系数不受多重反射、透射以及叠加影响，即初至透射波振幅在这个区域为一定值，但 e_{tra} 在该区域内却仍在发生变化，这体现了 ζ 对透射波能量，尤其是对初至波之后的后续波形所携带的能量产生的影响，其原因是多重反射波和透射波的相位差取决于节理间距，此时 ζ 值的变化对初至波振幅不产生影响，但节理间的多重反射、透射仍会影响二次透射波及后续透射波形。Cai （2001） 和 Zhao X B （2004） 认为：当 $\zeta_{thr} > \zeta > \zeta_{cri}$ 时，多次透射波的大小相互"累加"，故 $|T_N|$ 随节理间距变小而增加；而 $\zeta \leq \zeta_{cri}$ 时，多次透射波的大小相互"抵消"，因此 $|T_N|$ 随节理间距变小而减小。$\zeta_{cri}^{(e_{tra})}$ 概念的提出，说明了此说法存在的问题，即判断相互"累加"和相互"抵消"时，ζ_{cri} 是针对透射波振幅而言，而 $\zeta_{cri}^{(e_{tra})}$

是针对能量而言。各 Ψ_n 下 $\zeta_{cri}^{e_{tra}}$ 值在 e_{tra}-ζ 空间及 $|T_2|$-ζ 空间均呈直线，其原因尚不清楚。

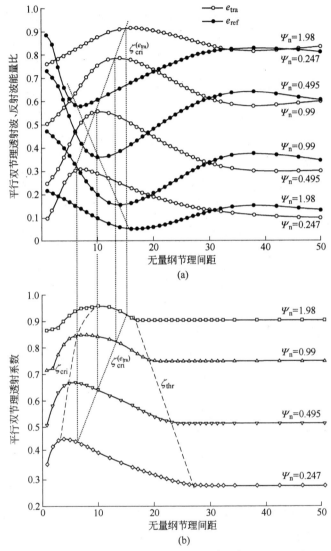

图 3-6 不同节理刚度情况 e_{tra}，e_{ref}，$|T_2|$ 随 ζ 变化示意图

3.2.2 非线性位移不连续模型计算

3.2.2.1 不考虑节理间距影响

在不考虑无量纲节理间距 ζ 的影响，即在节理间距很大、不考虑多重反射情况下，研究不同节理个数下的透射规律。所选参数与第 2 章相同：节理最大允许

闭合量 d_{ma} 为 0.61mm，节理初始法向刚度 K_{ni} 为 1.25GPa/m（表 2-4 中参数组合 1）时，入射波波频为 50Hz，应力振幅 $\sigma_{inc} = \rho\alpha_P v_{inc}$ 分别定为 0.54MPa，1.1MPa，2.2MPa，相应的入射波振幅 v_{inc} 分别是 0.05m/s，0.10m/s，0.20m/s，模型修正系数选择 $\xi \to 1$，$\xi = 1.8$，$\xi \to \infty$ 三种情况进行计算。入射波、透射波波形曲线见图 3-7。

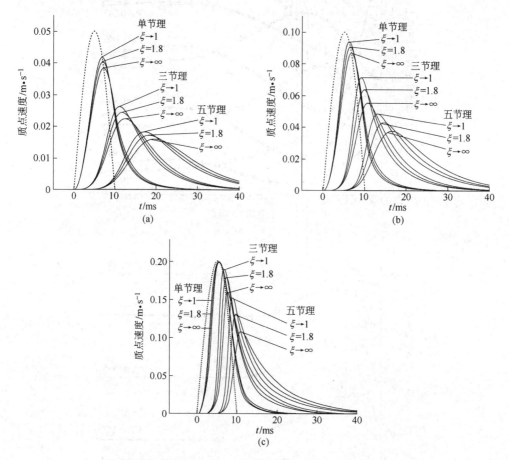

图 3-7 不同节理数情况的入射波、透射波波形图（不考虑 ζ 影响）

（a）$\sigma_{inc} = 0.54$MPa，$v_{inc} = 0.05$m/s；（b）$\sigma_{inc} = 1.1$MPa，$v_{inc} = 0.10$m/s；

（c）$\sigma_{inc} = 2.2$MPa，$v_{inc} = 0.20$m/s

┈┈┈入射波；———透射波

从图 3-7 可以看出，随着节理数的增加，透射波波形也同时发生变化，并且 ξ 越大，透射波畸变越显著。但与单节理情况不同的是，多节理情况透射波波峰并不与入射波（虚线半正弦波）相交。为体现不同节理数情况的透射系数 $|T_N|$、透射波能量比 e_{tra}、延迟时间 T_{del} 与 ξ 的关系，选取单节理时上述参数对 ξ

依赖性较小的 $v_{inc} = 0.2\mathrm{m/s}$ 情况作为对照,进行 $2 \sim 5$ 条节理的半数值计算,结果见图 3-8 和图 3-9。

从图 3-8 和图 3-9 可以看出,当节理数 $N=1$ 时,透射系数 $|T_N|$、透射波能量比 e_{tra}、延迟时间 T_{del} 对 ξ 的依赖性均不强。当节理数 N 增大时,$|T_N|$、e_{tra} 均下降。随 N 的增大,$|T_N|$ 的下降趋势也变大,同时与 ξ 的依赖性也逐渐增大($N=1$ 时,$|T_N|=1$;$N=5$ 时,$|T_N|$ 随 ξ 的增加,从 0.75 减小到 0.580)。随 N 的增大,e_{tra} 的下降趋势逐渐变小,e_{tra} 与 ξ 的依赖性变化不大,其主要原因是此处仅计算初至波而没有考虑后续波能量。当节理数 N 增大时,延迟时间 T_{del} 随之增加,同时与 ξ 的依赖性也逐渐增大($N=1$ 时,$T_{del} \approx 0.5\mathrm{ms}$;$N=5$ 时,T_{del} 随 ξ 的增加,从 $4\mathrm{ms}$ 增加到 $6\mathrm{ms}$)。图 3-8 和图 3-9 进一步体现了节理变形的非线性程度对应力波传播的影响,相对于第 2 章中的单节理分析,纵波在平行多节理岩体中传播时,所受影响更为显著。

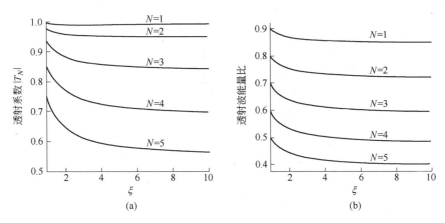

图 3-8 不同节理数情况的透射系数、透射波能量比与 ξ 的关系曲线图(不考虑多重反射)

(a) 透射系数与 ξ 的关系;(b) 透射波能量比与 ξ 的关系

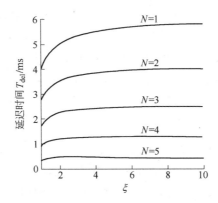

图 3-9 不同节理数情况的延迟时间与 ξ 的关系曲线图(不考虑多重反射)

3.2.2.2 考虑节理间距影响

平行多节理情况下，当节理间距较小时，对应力波的影响更为复杂，其原因是波在这些节理间发生多重反射、透射波的叠加现象对透射波，尤其是对初至波会造成很大影响。采用文献［189］中的计算参数：岩石密度 $\rho = 2.65 \times 10^3 \mathrm{kg/m^3}$，波速 $\alpha_P = 5830\mathrm{m/s}$，波阻抗 $z = \rho\alpha_P = 1.55 \times 10^7 \mathrm{kg/}$（$\mathrm{m^2 \cdot s}$），输入信号 $f = 50\mathrm{Hz}$，半正弦冲击脉冲，取 $N = 2$，$v_{\mathrm{inc}} = 0.2\mathrm{m/s}$，$\zeta = 7/100$，$\xi = 1.8$ 进行计算，结果见图3－10。从图3－10可以看出，透射波振幅大于入射波。这是由于在节理间距远小于波长情况下，在初至透射波未到达波峰时，因节理间多次反射、透射作用形成的二次、三次及更多次透射波也已到达并与初至波叠加，从而使振幅超过了入射波振幅。此时仍有 $e_{\mathrm{tra}} + e_{\mathrm{ref}} = 1$。

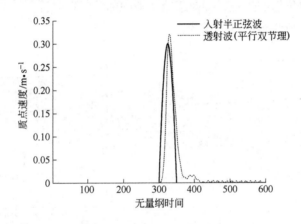

图3－10 纵波穿越小间距平行双节理时入射波和透射波波形图

上述计算从透射波质点速度的角度进行分析，并且节理间距 ζ 为固定值，下面针对透射波、反射波能量比 e_{tra}、e_{ref} 和透射系数 $|T_N|$，采用不同入射波振幅 $v_{\mathrm{inc}} = 0.01\mathrm{m/s}$，$0.08\mathrm{m/s}$，$0.15\mathrm{m/s}$，$0.30\mathrm{m/s}$，节理个数 $N = 2$，4，6，8，10 进行变 ζ 情况计算，并将三者结合起来做进一步探讨。由于计算量过大，暂不考虑节理变形非线性程度变化所带来的影响（取 $\xi = 1.8$），计算结果见图3－11。从图3－11（a）上可以看出，透射波、反射波能量比 e_{tra}、e_{ref}，透射系数均随节理间距 ζ、入射波振幅 v_{inc}、节理个数 N 的变化而变化。其中平行双节理情况下，e_{tra} 随 ζ 呈现先增大后减小的发展趋势，e_{ref} 呈现先减小后增大的趋势，并且有 $e_{\mathrm{tra}} + e_{\mathrm{ref}} = 1$。$e_{\mathrm{tra}}$ 的最大值所对应的 ζ 值为 $\zeta_{\mathrm{cri}}^{(e_{\mathrm{tra}})}$，$\zeta_{\mathrm{cri}}^{(e_{\mathrm{tra}})}$ 随 v_{inc} 的增大而增大。从图3－11（b）上可以看出，$|T_2|$ 随 ζ 呈现先增大后减小（$\zeta < \zeta_{\mathrm{thr}}$），最终趋于定值（$\zeta \geqslant \zeta_{\mathrm{thr}}$）的发展趋势，并且总体上随 v_{inc} 的增大而增大。当 $v_{\mathrm{inc}} = 0.3\mathrm{m/s}$ 时，$|T_2| > 1$，这体现了多重叠加现象。门槛值 ζ_{thr} 随 v_{inc} 的增大而减小，临界值 ζ_{cri}

随 v_{inc} 的变化而变化的趋势不明显，后者原因尚不清楚，一种可能的解释是此时 ζ 很小，其多重叠加现象对透射波波长变化不敏感。从图 3 – 11（c）上可以看出，$|T_N|$ 总体上随 ζ 先增大后减小（$\zeta < \zeta_{\text{thr}}$），最终趋于定值（$\zeta \geqslant \zeta_{\text{thr}}$）。$\zeta < \zeta_{\text{cri}}$ 时，$|T_N|$ 增长幅度随 N 的增加而增大；$\zeta > \zeta_{\text{cri}}$ 时，$|T_N|$ 下降幅度也随 N 的增加而增大，并交于 $\zeta = 12/100$ 处，这恰巧与 $\zeta_{\text{cri}}^{(e_{\text{tra}})}$ 相等，出现该现象的原因尚不清楚。

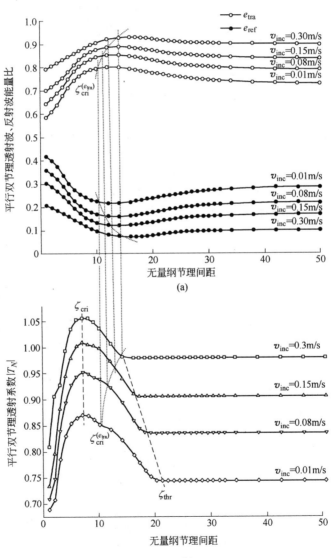

(a)

(b)

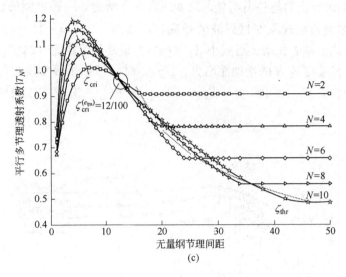

(c)

图 3 - 11　不同 v_{inc} 和 N 情况下 e_{tra}、e_{ref} 和 $|T_N|$ 随 ζ 变化示意图

　　Zhao X B（2004）考虑非线性位移不连续模型（BB 模型），进行了一维应力波（P 波、S 波）法向射入平行多节理的 UDEC 离散元模拟，并与半数值计算结果进行对照，当节理数 N 较低时结果吻合良好，但当节理数 N 较大时，偏差较大。

　　针对模型非线性程度变化情况做进一步分析。程序流程图见图 3 - 12。

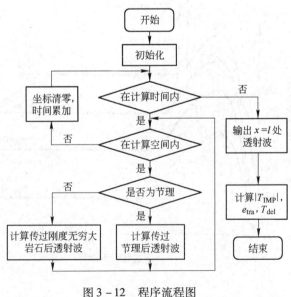

图 3 - 12　程序流程图

（1）模型建立：由改进的节理弹性非线性法向变形本构关系建立波传播位移不连续模型，推导出成组节理透射波、反射波质点速度时域数值差分格式并编写计算程序。

（2）计算：由入、透射波数据可计算透射系数、能量比、时间延迟及进行频谱分析。

（3）数据分析：由计算结果分析节理条数 N、无量纲节理间距 ζ、变形非线性系数 ξ、入射波最大振幅 v_{inc} 与频率 f 等因素对透射系数 $|T_{IMP}|$、透射波能量比 e_{tra}、首波波形畸变和时间延迟 T_{del} 产生的影响。

利用 MATLAB 语言编制计算程序，采用半正弦波对节理进行参数研究，探讨节理非线性对应力波传播的影响。参数研究主要包括无量纲节理间距 ζ、节理数 N、纵波振幅 A、角频率 f、节理非线性系数 ξ、K_{ni} 和 d_{ma} 的不同组合。采用文献 [189] 中的计算参数：岩石密度 $\rho = 2650 kg/m^3$，波速 $\alpha_P = 5830 m/s$，波阻抗 $z = \rho\alpha_P = 1.55 \times 10^7 kg/(m^2 \cdot s)$，$K_{ni}$ 和 d_{ma} 的两组参数组合见表 3-1，纵波参数见表 3-2。入、透射波波形及频谱见图 3-13 和图 3-14。

表 3-1 节理类型参数

节理类型	节理最大允许闭合量 d_{ma}/mm	法向初始刚度 K_{ni}/GPa·m^{-1}
I	1.00	3.50
II	1.20	1.25

表 3-2 纵波类型参数

纵波类型	幅值/m·s^{-1}	频率/Hz
P波 a	0.001	50
P波 b	0.05	50
P波 c	0.1	50
P波 d	0.2	50
P波 e	0.2	100

A 质点速度的影响

最终的透射波被视为由入射波在层状节理间发生多重透射、反射后在不同时刻到达终点处的透射波叠加而成。因此，将对透射波波形进行详细研究。

图 3-13 为传过多条节理时的入、透射波质点速度曲线，由此可以看出：（1）随着节理数 N、波频 f 和变形非线性系数 ξ 的增加，透射波波形也同时发生变化，主要表现为首波振幅减小和波形畸变，表明了节理对波传播具有阻碍作

用；但首波振幅的减小量随节理数增加而减小，说明节理数对波传播的阻碍作用不是线性关系。（2）与入射波相比，透射波的频率降低了。透射波频率的降低可从透射波形的变宽观察得到。（3）与单节理情况不同的是，多节理情况透射波波峰并不与入射波（虚线为入射波）相交，而是落在其右侧。（4）频谱分析表明了整体上随着节理数和变形非线性系数的增加，透射波在频域内的幅值下降，且下降速度随波传过节理的增加而减慢，此外，v_{inc} 很大时，频谱图显示相对于入射波而言，透射波产生振幅更大的高频分量。

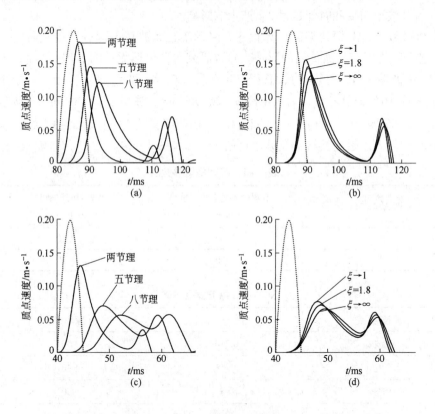

图 3 - 13 入射波、透射波波形图 （$\zeta = 131$）

(a) P波 d, $\xi = 1.8$; (b) P波 d, $N = 5$;

(c) P波 e, $\xi = 1.8$; (d) P波 e, $N = 5$

┈┈┈入射波；───透射波

B 节理间距的影响

以下讨论节理非线性固定时（$\xi = 1.8$）节理间距对 $|T_{IMP}|$、e_{tra} 以及 T_{del} 的影响。图 3 - 15 （a）显示了在节理类型 I 下的不同入射波振幅传过 5 条非线性节理时的透射系数 $|T_{IMP}|$ 与无量纲节理距离 ζ 关系的计算结果，由此可以发现：

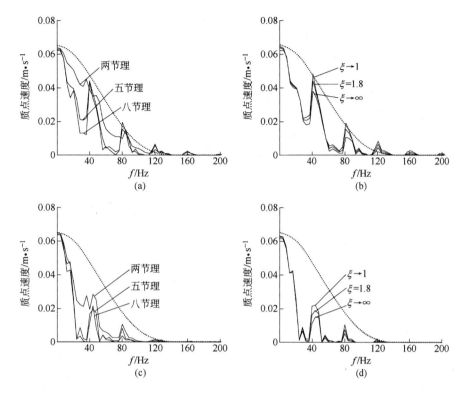

图 3 - 14 入射波、透射波频谱图
(a) P 波 d, $\xi = 1.8$; (b) P 波 d, $N = 5$;
(c) P 波 e, $\xi = 1.8$; (d) P 波 e, $N = 5$
········入射波; ——透射波

（1）$|T_{IMP}|$ 随着入射波振幅 v_{inc} 的增大而变大。（2）在一些情况下，$|T_{IMP}| > 1$，而这并不意味着入射波能量完全透过节理，而是表明了透射波振幅大于或等于入射波振幅。（3）定义两个重要的节理间距指数，即阈值间距 ζ_{thr} 和临界间距 ζ_{cri}，此二值将 $|T_{IMP}| - \zeta$ 图划分为三个区段，即独立节理区（$\zeta \geqslant \zeta_{thr}$）、过渡区（$\zeta_{thr} > \zeta > \zeta_{cri}$）以及小间距区（$\zeta \leqslant \zeta_{cri}$）。（4）在独立节理区，$|T_{IMP}|$ 随 ζ 的变化保持不变，这表明经多重透反射后在不同时刻到达的透射波的叠加不影响 $|T_{IMP}|$ 值。（5）当 $\zeta < \zeta_{thr}$，波的叠加明显对 $|T_{IMP}|$ 产生影响，因此将过渡区与小间距区合为叠加区。在过渡区，随着 ζ 的减小，$|T_{IMP}|$ 由常数增加到最大值。在小间距区，$|T_{IMP}|$ 则随着 ζ 的减小而减小。（6）ζ_{thr} 和 ζ_{cri} 随着 v_{inc} 的变化而变化，如图 3 - 15（a）两条实线所示。一般地，ζ_{thr} 随着入射波振幅的增加而减小，而 ζ_{cri} 保持为常数。（7）以上结论与 Zhao X B（2004）研究的结论一致。

图 3 - 15（b）~图 3 - 15（d）分别显示了不同入射波频率、不同节理参数

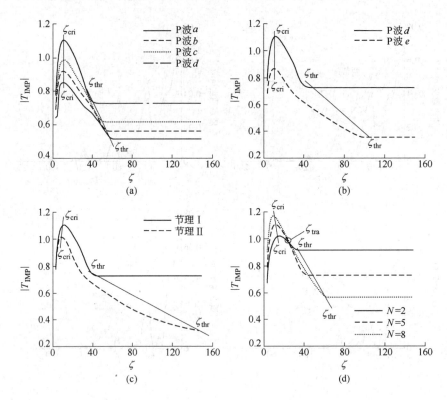

图 3 – 15　$|T_{IMP}|$ 与 ζ 关系曲线

(a) P波 $a \sim d$, 节理 I, $N = 5$; (b) P波 d 和 e, 节理 I, $N = 5$;

(c) P波 d, $N = 5$; (d) P波 d, 节理 I

以及不同节理数下的 $|T_{IMP}|$ – ζ 关系曲线, 由此可以发现: (1) 入射波频率增大使 $|T_{IMP}|$ 减小, 并且 ζ_{thr} 值增大、ζ_{cri} 值减小, 表明了节理对高频率波的阻滞作用更大。(2) 节理允许闭合量 d_{ma} 增大使 $|T_{IMP}|$ 减小, 并且 ζ_{thr} 值增大、ζ_{cri} 值减小。(3) 在图 3 – 15 (d) 中, 在独立节理区, $|T_{IMP}|$ 随 ζ 的变化保持不变, 这表明经多重透反射后在不同时刻到达的透射波的叠加不影响 $|T_{IMP}|$ 值。在此区域, $|T_{IMP}|$ 随节理数的增多而减小, 且减小率降低。(4) 当 $\zeta < \zeta_{thr}$, 波的叠加明显地对 $|T_{IMP}|$ 产生影响, 因此将过渡区与小间距区合为叠加区。在过渡区, 随着 ζ 的减小, $|T_{IMP}|$ 由常数增加到最大值。在小间距区, $|T_{IMP}|$ 则随着 ζ 的减小而减小。在过渡区中, 当 $\zeta = 25$ ($= \zeta_{tra}$) 时, 不同节理数的 $|T_{IMP}|$ 相同, 即此时 N 对 $|T_{IMP}|$ 无影响。当 $\zeta < \zeta_{tra}$, $|T_{IMP}|$ 随 N 的增多而变大, 且其变化率随 N 增多而减小。当 $\zeta_{tra} < \zeta < \zeta_{thr}$ 时, $|T_{IMP}|$ 与 N 的关系较混乱, 无法归纳其规律。(5) ζ_{thr} 和 ζ_{cri} 随着 v_{inc} 的变化而变化, 如图 3 – 15 (d) 两条实线所示。一般地, ζ_{thr} 随着 N 的增加而增大, 而 ζ_{cri} 则减小。

图 3 - 16（a）为在节理类型 I 下的不同入射波振幅传过 5 条非线性节理时的能量比 e_{tra} 与节理无量纲距离 ζ 关系的计算结果，由此得出以下结论：（1）e_{tra} 随着 v_{inc} 的增大而变大。（2）e_{tra} 的增大（减小）并不总是与 $|T_{IMP}|$ 的增大（减小）保持一致，这是因为多重透反射可能使得透射波有较小的幅值而其持续时间更长，这样也会产生较大的 e_{tra}。

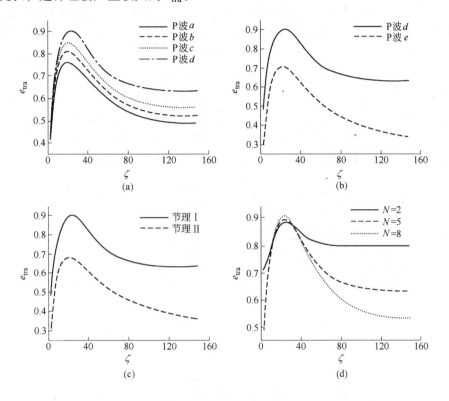

图 3 - 16　e_{tra} 与 ζ 关系曲线

（a）P 波 $a\sim d$，节理 I，$N=5$；（b）P 波 d 和 e，节理 I，$N=5$；
（c）P 波 d，$N=5$；（d）P 波 d，节理 I

图 3 - 16（b）～图 3 - 16（d）分别显示了不同入射波频率、不同节理参数及不同节理数下的 e_{tra} - ζ 关系曲线，由此可知：（1）入射波频率增大使 e_{tra} 减小，表明了节理对高频率波的阻滞作用更大。（2）节理允许闭合量 d_{ma} 增大使 e_{tra} 减小。（3）在节理间距较小的一个区段里，出现了 e_{tra} 值随节理数的增多而增大，产生这一现象的原因可能是节理非线性与多重透反射叠加的共同影响。在这个区段里，节理越多，多重透反射越强烈，同时入射波能量大，节理硬化现象也最强烈，则透射波能量就越大。随着节理间距的增大，e_{tra} 趋于稳定，此时的 e_{tra} 值随着节理数的增多而减小，且其减小量降低。

纵波传过节理除了振幅下降和能量衰减外还会出现时间延迟现象。时间延迟 T_{del} 定义为入射波、透射波波峰时刻差，T_{del} – ζ 关系计算结果见图 3 – 17。由图 3 – 17（a）可见：（1）T_{del} 随着 v_{inc} 的增大而减小，这说明较小的入射波幅值其透射波波形畸变较大。（2）与 e_{tra} 类似，T_{del} 的增大（减小）并不总是与 $|T_{IMP}|$ 的增大（减小）保持一致，其原因与 e_{tra} 类似，多重透、反射可能使得透射波有较小的幅值而使其持续时间更长，这使得 T_{del} 更大。（3）定义两个重要的节理间距指数，即阈值间距 ζ_{thr} 和临界间距 ζ_{cri}，此二值将 T_{del} – ζ 图划分为三个区段，即独立节理区（$\zeta \geqslant \zeta_{thr}$）、过渡区（$\zeta_{thr} > \zeta > \zeta_{cri}$）以及小间距区（$\zeta \leqslant \zeta_{cri}$）。（4）在独立节理区，$T_{del}$ 随 ζ 的变化保持不变，这表明经多重透、反射后在不同时刻到达的透射波的叠加不影响 T_{del} 值。（5）当 $\zeta < \zeta_{thr}$ 时，波的叠加明显对 T_{del} 产生影响，因此将过渡区与小间距区合为叠加区。在过渡区，随着 ζ 的减小，T_{del} 由常数增加到最大值。在小间距区，T_{del} 则随着 ζ 的减小而减小。（6）ζ_{thr} 和 ζ_{cri} 随着 v_{inc} 的变化而变化，如图 3 – 17（a）两条实线所示。ζ_{thr} 和 ζ_{cri} 均随着入射波振幅的增加而减小。

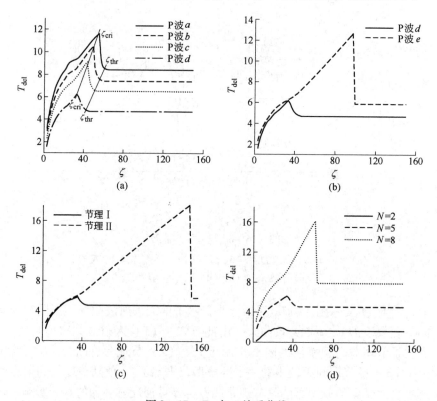

图 3 – 17　T_{del} 与 ζ 关系曲线

(a) P 波 $a \sim d$，节理 I，$N = 5$；(b) P 波 d 和 e，节理 I，$N = 5$；

(c) P 波 d，$N = 5$；(d) P 波 d，节理 I

图 3 – 17（b）～图 3 – 17（d）分别反映了不同频率、不同节理类型和不同节理数下的 T_{del} – ζ 关系，由此可见：（1）T_{del} 随入射波频率增大而增加，说明频率高的波透过节理时的速度更慢。（2）T_{del} 随 d_{ma} 增大而增加。（3）T_{del} 随节理数增多而增加，这也进一步验证了节理对波的阻碍作用。

  C 节理非线性系数的影响

以下在大节理间距（$\zeta = 150$）的情况下讨论节理变形非线性系数对 $|T_{IMP}|$、e_{tra} 以及 T_{del} 的影响。

由图 3 – 18～图 3 – 20 可知：（1）$|T_{IMP}|$、e_{tra} 随 v_{inc} 的增加而增大，T_{del} 减小，表明速度大的波更容易透过节理。（2）$|T_{IMP}|$、e_{tra} 总体上随 ξ 的增加而降低，T_{del} 增大。（3）v_{inc} 很小（$v_{inc} = 0.001 \text{m/s}$）时，$|T_{IMP}|$、$e_{tra}$ 和 T_{del} 与 ξ 的关系均为一水平直线，表明 $|T_{IMP}|$、e_{tra} 和 T_{del} 与 ξ 无关，这是因为此时的质点速度小，不足以引起节理的非线性变形，节理的应力应变关系接近线性情况。（4）波频率增大，$|T_{IMP}|$、e_{tra} 减小，T_{del} 增大。（5）d_{ma} 增大，$|T_{IMP}|$、e_{tra} 减小，T_{del} 增大，表明波更不容易透过厚度较大的节理。（6）随着节理数增多，$|T_{IMP}|$、e_{tra} 均减小，T_{del} 增大，但其衰减量随节理增加而减小。

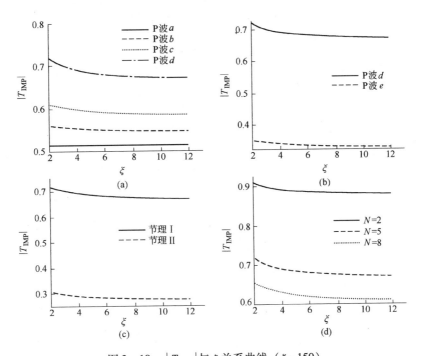

图 3 – 18 $|T_{IMP}|$ 与 ξ 关系曲线（$\zeta = 150$）

(a) P 波 a～d，节理 I，$N = 5$；(b) P 波 d 和 e，节理 I，$N = 5$；
(c) P 波 d，$N = 5$；(d) P 波 d，节理 I

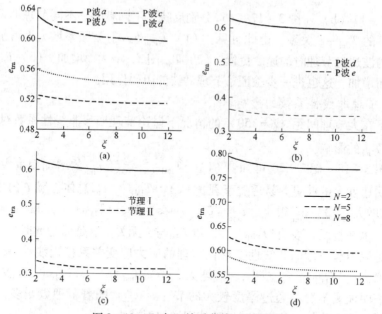

图3-19　e_{tra} 与 ξ 关系曲线 （ζ = 150）

（a）P波 $a \sim d$，节理 I，$N = 5$；（b）P波 d 和 e，节理 I，$N = 5$；
（c）P波 d，$N = 5$；（d）P波 d，节理 I

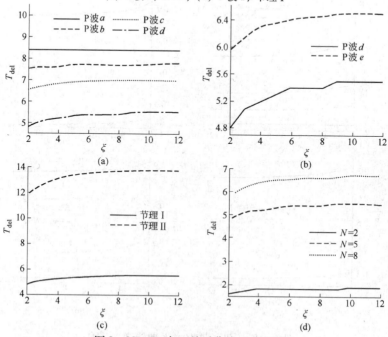

图3-20　T_{del} 与 ξ 关系曲线 （ζ = 150）

（a）P波 $a \sim d$，节理 I，$N = 5$；（b）P波 d 和 e，节理 I，$N = 5$；
（c）P波 d，$N = 5$；（d）P波 d，节理 I

3.3　不同脉冲传过大间距多节理时的透射特性

3.3.1　节理条数对透射波形和透射系数的影响

设每条节理参数相同，岩石密度 $\rho = 2.4 \times 10^3 \, \text{kg/m}^3$，波速 $\alpha_P = 4500 \text{m/s}$，P波持续时间为 10ms，节理初始切线刚度 $K_{ni} = 0.9 \text{GPa/m}$，最大闭合量 $d_{ma} = 0.7 \text{mm}$，为了与前人的研究结果比较，这里 $\xi \to 1$，即节理趋近于 BB 模型；波阻抗 $z = \rho \alpha_P = 1.08 \times 10^7 \, \text{kg/} \, (\text{m}^2 \cdot \text{s})$。入射波振幅 v_{inc} 分别取 0.05m/s 和 0.2m/s 进行研究。图 3-21 和图 3-22 为振幅不同的 P 波传过不同条数的大间距多节理后，透射波形随节理条数增加的变化规律。可以看出，透射波比入射波持续时间更长（即透射波频率降低），波形逐渐平缓。在入射波振幅相同的情况下，透射波振幅的大小关系有 $v_{rec}^{(N)} > v_{sin}^{(N)} > v_{tri}^{(N)}$（上标和下标分别表示节理条数和入射波类型），说明入射波传过节理的难易程度由大到小的顺序为三角脉冲、半正弦波、矩形脉冲。

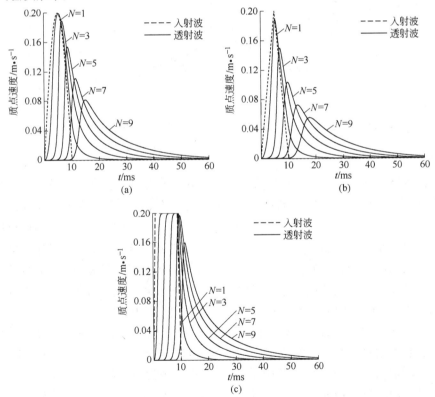

图 3-21　$v_{inc} = 0.2 \text{m/s}$ 时不同入射波的透射波形随节理条数 N 的变化规律

（a）半正弦脉冲；（b）三角脉冲；（c）矩形脉冲

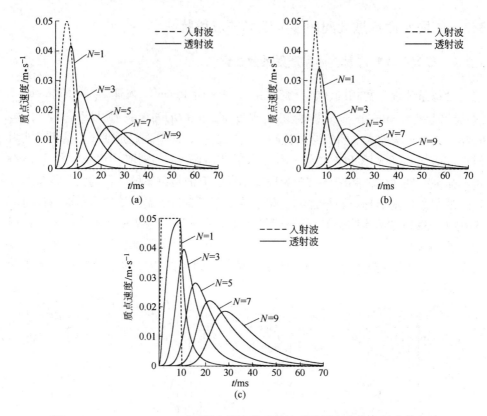

图 3 - 22　$v_{\mathrm{inc}} = 0.05\mathrm{m/s}$ 时不同入射波的透射波形随节理条数 N 的变化规律

（a）半正弦脉冲；（b）三角脉冲；（c）矩形脉冲

　　P 波传过节理后透射系数 T 随节理条数 N 的变化曲线如图 3 - 23 所示。可以看出 $T_{\mathrm{rec}}^{(N)} > T_{\mathrm{sin}}^{(N)} > T_{\mathrm{tri}}^{(N)}$，整体上 T 呈下降趋势，$T_{\mathrm{sin}}^{(N)}$、$T_{\mathrm{tri}}^{(N)}$ 的衰减速度先加快后逐渐减慢；$N \leqslant 6$ 时，$v_{\mathrm{inc}} = 0.2\mathrm{m/s}$ 的 $T_{\mathrm{rec}}^{(N)} = 1$，即当振幅为 $0.2\mathrm{m/s}$ 的矩形脉冲只有传过 7 条节理后振幅才开始衰减；当 T_{rec} 开始下降后，T_{rec} 的下降速度逐渐减小。这是因为随着首波传过的节理条数增多，其振幅逐渐减小，P 波的透射能力也逐渐减小，所以 T 的衰减逐渐加快。在不同入射幅值的情况下，$T_{0.2}^{(N)} > T_{0.05}^{(N)}$（下标表示入射波幅值），即较大振幅的入射波有较大的 T。

　　传过单条节理的透射系数 T' 随 N 的变化曲线如图 3 - 24 所示。可以看出随节理条数的增多，T' 出现先减小后增大的规律。对比图 3 - 23（a）～图 3 - 23（c），T' 到达极小值时的节理条数由多到少的顺序为矩形脉冲、半正弦脉冲、三角脉冲，出现这一现象与不同 P 波的透射能力有直接的关系。当传过更多条节理后，首波波形逐渐畸变为小幅值、大持续时间的应力脉冲，此时 P 波传过非线性节理时，不能激发节理的非线性，节理可以作为线性节理考虑，$K_{\mathrm{lin}} = K_{\mathrm{ni}}$，

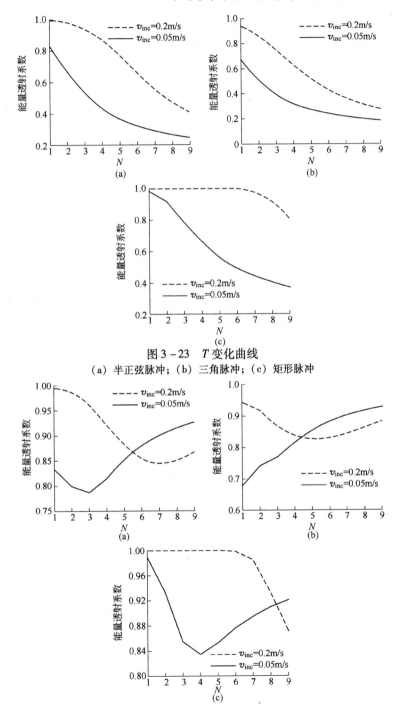

图 3-23　*T* 变化曲线

（a）半正弦脉冲；（b）三角脉冲；（c）矩形脉冲

图 3-24　*T′* 变化曲线

（a）半正弦脉冲；（b）三角脉冲；（c）矩形脉冲

K_{lin}为线性节理法向刚度，T'主要受 P 波持续时间的影响，持续时间越长，T'越大，这与线性节理透射系数解析解的计算结果相同（Schoenberg M，1980；Pyrak - Nolte L J，1988）。

3.3.2　节理条数对透射波能量的影响

由于 P 波在节理处发生反射时，反射波会带走入射波的部分能量，使得透射波的能量会随着 P 波传过节理的条数的增多而衰减，如图 3 - 25 所示。入射波不同振幅时有 $e_{0.2} > e_{0.05}$，并且 $e_{0.2}$ 的变化曲线的曲率小于 $e_{0.05}$ 的。这说明幅值较大的 P 波的能量在传过多节理的过程中的衰减速度较慢。不同 P 波在相等幅值入射的情况下有 $e_{rec} > e_{sin} > e_{tri}$。不同 P 波情况下，传过多节理过程中在每条节理处的能量透射系数 e' 随 N 的变化规律如图 3 - 26 所示。$v_{inc} = 0.05m/s$ 时，e' 逐渐增大；$v_{inc} = 0.2m/s$ 时，e'_{sin}、e'_{tri}（下标分别表示半正弦波和三角波）的变化曲线先下降后上升，但 $v_{inc} = 0.2m/s$ 的矩形脉冲在传过第二条节理时的 e'_{rec}（下标表示矩形波）反而大于第一次传过节理时的 e'_{rec}。这是因为 P 波能量和质点振动速度的平方成正比，为便于说明，把质点速度大于 $0.95v_{inc}$ 的持续时间命名为

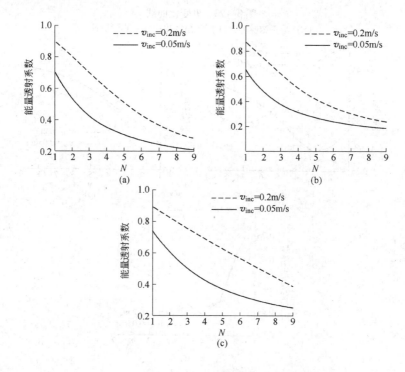

图 3 - 25　e 变化曲线

（a）半正弦脉冲；（b）三角脉冲；（c）矩形脉冲

高速度时间，用 L' 表示。由图 3-21（c）看出，矩形脉冲传过第一条节理时的 L' 的减少量接近于其传过第二和第三条节理时而引起的 L' 的减少量之和，使得首次传过节理后的透射波的 $zv_{inc}(x_1, t)^2$ 对时间的积分值（透射波能量）较小。

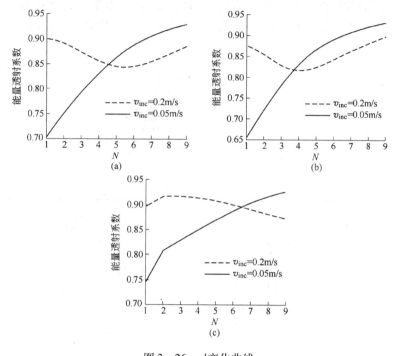

图 3-26　e' 变化曲线
（a）半正弦脉冲；（b）三角脉冲；（c）矩形脉冲

3.3.3　节理条数对透射波频率组成的影响

　　分别对 $v_{inc}=0.05$ m/s 和 0.4 m/s，频率 $f=50$ Hz 的入射波传过多节理后的透射波首波做频谱分析，来研究节理对 P 波频率分布的影响。当 $v_{inc}=0.05$ m/s 时，透射波中不仅包含频率为入射波频率的成分，而且出现了频率大于入射波频率的成分，学者称这些较高频率的成分为高谐波，可以看出，频率越高的高谐波的振幅越小，如图 3-27 所示。图 3-28 为 $v_{inc}=0.4$ m/s 的 P 波传过不同条数的节理后首波的频谱曲线。半正弦脉冲和三角脉冲传过 6 条和 4 条节理时，高谐波的频域幅值达到了最大，再随着 N 的增大，高谐波的频域幅值开始下降。当 $v_{inc}=0.4$ m/s 的矩形脉冲传过条数小于 6 条的节理时，高谐波的振幅随着节理条数的增多而下降。这是因为矩形脉冲传过条数较少的节理时，每次透射时产生的高谐波的频率不同，高谐波不能叠加引起的。当矩形脉冲传过 6 条节理后，波形衰减

至无明显的 L'，此时，透射波中出现了高谐波，当矩形脉冲传过 12 条节理后，高谐波振幅达到最大，随后逐渐减小。综上所述，P 波传过大间距平行多节理后会产生高谐波，P 波的幅值越大，产生的高谐波越明显；随节理条数的增多，透射波中的高谐波的振幅有先增大后减小的变化规律。这是因为 P 波每次传过节理后，会引起入射波基频的振幅的衰减，降低了 P 波产生高谐波的能力。

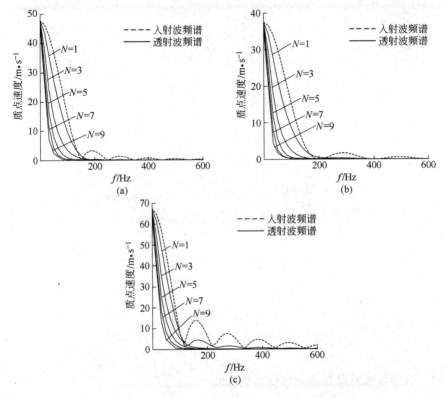

图 3-27　$v_{inc} = 0.05 \text{m/s}$ 时不同入射脉冲的透射波频谱

(a) 半正弦脉冲；(b) 三角脉冲；(c) 矩形脉冲

3.3.4　节理条数对透射波时间延迟的影响

从图 3-21（c）和图 3-22（c）中可以看出，矩形脉冲具有的 L' 很大，传过较少的节理时，虽然 v_{tra} 以较快的速度接近最大值，但直到 v_{inc} 下降时，透射波质点速度才达到最大值，从而难以精确确定矩形脉冲的延迟时间 D。本节以半正弦脉冲和三角脉冲为研究对象来分析不同 P 波的 D 随节理条数的变化规律。

D 随 P 波传过的节理条数的增多而增大，并且 D 的增大速度在逐渐加快，如图 3-29 所示。分别比较图 3-29（a）和图 3-29（b）中的两条曲线，可以

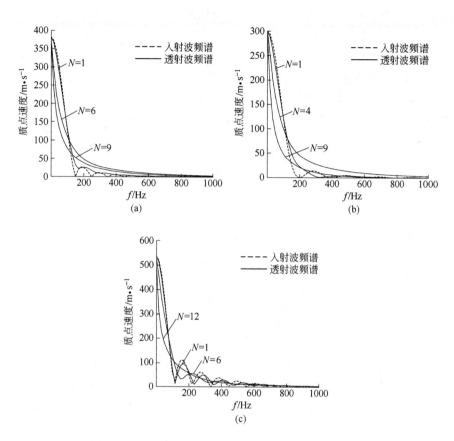

图 3-28　$v_{inc} = 0.4\text{m/s}$ 时不同入射脉冲的透射波频谱

（a）半正弦脉冲；（b）三角脉冲；（c）矩形脉冲

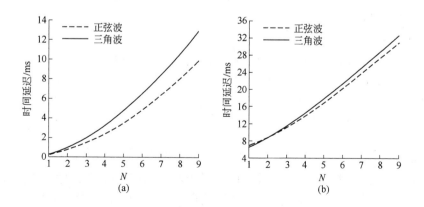

图 3-29　时间延迟变化曲线

（a）$v_{inc} = 0.2\text{m/s}$；（b）$v_{inc} = 0.05\text{m/s}$

看出，$D_{tri} > D_{sin}$（下标表示 P 波类型），对比图 3 - 29（a）和图 3 - 29（b）可知，$D_{0.05} > D_{0.2}$（下标表示 P 波振幅）。这是因为 D 受 P 波振幅和质点加速度的影响，当两者较大时，节理在较短的时间内达到闭合量最大值 d_{ma}，透射波质点速度可以以较快的速度达到最大值，从而减小了 D。相同类型的 P 波入射时，$D_{0.05} > D_{0.2}$；相同振幅的 P 波入射时，$D_{tri} > D_{sin}$。D 的增大速度随 P 波传过节理条数的增多而加快，且 D_{tri} 的增大速度大于 D_{sin} 的增长速度。

3.4　地震 P 波传过大间距多节理时的透射特性

3.4.1　地震 P 波数据分析

本节所研究的节理为法向压缩与拉伸具有相同刚度的节理，对有负值的入射波，为了可以使用式（2 - 82），把入射波分解成正、负两个部分，正值部分用 $p_+(t)$，负值部分用 $p_-(t)$ 表示，$p_+(t)$ 中的负值速度替换为 0，$p_-(t)$ 中的正值速度替换为 0，此时原入射波 $p(t) = p_+(t) + p_-(t)$。入射波分别用 $p_+(t)$ 和 $p_-(t)$ 表示，透射波分别用 $v_+^+(x_1, t)$ 和 $v_-^+(x_i, t)$ 表示，例如正弦波分解后的波形如图 3 - 30 所示。最终透射波 $v^+(x_1, t) = v_+^+(x_1, t) + v_-^+(x_1, t)$。

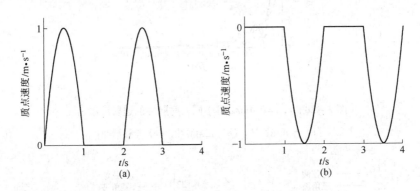

图 3 - 30　正弦波正负波区分解示意图
（a）正值部分；（b）负值部分

3.4.2　参数研究

地震波是一种随机应力波，在传过节理时表现出复杂的传播规律，本节分析地震 P 波传过大间距平行多节理时的传播规律。针对 k_{ni}、d_{ma} 与节理面条数 N，分析入射波、透射波波形与频谱，查明地震 P 波在非线性位移不连续节理处的传播特性。

本节分析的地震波是以 USGS 公布的美国强震记录 SMC 格式文件记录的，

SMC 格式的文件从文件名到文件内容都进行了严谨的编排，具有明确的意义（曹光暄，2006）。文件主体依次分为字符文本头、整型数头、浮点数头、注释行部分和数据序列部分。在地震数据序列以前部分是有关地震记录的器械与记录处理信息，如场地、仪器记录、数据处理及如何使用等信息，为做地震波分析、震源分析与构件抗震分析提供有力依据。本书采用的地震波记录文件名为 2052b_ v. smc。文件头信息见表 3 - 3。由字符文本头可知，该记录文件为速度波数据，地

表 3 - 3　地震波文件头信息

```
3 VELOCITY
 *
5054b
      2006  05  24     0420  GUADALUPE VICTORIA，BAJACALIF，MEXICO
Moment  Mag =       5. 4  Ms =           M1 =  5. 20
station = CA：Bond's Corner；Omlin Res.      component = 360
epicentral  dist  =      44. 1       pk  vel  =  - 1. 87E + 0
inst  type = Etna       data source = USGS
 *
 *
 *
     - 32768      2006    144     4     20      30         0     2052
        2 - 32768  - 32768  2598    - 32768     360       126     4
14800    - 32768   - 32768    - 32768    - 32768    - 32768    - 32768    - 32768
    - 32768    - 32768    - 32768    - 32768    - 32768     5054      1    14800
    - 32768    - 32768    - 32768    - 32768    - 32768    - 32768    - 32768    - 32768
    - 32768    - 32768    - 32768    - 32768    - 32768    - 32768    - 32768        3
 1. 7000000E + 38   2. 0000000E + 02   3. 2306999E + 01   - 1. 1522800E + 02   6. 0000000E + 00
 5. 4000001E + 00   1. 7000000E + 38   5. 1999998E + 00   1. 7000000E + 38   1. 7000000E + 38
 3. 2693199E + 01   - 1. 1533820E + 02   - 1. 9000000E + 01   1. 7000000E + 38   1. 7000000E + 38
 1. 7000000E + 38   4. 4062580E + 01   3. 4643561E + 02   3. 3554430E + 06   1. 7000000E + 38
 1. 7000000E + 38   2. 1200000E + 02   6. 9999999E - 01   1. 2758690E - 03   1. 3051500E + 02
 1. 7000000E + 38   1. 7000000E + 38   1. 7000000E + 38   1. 2285000E + 01   1. 4138170E + 00
 1. 1265000E + 01   - 1. 8702495E + 00   7. 9999998E - 02   - 2. 0000000E + 00   5. 0000000E + 01
 5. 8000000E + 01   1. 7000000E + 38   1. 7000000E + 38   1. 7000000E + 38   1. 7000000E + 38
1. 7000000E + 38   1. 7000000E + 38   1. 7000000E + 38   1. 7000000E + 38   1. 7000000E + 38
     1. 7000000E + 38   1. 7000000E + 38   1. 7000000E + 38   1. 7000000E + 38   1. 7000000E + 38
|
| Converted  using  program  evt2smc  2006/05/24  10：11：03
| Input file：AT087_ 5054 - 02052. evt
| EventID：ci12245763
```

震于格林尼治标准时间2006年5月24日发生在墨西哥，地震烈度5.4度，地震级为5.2级，数据由CA：Bond's，Corner，Omlin Res地震观测台观测，震中距为44.1km。根据实型数头可知地震以每秒连续200采样的采样率记录，在12.285s时质点速度达到最大值1.413817cm/s，在11.265s时达到最小值-1.8702495cm/s，记录序列数为14800。

采集站以模拟信号形式收集地震波信息并将它按一定的采样率进行采样，转换为离散的数字化地震资料，地震数据采集系统中计时精度主要由采集站的采样率N的精度决定，本地震记录文件采样率$N=200$，直接进行数值计算会使计算精度不够，或由于局部的计算不稳定而使得整体计算无法顺利进行，因此在计算前需要进行数据处理。地震波采样的时间间隔为$1/200=5ms$，即在5ms间曲线为直线，采用线性插值既可以满足计算要求又有较快的计算速度，这里即采用线性插值的方法增大采样率，在两次采样时间间隔插入5个值，这样处理既减小插值时间间隔，保证差分计算的稳定性和精度要求，又不会因为舍入误差和累积误差影响计算结果，插值后的$N=1200$，用$1/N$代替理论计算中的T_e/r进行计算。

3.4.3 地震P波传过单节理时的透射特性

本节的节理参数中，$K_{ni}=0.9GPa/m$，$d_{ma}=0.7mm$，$\xi=1.8$；岩石密度$\rho=2.4\times10^3kg/m^3$，$\alpha_P=4500m/s$，$z=1.08\times10^7kg/(m^2\cdot s)$。由图3-31（a）和图3-31（b）可见，透射波有明显的时间延迟现象，振幅较大的部分的透射波振幅较大，反之亦然。由图3-31（c）和图3-31（d）可以看出，入射波时域振幅$|v_{inc}|$较大的部分易于传过节理，因为较大的$|v_{inc}|$能使节理产生更大的闭合量，使节理刚度大幅度提升；在$f=5Hz$，$6Hz$，$7Hz$，$8Hz$，$9Hz$附近的透射波频域振幅$|v'_{tra}|$无明显衰减甚至出现增益现象。这是因为地震P波在传过节理过程中，在$f=5Hz$，$6Hz$，$7Hz$，$8Hz$，$9Hz$附近产生了新的应力波成分，即高谐波，且产生的高谐波的振幅大于节理对该高谐波的滤波作用，这些高谐波和入射地震P波中频率相同的P波叠加，使该频率的P波的$|v'_{tra}|$增大。在无高谐波产生的频段（频率较低）的振幅出现明显衰减。

3.4.4 地震P波传过5条节理时的透射特性

地震P波传过5条节理后，透射波振幅进一步衰减，透射波中已经不存在入射波中的较小幅值的波峰；时间延迟进一步增大，如图3-32（a）和图3-32（b）所示。图3-32（c）和图3-32（d）为入射波和透射波的频谱曲线。可以看出，在$0<f<1.5$区间的频域振幅衰减较弱，而在$1.5<f<3.5$区间的频域振幅衰减较明显，这体现了非线性节理的高频滤波作用。在透射波中出现周期性的

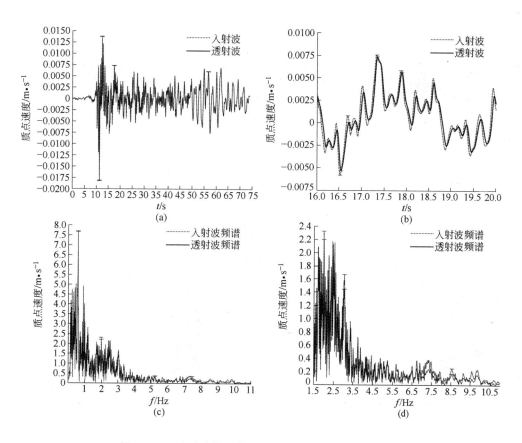

图 3-31 地震波传过单节理后透射波波形及频谱曲线
(a) 地震波和透射波波形；(b) 波形局部放大；
(c) 入射波和透射波频谱；(d) 频谱局部放大

高谐波，并且在 $f = 5\mathrm{Hz}$，$6\mathrm{Hz}$，$8\mathrm{Hz}$，$9\mathrm{Hz}$ 附近出现 $|v'_{inc}| > |v'_{tra}|$ 的现象，$|v'_{inc}|$ 为入射波频域振幅。这是由于地震P波传过每条节理时，在这些频率附近会产生一部分高谐波，这些高谐波逐渐累加引起的。而在没有高谐波产生的频率段，$|v'_{tra}|$ 因受到节理的滤波作用而不断衰减，产生了"间歇性"高谐波的现象。

3.4.5 地震P波传过10条节理时的透射特性

图 3-33 (a) 和图 3-33 (b) 为地震P波传过10条节理后的透射波波形图，可以看出各波峰大幅度衰减，更多的小振幅波峰被节理过滤，波形变得更加

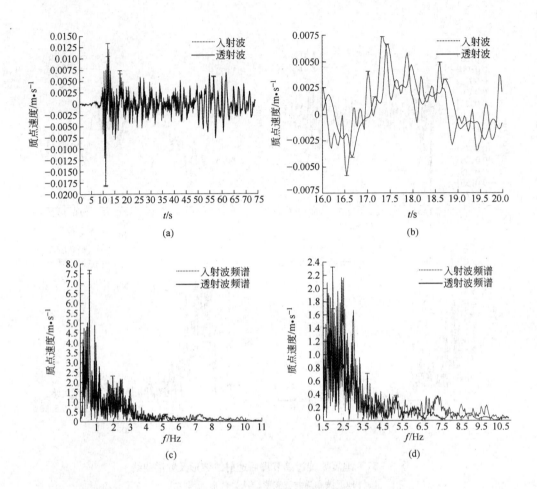

图 3-32　地震 P 波传过 5 条节理后透射波波形及频谱曲线
（a）地震波和透射波波形；（b）波形局部放大；
（c）入射波和透射波频谱；（d）频谱局部放大

平稳。图 3-33（c）和图 3-33（d）为入射波和透射波的频谱曲线，可以看出，在 1.8 Hz < f < 3.5 Hz 区间的频域振幅大幅度衰减，且在传过 5 条节理时，透射波中出现的"间歇性"高谐波现象消失。这是因为地震 P 波在传过多条节理的过程中振幅逐渐衰减，直至无法传过节理，没有足够的能量产生大量的高谐波，而节理对高频率波的滤波作用较强，使得在传播过程中的高谐波的振幅逐渐衰减；因为在 1.5 Hz < f < 3.5 Hz 区间没有高谐波产生，且节理对此频率段的入射波的滤波作用较强，地震 P 波传过 10 条节理后，此区段的振幅大幅衰减。

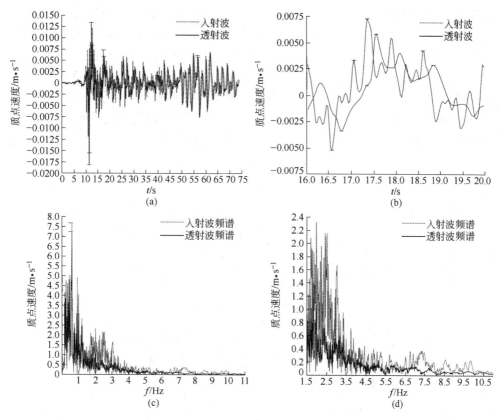

图 3-33 地震 P 波传过 10 条节理后透射波形及频谱曲线

（a）地震波和透射波波形；（b）波形局部放大；

（c）入射波和透射波频谱；（d）频谱局部放大

3.5 尾波效应分析

3.5.1 尾波概念的提出

至今为止，大多数研究者对应力波在复杂介质（成层介质、裂隙或孔隙介质、含不连续体介质）中的传播问题的理论研究中，对波速、频率及首波特征等方面计算分析较多，相关理论成果层出不穷，而单独针对"尾波"（coda wave），尤其是从传播机理角度对尾波效应进行计算和分析的研究还很少，国外学者刚刚开始相关研究，而国内至今仍未见到"尾波"这一提法。尾波的概念最早在地震学领域被提出，是指地震波在通过地质结构中分散复杂的路径后的接收振幅信号中，随 P 波、S 波、表面波之后到达的波信号。因为这里仅对纵波正向入射平行多节理情况进行研究，入射波为半正弦脉冲信号，因此这里的"尾波"就是指时域透射波振幅曲线中初至波之后到达的波信号。Alexandre（2004）最早试图采用 Fabry – Perot 反射镜原理（Lauterborn 和 Kurz，2003）对地震波穿越两个平行透射体后的波形进行理论解释（见图 3 – 34）。在 Alexandre 的文章中，E_i、E_r 和 E_t 分别为入射波、反射波和透射波的能量，定义反射系数 $r = E_r / E_i$，透射系数 $t = E_t / E_i$。虽然该方法能够体现波的多次反射、叠加过程，但从根本上讲该理论是一种光学干涉理论，用于应力波研究时仍属于波场连续的情况，并不适用于解释宏观节理对应力波尾波的作用和影响。

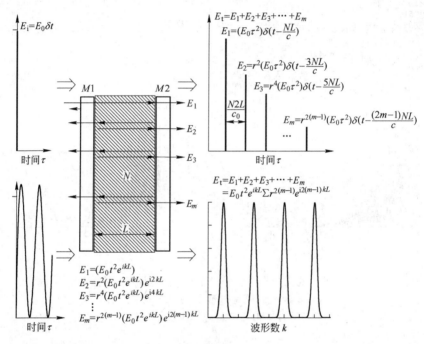

图 3 – 34　Fabry – Perot 反射镜原理示意图（Alexandre，2004）

3.5.2　尾波效应初探

这里利用前述半数值计算程序，采用文献 [189] 中的计算参数：岩石密度 $\rho = 2.65 \times 10^3 \text{kg/m}^3$，波速 $\alpha_P = 5830 \text{m/s}$，波阻抗 $z = \rho \alpha_P = 1.55 \times 10^7 \text{kg/（m}^2 \cdot \text{s）}$，输入信号 $f = 50 \text{Hz}$，半正弦冲击脉冲，取 $N = 2，3$，$v_{\text{inc}} = 0.22 \text{m/s}$，$\xi = 1.8$，为使后续波形易于识别，$\zeta$ 取较大值，计算结果见图 3 – 35。

图 3 – 35（a）是入射波及平行双节理下透射波速度曲线图，从图中可以看到，初至透射波振幅略小于入射波振幅，二次、三次、四次透射波振幅依次下降。图 3 – 35（b）是纵波穿越平行双节理及平行三节理时的透射波振幅曲线，从图中可以看到，相对于双节理情况，穿越三节理的透射波首波振幅衰减，二

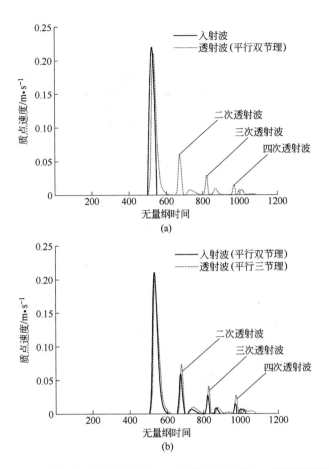

图 3-35 纵波穿越平行双节理与三节理时的入射波、透射波波形图

次、三次、四次透射波振幅（即尾波）振幅增加。当节理间距较小时，由于透射首波及后续波的叠加作用，尾波效应体现不明显。

第4章 纵波在双重非线性岩石中传过单节理时的传播规律

在前面章节中我们对不同类型的 P 波在大间距非线性成组节理处的透射特性进行了研究，但这是在我们假设岩石介质为线弹性的前提下进行的。岩体中被节理分割而成的结构体由多种矿物胶结组成，相邻颗粒间紧密接触共同构成固体骨架，这种不均匀的材料中必然存在着各种各样的细观结构（颗粒间的裂隙、裂纹等），会引起岩石材料的弹性非线性和滞后行为，这种非线性行为指岩石的应力-应变关系表现为曲线，并且具有一定的时间依赖性，在周期应力的作用下，应力-应变关系会出现滞后回归线。学者已经通过实验观测到了岩石的非线性特征（席道瑛、陈运平、陶月赞等，2006），并发现在较大的应变状态下，岩石的非线性特征较为明显（Mcall K R 和 Guyer R A，1994）。岩石材料出现这种非线性特性的原因是岩石晶粒间存在的裂隙、裂纹等细观结构和岩石材料的不均匀性引起的。这种细观结构的典型尺寸在 $1\mu m$ 左右，具有特殊的弹性特征，这些细观结构控制了岩石对外力作用和内力作用的响应。学者将这类岩石的宏观弹性性质和细观滞回弹性单元结合起来，导出岩石材料的动态力学特性，并和 P 波的传播联系在一起。钱祖文（1992）利用逐步近似解法得到非线性波动方程的位移波近似解析解。实际上，在岩体中传播的 P 波受到岩石和节理的双重作用，并且两者间互相影响，如果只是片面地考虑任何一方面都不能得到与事实相符的结果。目前，P 波受岩石非线性和节理非线性双重作用下的传播特性的研究只是起步阶段。Fant 和 Ren（2011）对应力波传过黏弹性岩石中的节理时的传播特性进行了试验和理论研究，提出了一些新结论。

4.1 基于非线性波动方程及其近似位移波解的计算理论

4.1.1 理论分析

通过特征线法将弹性非线性岩石和非线性节理模型相结合，对非线性波在非线性单节理处的传播规律进行研究。非线性波传过单条非线性节理计算示意图如图 4-1 所示。钱祖文（1992）假设应力波在各向同性的理想介质（不存在机械的耗散过程）中传播时无能量耗散，基于 Lagrange 密度函数得到非线性 P 波方程：

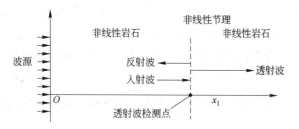

图 4 - 1　P 波在岩石节理传播示意图

$$\frac{1}{\alpha_P^2} \frac{\partial^2 u}{\partial t^2} - \frac{\partial^2 u}{\partial x^2} = \beta \frac{\partial u}{\partial x} \frac{\partial^2 u}{\partial x^2} \qquad (4-1)$$

式中，α_P 为弹性波波速；β 为非线性系数，$\beta = 3 + 2(\delta_1 + 2\delta_2)/(\zeta + 2\theta)$；$\zeta$，$\theta$ 为拉梅常数；δ_1，δ_2 为三阶 Murnaghan 弹性常数。假设波源方程为 $u^{(0)} = A_0 \sin(kx - \omega t)$，$A_0$ 为振幅，$k = \omega/\alpha_P$，ω 为角频率，利用逐步近似法和变动参数法对式（4-1）进行求解，可得到近似解为：

$$u(x,t) = A_0 \sin(kx - \omega t) - \frac{1}{8}\beta k^2 A_0^2 x \cos 2(kx - \omega t) \qquad (4-2)$$

通过式（4-1）可得非线性波在传播过程中的波形图，图 4 - 2 为 $A_0 = 0.5\text{mm}$ 的非线性波在 β 不同的岩石中传播时的波形图。可以看出，在 $\beta < 0$ 的岩石中传播时，非线性波正位移振幅随传播距离的增大而减小，负位移振幅随传播距离的增大而增大，$|\beta|$ 越大时畸变越明显，该畸变增大至一定程度时会使 P 波中出现应变的突变点，学者认为此时的 P 波中出现了冲击波，钱祖文（1992）对比式（4-1）和流体中的波动方程，得到各向同性固体中的冲击波形成距离：

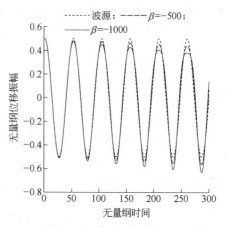

图 4 - 2　非线性波近似解

$$x_p = -2\alpha_P^2/\beta\omega v_0 \qquad (4-3)$$

式中，v_0 为波源质点速度幅值。可看出 x_p 与 α_P^2 成正比，与 β，ω，v_0 成反比。

本章中，岩体中的非线性节理采用学者较为广泛使用的 BB 模型表示，其应力-应变关系为：

$$d_n = \frac{\sigma_n}{K_{ni} + (\sigma_n/d_{ma})} \qquad (4-4)$$

学者们普遍认为非线性节理对应力波透射的影响主要有：（1）振幅衰减，

透射波振幅小于入射波振幅，透射系数与节理和入射波有关；（2）信号延迟，透射波在入射波达到峰值后才达到峰值；（3）产生高谐波，透射波中会产生频率是入射波频率的奇数倍的高谐波，频率越高的高谐波的振幅越小。

将式（4－2）分别对 x，t 求偏导：

$$\partial u/\partial x = \varepsilon = A_0 k \sin(kx - \omega t) - \frac{1}{8}\beta k^2 A_0^2 \left[\cos 2(kx - \omega t) - 2kx\sin 2(kx - \omega t) \right]$$

$$(4-5)$$

$$\partial u/\partial t = v = -A_0 \omega k \sin(kx - \omega t) - \frac{1}{4}\beta \omega k^2 A_0^2 x \sin 2(kx - \omega t) \qquad (4-6)$$

式中，ε 为应变；v 为质点速度。

联立式（4－5）和式（4－6）得：

$$kv + \omega\varepsilon = -\frac{1}{8}\beta \omega k^2 A_0^2 \cos 2(kx - \omega t) \qquad (4-7)$$

代入 $k = \omega/\alpha_P$，得到非线性波动方程中 ε 和 v 之间的关系：

$$\varepsilon = -\frac{1}{8}\beta k^2 A_0^2 \cos 2(kx - \omega t) - v/\alpha_P \qquad (4-8)$$

参考 Zhao J、Cai J G（2001）将特征线法引入 P 波传过节理时传播规律的研究成果，节理处位移不连续，但节理前后应力是连续的，所以特征线法适用。设 φ 为 v，ε 的函数，在特征线上：

$$\mathrm{d}(v - \varphi\varepsilon) = \frac{\partial^2 u}{\partial t^2}\mathrm{d}t - \varphi \frac{\partial^2 u}{\partial x^2}\mathrm{d}x + (\mathrm{d}x - \varphi\mathrm{d}t)\frac{\partial^2 u}{\partial x\partial t} - \left(\frac{\partial\varphi}{\partial t}\mathrm{d}t + \frac{\partial\varphi}{\partial x}\mathrm{d}x\right)\varepsilon = 0 \quad (4-9)$$

与式（4－1）比较各微分项系数，得

$$\mathrm{d}x/\mathrm{d}t = \varphi = \pm\alpha_P \sqrt{1 + \beta\varepsilon} \qquad (4-10)$$

代入式（4－9）得到特征线上相容关系：

$$v \pm \alpha_P\varepsilon \sqrt{1 + \beta\varepsilon} = 常数 \qquad (4-11)$$

设正弦波源位于坐标原点，在 $x = x_1$ 处有一单节理。在节理后波场中左行特征线上：

$$v^+(x_1, t) - \alpha_P\varepsilon(x_1, t) \sqrt{1 + \beta\varepsilon(x_1, t)} = v^+(x, 0) - \alpha_P\varepsilon(x, 0)\sqrt{1 + \beta\varepsilon(x, 0)} = 0$$

$$(4-12)$$

上标"＋"和"－"分别表示参数属于节理前、后应力波场。在节理前波场中右行特征线上：

$$v^-(x_1, t) + \alpha_P\varepsilon(x_1, t) \sqrt{1 + \beta\varepsilon(x_1, t)} = p(t - x_1/\alpha_P) +$$

$$\alpha_P\varepsilon(t - x_1/\alpha_P) \sqrt{1 + \beta\varepsilon(0, t - x_1/\alpha_P)} \qquad (4-13)$$

在节理前波场中左行特征线上：

$$p(t - x_1/\alpha_P) - \alpha_P\varepsilon(x_1, t - x_1/\alpha_P) \sqrt{1 + \beta\varepsilon(x_1, t - x_1/\alpha_P)} = 0 \quad (4-14)$$

将式（4-14）和式（4-12）代入式（4-13）可得

$$v^+(x_1,t) + v^-(x_1,t) = 2p(t - x_1/\alpha_P) \tag{4-15}$$

式（4-15）为节理前、后质点速度关系，与弹性波传过节理时节理前、后质点速度关系一致（Zhao J 和 Cai J G，2001）。对 t 积分得

$$u^+(x_1,t) + u^-(x_1,t) = 2u(t - x_1/\alpha_P) \tag{4-16}$$

将式（4-4）用位移不连续边界条件表示为：

$$u^-(x_1,t) - u^+(x_1,t) = d_{max}/(K_{ni}d_{max}/\sigma_n + 1) \tag{4-17}$$

联立式（4-16）和式（4-17）得

$$2u(t - x_1/\alpha_P) - 2u^+(x_1,t) = d_{max}/(K_{ni}d_{max}/\sigma_n + 1) \tag{4-18}$$

本章中设岩石密度在传播 P 波的过程中密度不变。这时，波阻抗 $z = \rho\alpha_P$，并且有 $\zeta + 2\theta = \rho\alpha_P^2$，可得

$$z\alpha_P\varepsilon = \rho\alpha_P^2\varepsilon = -\sigma \tag{4-19}$$

式中，σ 为质点应力，定义压为正，拉为负。将式（4-8）代入式（4-19）得

$$\sigma = z\alpha_P\beta k^2 A_0^2 \cos 2(kx - \omega t)/8 + zv \tag{4-20}$$

代入式（4-18），有：

$$2u(t - x_1/\alpha_P) - 2u^+(x_1,t) = \frac{d_{max}}{K_{ni}d_{max}/[z\alpha_P\beta k^2 A_0^2 \cos 2(kx_1 - \omega t)/8 + zv] + 1} \tag{4-21}$$

经化简得

$$v = \frac{\partial u^+(x_1,t)}{\partial t} = \frac{K_{ni}d_{max}/z}{d_{max}/[2u(t - x_1/\alpha_P) - 2u^+(x_1,t)] - 1} - \frac{\alpha_P\beta}{8}k^2 A_0^2 \cos 2(kx_1 - \omega t) \tag{4-22}$$

将 P 波周期 T_e 分为 r 个等长时间段，每段标识为 T_i（$i = 1, 2, 3, \cdots, r$），每个时段时长 Δt（$\Delta t = T_e/r$）。式（4-22）左边微分用差分近似表示为：

$$\partial u^+(x_1,t_i)/\partial t = [u^+(x_1,t_{i+1}) - u^+(x_1,t_i)]/\Delta t = r[u^+(x_1,t_{i+1}) - u^+(x_1,t_i)]/T_e \tag{4-23}$$

代入式（4-22）得

$$u^+(x_1,t_{i+1}) = \frac{T_e}{r}\left\{\frac{K_{ni}d_{max}/z}{d_{max}/[2u(x_1,t_i) - 2u^+(x_1,t_i)] - 1} - \frac{\alpha_P\beta}{8}k^2 A_0^2 \cos 2(kx - \omega t)\right\} + u^+(x_1,t_i) \tag{4-24}$$

透射波检测点位置在 $x = x_1$ 处，同时可以消除岩石对透射波的影响。节理后的半空间初始时未受干扰，故边界条件 $u^+(x_1,0) = 0$。适当选择计算参数，通过迭代可以计算出透射波的数值解。透射系数 T 由透射波振幅与波源振幅的比值表示：

$$T = u_{tra}(x_1,t)|_{max}/u_{inc}(x_1,t)|_{max} \tag{4-25}$$

4.1.2 计算结果与分析

因为 BB 模型无法正确描述拉应力的传递，所以传过节理之后透射波只有波形的正位移部分，为了便于进行波源和透射波波形的比较，波源波形只做出正位移部分。BB 模型参数 d_{ma} 与 K_{ni} 的组合（Zhao J 和 Cai J G，2001）见表4-1。岩石密度 $\rho = 4.15 \times 10^3 \text{kg/m}^3$，波速 $\alpha_P = 2600 \text{m/s}$，波阻抗 $z = \rho \alpha_P = 1.08 \times 10^7$ kg/（$\text{m}^2 \cdot \text{s}$），$\beta = -1000$，波源参数取自相关文献。经过试计算，时间步长 $\Delta t = T_e/1200 \text{s}$ 时，满足计算要求。

表4-1 节理 d_{ma} 和 K_{ni} 的组合

节理类型	节理允许闭合量 d_{ma}/mm	节理初始切线刚度 $K_{ni}/\text{GPa} \cdot \text{m}$
节理 I	0.57	2.00
节理 II	0.50	3.80
节理 III	0.40	5.50

波源 $A_0 = 5.0 \times 10^{-4} \text{m}$，$f = 50 \text{Hz}$ 时，非线性波传过 $x_1 = 50 \text{m}$ 的节理后，透射波波形如图4-3（a）所示。可以看出，k_{ni} 越小，d_{ma} 越大，透射波振幅衰减越大，透射波持续时间越大。T^I，T^{II}，T^{III}（上角标为节理类型，下同）分别为 0.8559，0.9086，0.9287。当 $x_1 = 100 \text{m}$ 时，透射波形如图4-3（b）所示，T^I，T^{II}，T^{III} 分别为 0.8210，0.8701，0.8873。在 $x_1 = 50 \text{m}$ 和 $x_1 = 100 \text{m}$ 两种情况下，透射波形相似，但 $x_1 = 100 \text{m}$ 时的 T 较小，说明在 $\beta = -1000$ 的岩石中的 P 波的 T 随 x_1 的增大而减小，而弹性波传过非线性节理时的 T 不随节理位置 x_1 的

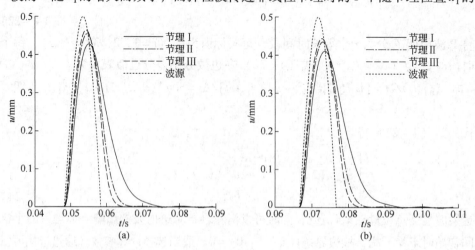

图4-3 非线性波传过不同节理后透射波波形（$A_0 = 5.0 \times 10^{-4} \text{m}$，$f = 50 \text{Hz}$）

（a）$x_1 = 50 \text{m}$；（b）$x_1 = 100 \text{m}$

改变而发生变化（Zhao J 等，2001；俞缙等，2009）。这是因为在 $\beta = -1000$ 的岩石中，P 波波形随传播距离的增大而发生畸变，该畸变会减小 P 波传过节理时的 T，x_1 越大时，畸变的程度越大，所以在同一波源下，x_1 越大，T 越小。

通过计算 $A_0 = 5.0 \times 10^{-4}$ m，$f = 100$Hz 的非线性波（以下用 $f = 100$Hz 的非线性波表示）传过 $x_1 = 50$m，100m 的不同节理的透射波，并与 $A_0 = 5.0 \times 10^{-4}$ m，$f = 50$Hz 的非线性波在相同情况下的透射波进行比较，探讨非线性波频率对透射规律的影响。$f = 100$Hz 的非线性波传过 $x_1 = 50$m，100m 的不同节理后透射波形如图 4-4 所示。$x_1 = 50$m 时，T^{I}，T^{II}，T^{III} 分别为 0.6848，0.7516，0.7791；$x_1 = 100$m 时，T^{I}，T^{II}，T^{III} 分别为 0.6186，0.6633，0.6768。分别与图 4-3 的 T 比较可知，相同节理情况下 $f = 100$Hz 的 T 小于 $f = 50$Hz 的 T，这是由于高频率波受到岩石影响更大，从而导致波形发生更大的畸变引起的。在图 4-4（b）中，透射波波形波峰附近出现"下凹"现象，而弹性波传过非线性节理后的透射波中没有此现象（Zhao J 等，2001；俞缙等，2009），这主要是由于非线性波在岩石中传播时非线性波中产生了二阶高谐波而引起的，而弹性波在传播过程中波形不变。由于计算中采用了相同的节理参数，图 4-4（b）和 4-3（a）相比可说明 x_1 越大，透射波波形畸变越大；图 4-4（b）与图 4-3（b）相比可说明 f 越大，透射波形畸变越大。说明 f 和 x_1 越大，非线性波受岩石和节理的影响越大，波形的畸变越明显。

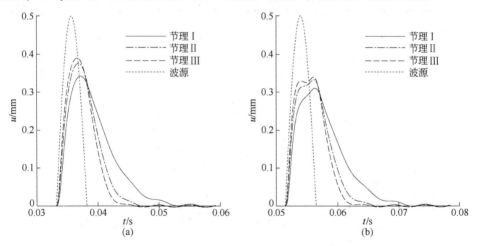

图 4-4 非线性波传过不同节理后透射波波形（$A_0 = 5.0 \times 10^{-4}$ m，$f = 100$Hz）

(a) $x_1 = 50$m；(b) $x_1 = 100$m

为研究 A_0 对非线性波传播特性的影响，对 $A_0 = 1.27 \times 10^{-3}$ m，$f = 50$Hz 的非线性波传过 $x_1 = 50$m，100m 的节理后的透射波进行分析，如图 4-5 所示。$x_1 = 50$m 时，T^{I}，T^{II}，T^{III} 分别为 0.7757，0.8006，0.8104；$x_1 = 100$m 时，T^{I}，T^{II}，T^{III} 分别为 0.6609，0.6848，0.6949。与频率相同而振幅 $A_0 = 5 \times 10^{-4}$ m 的非线性波传过相

同节理时的 T 比较，发现 $A_0 = 1.27 \times 10^{-3}$m 时的 T 反而小于 $A_0 = 5 \times 10^{-4}$m 时的 T，这与线性岩石中 P 波的 T 随波源振幅 A_0 的增大而增大的特性相反。说明非线性波的 T 不仅与 A_0 有关而且与 x_1 有较大关系。由式（4-3）得知，A_0 越大，冲击波形成距离 x_p 越小，说明振幅越大的非线性波波形畸变得越快，传播至 x_1 处时的畸变越大，产生的 T 较小。图4-5（b）和图4-4（b）一样在透射波波峰附近也出现了"下凹"现象，这说明该现象不仅可由 f 的增大引起，还可以由 A_0 的增大引起，而且和节理参数的关系较小，由此可知该现象主要是由于岩石对 P 波作用增大至一定程度才会出现，而 A_0 和 f 是引起岩石作用增大的原因，而弹性波传过非线性节理时，岩石只是传递 P 波，而不改变 P 波，所以弹性波的传播不受岩石的影响。

为便于比较，把不同波源传过不同节理后的 T 汇总至表4-2。

表4-2　不同波源传过不同节理后的透射系数

P波类型		节理位置	节理参数组合		
振幅/m	频率/Hz		I	II	III
5.00×10^{-4}	50	50	0.8559	0.9086	0.9287
		100	0.8210	0.8701	0.8873
5.00×10^{-4}	100	50	0.6848	0.7516	0.7791
		100	0.6186	0.6633	0.6768
1.27×10^{-3}	50	50	0.6609	0.6848	0.6949
		100	0.7757	0.8006	0.8104

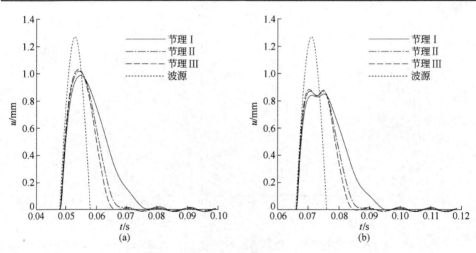

图4-5　非线性波传过不同节理后透射波波形（$A_0 = 1.27 \times 10^{-3}$m，$f = 50$Hz）

(a) $x_1 = 50$m；(b) $x_1 = 100$m

为了进一步探讨 x_1 对 T 的影响，分别研究 $A_0 = 3.18 \times 10^{-4}$m，$5 \times 10^{-4}$m，$2.17 \times 10^{-3}$m，$f = 50$Hz 的非线性波传过 $x_1 = 0$m，10m，20m，…，100m 的节理 I 和节理 II 后，T 随 x_1 的变化规律，如图4-6所示。综合图4-6可知：T 随 x_1

的增大以近似线性的趋势减小；β 越小，T 的下降趋势越明显；并且节理不同时，$T^{\mathrm{I}} > T^{\mathrm{II}}$；$A_0$ 越大，T^{I} 和 T^{II} 的差距越小。图 4-6（b）与图 4-6（a）相比，节理和 β 相同而 x_1 较小时，图 4-5（b）中的 T 大于图 4-6（a）中的 T，但在 $x_1 \geq 90\mathrm{m}$ 后，图 4-6（b）中的 T 小于图 4-6（a）中的 T；图 4-6（c）与图 4-6（b）相比，x_1 较小时，图 4-5（c）中的 T 大于图 4-6（b）中的 T，但在 $x_1 \geq 40\mathrm{m}$ 后，图 4-6（c）中的 T 小于图 4-6（b）中的 T。说明在 x_1 较小时，非线性波 A_0 越大，T 越大，但 A_0 越大的非线性波的 T 随 x_1 增大而下降的趋

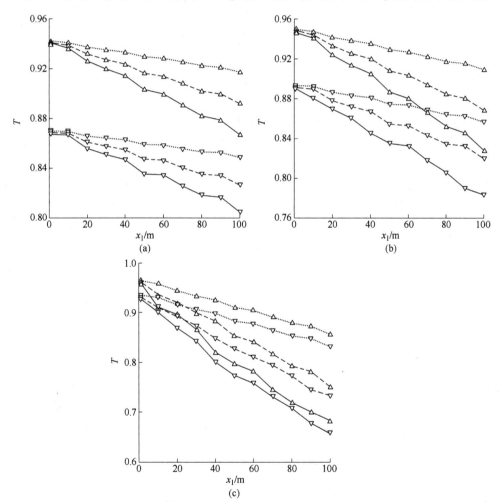

图 4-6 不同节理和 β 时 T 随 x_1 变化曲线

（a）$A_0 = 3.18 \times 10^{-4}\mathrm{m}$；（b）$A_0 = 5 \times 10^{-4}\mathrm{m}$；（c）$A_0 = 1.27 \times 10^{-3}\mathrm{m}$

△……△ 节理II，$\beta = -500$ △- -△ 节理II，$\beta = -1000$ △—△ 节理II，$\beta = -1500$
▽……▽ 节理I，$\beta = -500$ ▽- -▽ 节理I，$\beta = -1000$ ▽—▽ 节理I，$\beta = -1500$

势越明显，当 x_1 增大到一定值 x_n 后，A_0 较大的非线性波的 T 将小于 A_0 较小的非线性波的 T，x_n 与 β 和波源参数有关。

非线性波在传播过程中会产生二阶高谐波（钱祖文，1992），用高谐波频率和波源频率的比值表示高谐波阶数。弹性波传过非线性节理后，会产生频率为波源频率的奇数倍 $f = (2n-1) \times 50\text{Hz}(n=2,3,\cdots)$ 的高谐波（Zhao J 等，2001）。为了分析非线性波传过非线性节理后透射波的频率组成，对非线性波传过节理后的透射波进行傅立叶变换。图 4-7（a）所示为 $A_0 = 5.00 \times 10^{-4}\text{m}$，$f = 50\text{Hz}$ 的非线性波传过 $x_1 = 100\text{m}$ 的节理 II 后透射波频谱。透射波中除了非线性波自身产生的二阶高谐波外，还产生了高于二阶的高谐波，且二阶高谐波振幅最大，频率越高的高谐波的幅值越小，直到可以忽略。由于非线性波本身不会产生高于二阶的高谐波，所以高于二阶的高谐波是 P 波在岩石中传过节理时产生的。图 4-7（b）所示为 $A_0 = 1.27 \times 10^{-3}\text{m}$，$f = 50\text{Hz}$ 的非线性波传过 $x_1 = 100\text{m}$ 的节理 II 后透射波频谱。与图 4-7（a）相比，图 4-7（b）中的高谐波的幅值较大，说明 A_0 越大的非线性波可产生振幅更大的高谐波。当节理的 K_{ni} 越小，透射波中基频和二阶高谐波的振幅越小，而高于二阶的高谐波的振幅受 K_{ni} 变化的影响较小。这是因为节理对基频波和二阶高谐波只表现出滤波作用，没有高谐波作用（节理不产生二阶高谐波），而对于高于二阶的高谐波，节理的滤波作用和高谐波作用并存。K_{ni} 减小时，增大了节理的滤波作用，同时改变了节理的非线性作用，使得基频波和二阶高谐波振幅在滤波作用下减小，但高谐波的振幅受到节理的滤波作用和高谐波作用的综合影响，受 K_{ni} 变化影响较小，所以高于二阶的高谐波的振幅随 K_{ni} 的变化较小。

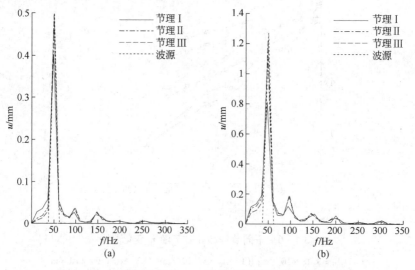

图 4-7 非线性波传过 $x_1 = 100\text{m}$ 不同节理后透射波频谱

(a) $A_0 = 5 \times 10^{-4}\text{m}$，$f = 50\text{Hz}$；(b) $A_0 = 1.27 \times 10^{-3}\text{m}$，$f = 50\text{Hz}$

4.2 基于岩石本构模型及有限差分法的计算理论

4.2.1 非线性岩石模型

Hokstad（2004）提出一种新的岩石应力 – 应变关系：

$$\sigma = E(\varepsilon + \beta_1 \varepsilon^2 + \beta_2 \varepsilon^3 + \alpha \varepsilon_{xx}) \tag{4-26}$$

式中，E 为线弹性常数；β_1 为与三阶弹性常数有关的无量纲系数，$\beta_1 = 3 + (\delta_1 + \delta_2)/(\zeta + 2\theta)$；$\beta_2$ 为与三、四阶弹性常数有关的无量纲系数；α 为频散系数；ε 为应变，即 $\varepsilon = u_x$；ε_{xx} 处下角标表示 ε 对 x 的二阶偏导数。图 4 – 8 为 Hokstad 绘制的归一化应力 – 应变关系。岩石线性应力 – 应变关系为沿对角线变化的直线，该弹性非线性应力 – 应变关系中不仅包含了非线性效应，也包含了频散效应，但它不能用来表述岩石的能量耗散效应。

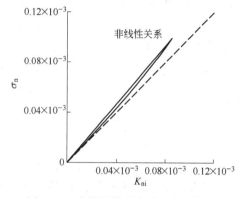

图 4 – 8 非线性岩石应力 – 应变关系

为了建立岩石弹性非线性应力 – 应变关系和波动理论间的关系，将一维固体中运动方程 $\rho u_{tt} = \sigma_x$（王礼力，1985）代入式（4 – 26），假设岩石的密度 ρ 在岩石变形前后保持不变，得到：

$$u_{tt} - \alpha_P^2 [\varepsilon_x + \beta_1 (\varepsilon^2)_x + \beta_2 (\varepsilon^3)_x + \alpha \varepsilon_{xxx}] = 0 \tag{4-27}$$

式中，α_P 为线性岩石中 P 波波速。将式（4 – 27）两边对 x 求偏导：

$$\varepsilon_{tt} - \alpha_P^2 \varepsilon_{xx} - \alpha_P^2 \beta_1 (\varepsilon^2)_{xx} - \alpha_P^2 \beta_2 (\varepsilon^3)_{xx} - \alpha_P^2 \alpha \varepsilon_{xxxx} = 0 \tag{4-28}$$

由于该非线性波动方程较为复杂，将其和节理本构关系结合起来的难度较大，所以在本节中，令 $\alpha = 0$，$\beta_2 = 0$，用于去掉岩石对 P 波的频散效应和四阶非线性效应，简化研究目标。此时，式（4 – 28）变化为 Cheng N（1996）研究的方程：

$$u_{tt} - \alpha_P^2 u_{xx} = \alpha_P^2 \beta_1 (\varepsilon^2)_x \tag{4-29}$$

若再令 $\beta_1 = 0$，式（4 – 29）变为固体岩石中的线性波动方程 $u_{tt} = \alpha_P^2 u_{xx}$，因此我们看出线性波动方程是非线性波动方程式（4 – 29）忽略了非线性项和频散项的特例。

4.2.2 理论分析

一维 P 波在满足弹性非线性应力 – 应变关系的岩石中传播时，会以满足式（4 – 29）的非线性波的形式传播。那仁满都拉（2005）基于特征方程对该非线性波进行研究，得到关于应变的简单波解。本节利用该波动方程的特征线方程，结合非线性节理模型，得到节理前后质点位移的关系，进而得到透射波的半数值解。

在式（4-29）的 $x-t$ 平面的特征线上满足 $\mathrm{d}(v-\varphi\varepsilon)=0$。其中，$v=u_t$，$\varepsilon=u_x$，$\varphi=\mathrm{d}x/\mathrm{d}t$，$\varphi$ 为 v，ε 的函数，对 $v-\varphi\varepsilon$ 求全微分可得

$$\mathrm{d}(v-\varphi\varepsilon)=\frac{\partial^2 u}{\partial t^2}\mathrm{d}t-\varphi\frac{\partial^2 u}{\partial x^2}\mathrm{d}x+(\mathrm{d}x-\varphi\mathrm{d}t)\frac{\partial^2 u}{\partial x\partial t}-\left(\frac{\partial\varphi}{\partial t}\mathrm{d}t+\frac{\partial\varphi}{\partial x}\mathrm{d}x\right)\frac{\partial u}{\partial x}=0$$

$$(4-30)$$

比较式（4-30）和式（4-29）各项的系数得到：

$$\mathrm{d}x/\mathrm{d}t=\varphi=\pm\alpha_{\mathrm{P}}\sqrt{1+2\beta_1\varepsilon} \qquad (4-31)$$

代入到式（4-30）可得

$$\mathrm{d}\left(\frac{\partial u}{\partial t}\pm\alpha_{\mathrm{P}}\frac{\partial u}{\partial x}\sqrt{1+2\beta_1\varepsilon}\right)=0 \qquad (4-32)$$

进而得到：

$$\frac{\partial u}{\partial t}\pm\alpha_{\mathrm{P}}\frac{\partial u}{\partial x}\sqrt{1+2\beta_1\varepsilon}=常数$$

$$(4-33)$$

式（4-33）为式（4-29）在特征线上的相容关系。

在 $x-t$ 平面上非线性波动方程在节理处的特征线示意图如图4-9所示。设波源在坐标原点，节理位于 $x=x_1$ 处。

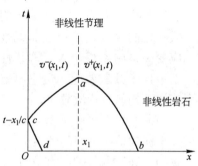

图4-9　$x-t$ 平面上特征线示意图

在左行特征线 ab 上有：

$$v^+(x_1,t)+\alpha_{\mathrm{P}}\varepsilon(x_1,t)\sqrt{1+2\beta_1\varepsilon(x_1,t)}$$
$$=v^+(x,0)+\alpha_{\mathrm{P}}\varepsilon(x,0)\sqrt{1+2\beta_1\varepsilon(x,0)}=0 \qquad (4-34)$$

式中，上标"＋"和"－"表示参数在节理的后、前波场。

在右行特征线 ac 上有：

$$v^-(x_1,t)-\alpha_{\mathrm{P}}\varepsilon(x_1,t)\sqrt{1+2\beta_1\varepsilon(x_1,t)}$$
$$=p(t-x_1/\alpha_{\mathrm{P}})-\alpha_{\mathrm{P}}\varepsilon(t-x_1/\alpha_{\mathrm{P}})\sqrt{1+2\beta_1\varepsilon(0,t-x_1/\alpha_{\mathrm{P}})} \qquad (4-35)$$

式中，$p(t-x_1/\alpha_{\mathrm{P}})$ 表示在 t 时刻节理前质点的振动速度，用有限差分的方法计算得到。

在左行特征线 cd 上有：

$$p(t-x_1/\alpha_{\mathrm{P}})+\alpha_{\mathrm{P}}\varepsilon(x_1,t-x_1/\alpha_{\mathrm{P}})\sqrt{1+2\beta_1\varepsilon(x_1,t-x_1/\alpha_{\mathrm{P}})}=0 \qquad (4-36)$$

由式（4-35）和式（4-36）可得

$$v^-(x_1,t)-\alpha_{\mathrm{P}}\varepsilon(x_1,t)\sqrt{1+2\beta_1\varepsilon(x_1,t)}=2p(t-x_1/\alpha_{\mathrm{P}}) \qquad (4-37)$$

代入式（4-34），得到节理前、后质点振动速度的关系式：

$$v^-(x_1,t) + v^+(x_1,t) = 2p(t - x_1/\alpha_P) \qquad (4-38)$$

将式（4-38）两边对 t 积分可得：

$$u^+(x_1,t) + u^-(x_1,t) = 2u(t - x_1/\alpha_P) \qquad (4-39)$$

因为非线性波动方程式（4-29）本身较为复杂，很难得到位移解析解，因此我们想到采用数值解法对偏微分方程进行求解，数值解法是进行复杂方程求解的一个方便有效的手段，广泛应用于理论研究中（Zheng H S, Zhang Z J, Yang B J, 2003; Hokstad K, 2004）。本节采用有限差分法对式（4-29）进行数值求解。计算中，时间 t 采用二阶精度离散，空间 x 采取四阶精度离散，各变量关系示意图如图 4-10 所示，可得

$$\frac{u_{k,n+1} - 2u_{k,n} + u_{k,n-1}}{\tau^2}$$

$$= \frac{u_{k+1,n} - 2u_{k,n} + u_{k-1,n}}{h^2} \cdot$$

$$\alpha_P^2 \left(1 + 2\beta_1 \frac{u_{k+2,n} - 8u_{k+1,n} + 8u_{k-1,n} - u_{k-2,n}}{12h} \right) \qquad (4-40)$$

式中，$\tau = \Delta t$；$h = \Delta x$；$u_{k,n} = u(kh, n\tau)$。化简后得到 u 的显示差分式：

$$u_{k,n+1} = (\alpha_P t/h)^2 \left(1 + 2\beta_1 \frac{u_{k+2,n} - 8u_{k+1,n} + 8u_{k-1,n} - u_{k-2,n}}{12h} \right) \cdot$$

$$(u_{k+1,n} - 2u_{k,n} + u_{k-1,n}) + 2u_{k,n} - u_{k,n-1} \qquad (4-41)$$

通过赋予边界条件，可得到非线性 P 波在传播过程中的位移波数值解。差分计算中的各参数取值对计算的可行性和精度会有很大的影响，为保证计算参数和边界条件的对应，使差分的各参数和边界条件的取值相关联，取 $h = \tau/(2 \times 10^{-4})$，$\tau = T_e/500$，由传播因子法可知，此时的网格比 $s = \tau/h = 2 \times 10^{-4} < 1$，因此显式格式式（4-41）是稳定的。计算中我们采用三阶外推来近似计算所需的域外点的值：

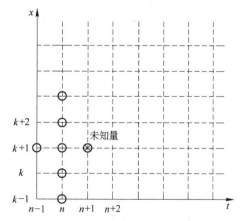

图 4-10 非线性波动方程显示差分计算示意图

$u_{k,n} = u_{k\pm1,n} + u_{k\pm2,n} + u_{k\pm3,n} + u_{k\pm4,n}$。用 MATLAB 编写计算程序后，经过试算后得知该参数取值可以满足计算精度的要求，且有较快的计算速度。

将 BB 模型式（4-4）用节理前、后的位移关系表示：

$$u^-(x_1,t) - u^+(x_1,t) = \frac{d_{\max}}{K_{ni}d_{\max}/\sigma_x(x_1,t) + 1} \tag{4-42}$$

式中，$u^-(x,t)$，$u^+(x,t)$为节理前、后质点位移。联立式（4-42）和式（4-39）得

$$\sigma_x(x_1,t) = \frac{K_{ni}d_{\max}}{\dfrac{d_{\max}}{2u(x_1,t) - 2u^+(x_1,t)} - 1} \tag{4-43}$$

P 波在传播过程时有 $z = \rho\alpha_P$，$\alpha_P^2 = E/\rho$。$\beta_2 = 0$，$\alpha = 0$ 时的非线性岩石应力-应变关系为：

$$u_{tt} - \alpha_P^2 [\varepsilon_x + \beta_1(\varepsilon^2)_x] = 0 \tag{4-44}$$

联立可得

$$\sigma = -z\alpha_P(\varepsilon + \beta_1\varepsilon^2) \tag{4-45}$$

进而可得

$$\varepsilon = [-1 + \sqrt{1 - 4\beta_1\sigma_x/(z\alpha_P)}]/2\beta_1 \tag{4-46}$$

将式（4-46）代入式（4-34），并代入 $v^+(x_1,t) = \partial u^+(x_1,t)/\partial t$，得

$$\frac{\partial u^+(x_1,t)}{\partial t} = -\alpha_P \sqrt[4]{1 - 4\beta_1\sigma_x(x_1,t)/(z\alpha_P)} \cdot$$
$$[-1 + \sqrt{1 - 4\beta_1\sigma_x(x_1,t)/(z\alpha_P)}]/2\beta_1 \tag{4-47}$$

将波源的一个周期 T_e 分为 r 个等长时间段，每个时段时间增加 Δt（$\Delta t = T_e/r$），第 i 段用 $t_i(i=1,2,3,4,\cdots,r)$ 表示。将式（4-47）左边的微分式用差分表示为：

$$\partial u^+(x_1,t_i)/\partial t = u^+(x_1,t_{i+1}) - u^+(x_1,t_i)/\Delta t$$
$$= r[u^+(x_1,t_{i+1}) - u^+(x_1,t_i)]/T_e \tag{4-48}$$

将式（4-43）和式（4-48）代入式（4-47），可得

$$u^+(x_1,t_{i+1}) = u^+(x_1,t_i) - \frac{T_e\alpha_P}{r} \cdot \sqrt[4]{1 - \frac{4\beta_1 K_{ni}d_{\max}/(z\alpha_P)}{\dfrac{d_{\max}}{2u(x_1,t) - 2u^+(x_1,t)} - 1}} \cdot$$

$$\frac{-1 + \sqrt{1 - \dfrac{4\beta_1 K_{ni}d_{\max}/(z\alpha_P)}{d_{\max}/(2u(x_1,t) - 2u^+(x_1,t)) - 1}}}{2\beta_1} \tag{4-49}$$

因为节理后的空间初始时没有受到干扰，所以有初始边界条件 $u^+(x_1,0) = 0$。

透射系数 T 由透射波振幅与入射波振幅的比值表示：$T = u_{tra}(x_1,t)$ $|_{\max}/u_{inc}(x_1,t)|_{\max}$。在不考虑能量耗散的岩石中，传播的连续 P 波在岩石非线性的影响下，波形会随着传播距离的增大发生畸变，当传播距离达到一定值时，会使岩体中出现应变的突变点，学者称这时的 P 波形成了冲击波（钱祖文，1992；那仁满都拉，2005）。那仁满都拉（2005）基于 Hokstad 提出的岩石模型，

经简化后利用特征线法得到了正弦应变波解，并得到了应力波形成冲击波所需的传播距离 x_p 的计算式：

$$x_p = \alpha_P / (\varepsilon_0 \omega \beta_1) \qquad (4-50)$$

式中，ε_0 为应变波振幅。由式（4-50）可知，x_p 与 α_P 成正比，与波源应变幅值 ε_0，ω，β_1 成反比。

4.2.3 参数研究和结果分析

用半正弦 P 波作为波源，对岩石和节理进行一系列的参数研究，主要探讨节理岩体的双重非线性作用对 P 波传播特性的影响。主要对 β_1、P 波振幅 A、角频率 ω、节理参数 K_{ni} 和 d_{ma} 进行参数研究。计算中，材料参数取自文献[80]，岩石密度 $\rho = 2000 \text{kg/m}^3$，波速 $\alpha_P = 2600 \text{m/s}$，波阻抗 $z = \rho \alpha_P = 5.2 \times 10^6 \text{kg/(m}^2 \cdot \text{s})$，节理参数 K_{ni} 与 d_{ma} 的组合取自文献[190]，见表 4-3。本节对 4 种不同的波源进行研究，不同的半正弦 P 波波源参数见表 4-4。

表 4-3 节理类型

节理类型	节理最大允许闭合量 d_{ma}/mm	法向初始刚度 K_{ni}/GPa·m^{-1}
Ⅰ	0.57	2.00
Ⅱ	0.50	3.80
Ⅲ	0.40	5.50

表 4-4 P 波类型

P 波类型	位移幅值 u_0/m	频率 f/Hz
P 波 a	2.50×10^{-5}	2546.5
P 波 b	3.18×10^{-4}	50
P 波 c	5.00×10^{-4}	50
P 波 d	1.27×10^{-3}	50

4.2.4 线性岩石与非线性岩石中非线性节理的比较

假设 x_1 很小，可以忽略节理前的岩石对 P 波的影响，从而可直接分析岩石中的非线性节理对 P 波的作用。

因为节理有较强的高频滤波作用，高频率 P 波较难传过 K_{ni} 较小的节理，所以本节基于节理组合 Ⅲ 对高频率的 P 波 a 进行分析。在 β_1 不同的岩石中，P 波 a 在传过 x_1 趋向于 0 的节理 Ⅲ 后透射波形如图 4-11（a）所示。可看出，透射波振幅衰减明显，从波源振幅 0.025mm 衰减至接近 0.006mm；透射波持续时间增长，从波源持续时间 0.196ms 增加至 2ms 附近。随着 β_1 的改变，透射波振幅有小幅度的变化，β_1 分别取 1500，0 和 -1500 时，透射波振幅分别为 5.79μm，5.90μm 和 6.01μm，相对应的 T 的大小顺序为：$T^{(-1500)} > T^{(0)} > T^{(1500)}$（上角标表示 β_1）。说明高频率的小振幅波传过非线性节理后，P 波振幅衰减明显，持续时间增长，透射波波形比入射波波形更加"平坦"。这是因为 β_1 不同的岩石的应力 – 应变曲线不同，这对节理在动态外力作用下的应变响应必定会产生一定的影响，从而对节理的高频滤波作用产生影响，使高频率小振幅的 P 波传过节理时产生了不同的 T。在 β_1 不同的岩石中，P 波 d 传过 x_1 趋向于 0 的节理Ⅲ后的透射波形如图 4 – 11（b）所示。和 P 波 a 的透射波相比，P 波 d 的透射波的振幅不变，而是位移的恢复路径发生了改变。这是因为低频率大振幅 P 波受到节理的滤波作用不明显，所以振幅基本保持不变；而当节理受到较大的压应力作用时产生了较大闭合量，当闭合量发展到一定程度后，岩石应力 – 应变的非线性关系逐渐明显，而不同的 β_1 的岩石中的应力 – 应变路径不同，从而对透射波中位移恢复路径产生了影响。由于 P 波 a 的振幅小，所以受到应变路径的影响很小。

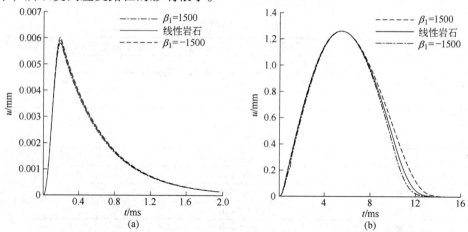

图 4 – 11　不同 P 波传过不同 β_1 的岩石中的非线性节理后的透射波波形

(a) P 波 a；(b) P 波 d

4.2.5　节理参数对 P 波透射特性的影响

为了得到各种波源发出的 P 波理论上产生冲击波的传播距离，将表 4 – 4 中的 4 种半正弦波源进行扩展，变为连续的正弦波波源，根据式（4 – 50）计算出在 $|\beta_1| = 1000$ 的岩石中，x_p 分别为 1.63m，338m，215m 和 85m。基于此计算结果，本章中所探讨的 P 波的传播规律皆是在冲击波形成之前。

P 波 a 在 $\beta_1 = 1000$ 和 $\beta_1 = -1000$ 的岩石中传播，分别传过 $x_1 = 1$m 处的节理Ⅰ，Ⅱ，Ⅲ后，透射波形如图 4 – 12 所示。从波形的角度上来看，透射波振幅严重衰减，$T_Ⅰ^{(-1000)}$，$T_Ⅱ^{(-1000)}$，$T_Ⅲ^{(-1000)}$，$T_Ⅰ^{(1000)}$，$T_Ⅱ^{(1000)}$，$T_Ⅲ^{(1000)}$（上标表示 β_1，下标表

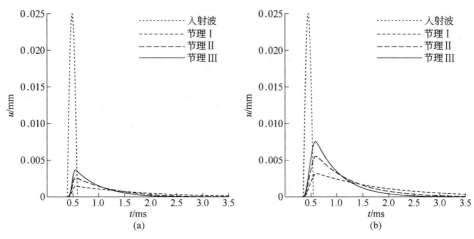

图 4 - 12 不同岩石中 P 波 a 传过 $x_1 = 1$m 的不同节理的透射波波形

(a) $\beta_1 = 1000$；(b) $\beta_1 = -1000$

示节理类型，下同）分别为 0.1261，0.2219，0.3021，0.0583，0.1053，0.1470，且透射波的持续时间增大。P 波 c 在 $\beta_1 = 1000$ 与 $\beta_1 = -1000$ 的岩石中传播，分别传过 $x_1 = 200$m 的节理 I，II，III 后，透射波形如图 4 - 13 所示。可以看出，在 $\beta_1 = 1000$ 的岩石中传过节理后，P 波变得"窄而陡"；在 $\beta_1 = -1000$ 的岩石中传过节理后，P 波变得"宽而缓"。P 波在 β_1 相等的岩石中传过 K_{ni} 越小的节理后，透射波的持续时间增长越大，反之亦然。图 4 - 13 中各个透射波透射系数 $T_I^{(-1000)}$，$T_{II}^{(-1000)}$，$T_{III}^{(-1000)}$，$T_I^{(1000)}$，$T_{II}^{(1000)}$，$T_{III}^{(1000)}$ 分别为 0.9770，0.9931，0.9964，0.6149，0.6716，0.7047。将 P 波 a 和 P 波 c 在 β_1 不同的岩石中传过相同节理时的

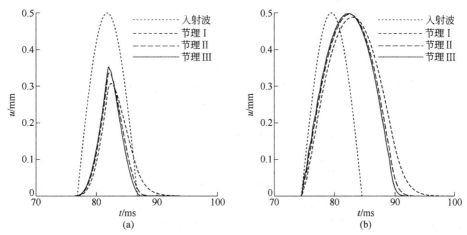

图 4 - 13 不同岩石中 P 波 c 传过 $x_1 = 200$m 的不同节理的透射波波形

(a) $\beta_1 = 1000$；(b) $\beta_1 = -1000$

T 比较，发现尽管波源的振幅大小不同，但是传过节理后皆有 $T^{(-1000)} > T^{(1000)}$，说明 $\beta_1 = -1000$ 的岩石更有利于 P 波的远距离传播。

　　为了分析 P 波振幅对 T 的影响，计算 P 波 b 分别在 $\beta_1 = 1000$ 和 $\beta_1 = -1000$ 的岩石中传过节理 I，II，III 后的透射波，如图 4-14 所示。对比图 4-13，从整体上看，P 波 b 与 P 波 c 的透射波形有相似的变化规律。P 波 b 入射时，$T_{\mathrm{I}}^{(-1000)}$，$T_{\mathrm{II}}^{(-1000)}$，$T_{\mathrm{III}}^{(-1000)}$，$T_{\mathrm{I}}^{(1000)}$，$T_{\mathrm{II}}^{(1000)}$，$T_{\mathrm{III}}^{(1000)}$ 分别为 0.9692，0.9901，0.9958，0.8572，0.9286，0.9565。比较 P 波 b 和 P 波 c 在节理和岩石参数相同的情况下的 T，发现在 $\beta_1 = 1000$ 的情况下，P 波 b 的 T 较大，即大振幅波的 T 较小，这恰恰与线性岩石中大振幅波传过节理时的 T 较大相反。出现这种现象的原因是 P 波在非线性岩石中传播 200m 的过程中，波形发生了较大的畸变，$\beta_1 = 1000$ 时，该畸变会减小 P 波的透射能力。由式（4-50）易知，P 波振幅越大，形成冲击波所需传播距离 x_p 越短，这说明振幅越大的 P 波，波形畸变速度越快，即 P 波 c 的畸变更快，传播 200m 时能产生更大的畸变，传过节理的透射能力大幅度减小，产生了比 P 波 b 更小的透射系数 T。

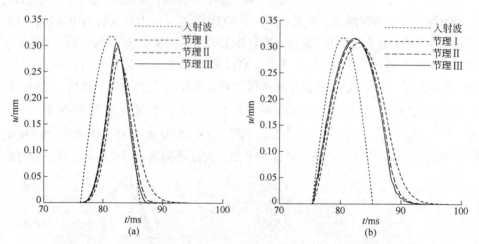

图 4-14　不同岩石中 P 波 b 传过 $x_1 = 200\mathrm{m}$ 的不同节理的透射波波形

(a) $\beta_1 = 1000$；(b) $\beta_1 = -1000$

　　P 波 d 在 $\beta_1 = 1000$ 和 $\beta_1 = -1000$ 的岩石中传过 $x_1 = 54.5\mathrm{m}$ 的节理 I，II，III 后，透射波形如图 4-15 所示。$T_{\mathrm{I}}^{(-1000)}$，$T_{\mathrm{II}}^{(-1000)}$，$T_{\mathrm{III}}^{(-1000)}$，$T_{\mathrm{I}}^{(1000)}$，$T_{\mathrm{II}}^{(1000)}$，$T_{\mathrm{III}}^{(1000)}$ 分别为 0.9793，0.9921，0.9958，0.8576，0.8901，0.9039。将其与 P 波 b 传过 $x_1 = 200\mathrm{m}$ 的节理 I，II，III 后的 T 相比较，在条件相同的情况下两者的差值分别为：0.0004，-0.0386，-0.0526 和 0.0101，0.002，0。说明 P 波 d 在岩石中传播了 54.5m 时透射系数，T 与 P 波 b 传播 200m 后传过节理时的 T 相近。图 4-15（a）中，透射波形在振幅附近发生轻微的扭曲，而图

4 – 15（b）中没有发生这种扭曲现象。这是因为大振幅波在 $\beta_1 = 1000$ 的岩石中传播时，波峰前后的质点速度（位移对时间的一阶导数）的变化幅度随传播距离的增加而增大，即质点速度从很大的正值很快地减小到 0 再反向增大。当 P 波传过节理后，节理后波场的质点在较大的压力下可以较快地达到位移极值，但由于节理处位移不连续，节理后波场的质点位移不能较快地恢复，在位移波峰附近会出现扭曲现象。这一现象不太明显，只有位移较大，位移突变达到一定程度后的 P 波传过节理时才出现。

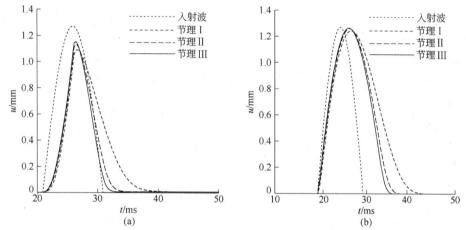

图 4 – 15　不同岩石中 P 波 d 传过 $x_1 = 54.5\text{m}$ 的不同节理的透射波形

（a）$\beta_1 = 1000$；（b）$\beta_1 = -1000$

为方便比较，将前面所述不同的参数下的透射系数 T 汇总于表 4 – 5，可以看出 T 随节理 K_{ni} 的减小，d_{ma} 的增大，整体有减小的趋势。这与 Fan 和 Ren（2011）的研究结论一致。

表 4 – 5　透射系数 T 汇总

P 波类型	节理位置	非线性系数	节理参数组合		
	x_1/m	β_1	I	II	III
P 波 a	1	1000	0.0583	0.1053	0.1470
		– 1000	0.1261	0.2219	0.3021
P 波 b	200	1000	0.8572	0.9286	0.9565
		– 1000	0.9692	0.9901	0.9958
P 波 c	200	1000	0.6149	0.6716	0.7047
		– 1000	0.9770	0.9931	0.9964
P 波 d	54.5	1000	0.8576	0.8901	0.9039
		– 1000	0.9793	0.9921	0.9958

4.2.6 节理位置对透射系数的影响

节理对高频率波（P波a）有很强的滤波作用，会掩盖岩石非线性作用的影响。为便于分析，采用大振幅P波b和P波c作为波源，将x_1从很小增大到200m时，T的变化曲线见图4-16（a）。$T_b^{(-1000)}$和$T_c^{(-1000)}$随x_1的增加而缓慢上升，且变化曲线趋于平行；$T_b^{(1000)}$和$T_c^{(1000)}$随x_1的增加而减小，两者相比，$T_c^{(1000)}$的减小趋势更为明显。$x_1 < 60m$时，$T_b^{(1000)} < T_c^{(1000)}$，$x_1 > 60m$后，$T_b^{(1000)} > T_c^{(1000)}$，说明P波$b$在岩石中的传播距离大于60m以后，P波$b$的$T$开始大于P波$c$的$T$。P波$b$和P波$c$传过节理II后，$T$随$x_1$的变化曲线见图4-16（b），与图4-16（a）相比，变化趋势相似，但T有所增大。说明节理参数K_{ni}和d_{ma}对T的影响与线性岩石中相同，即K_{ni}越大、d_{ma}越小，T越大，在非线性岩石中并不会受x_1的影响。

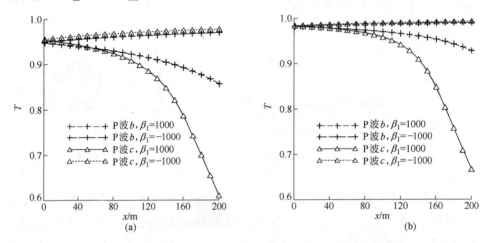

图4-16　P波和β_1不同组合下T随x_1变化曲线

（a）节理I；（b）节理II

4.2.7 岩石非线性系数对透射系数的影响

P波在$\beta_1 = -1000$，-900，$\cdots$，900，1000的岩石中传过x_1处的节理I时，T随β_1的变化规律如图4-17（a）所示。T随β_1的增大而减小，在传播距离较大时（$x_1 = 200m$）该趋势较为明显。$x_1 = 200m$的情况下，β_1较小时，$T_c > T_b$；随β_1增大至一定值（$\beta_1 > 360$）后，$T_c < T_b$。这说明x_1不变，β_1的变化也会使P波在岩石中传播时出现小振幅波的T大于大振幅波的T的现象。虽然两种影响因素不同，但其本质是相同的，因为β_1和x_1的增大都可以增加岩石对P波的影响程度。节理相同的情况下，x_1越大，P波受岩石作用距离越长，波形畸变的累积越大；β_1越大，传播单位距离后，P波受岩石作用越大。P波在不同β_1的岩石中传过x_1处的节

理Ⅱ时，T 随 β_1 的变化规律如图 4-17（b）所示。比较图 4-17（a）和图 4-17（b），节理仅影响 T 的大小，不影响 T 和 β_1 之间的变化规律。

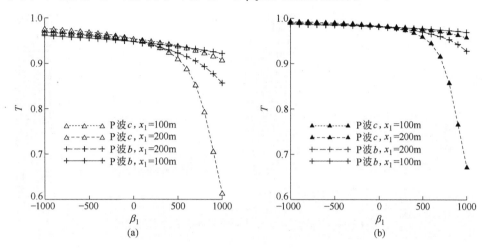

图 4-17　P 波和节理不同组合下 T 随 β_1 变化曲线

（a）节理Ⅰ；（b）节理Ⅱ

4.2.8　频谱分析

为研究双重非线性对 P 波频谱分布的影响，对透射波进行傅立叶变换，发现了高谐波。P 波 a 入射时，不能激发出节理的非线性特性，此时节理表现出较强的高频滤波作用，所以学者对透射波频率组成进行分析时，常采用大振幅波进行（Zhao J 等，2001）。图 4-18（a）所示为典型的在非线性岩石中传播的 P 波传过非线性节理后透射波的例子。图 4-18（a）中波源 $A_0 = 5.00 \times 10^{-4}$m，$f = 50$Hz，岩石 $\beta_1 = -1000$，节理参数为节理Ⅰ，$x_1 = 200$m。可以看出，正值区波形变得"宽"，负值区则"窄"，透射波振幅有明显的衰减，相对于正位移，负位移衰减较大。与图 4-18（a）中相同的 P 波传过 $x_1 = 50$m 的节理Ⅰ后透射波如图 4-18（b），此时透射波正位移区和负位移区基本对称，说明透射波正、负位移区不对称的现象是由于 P 波传播距离的增加引起的。

为研究岩石和节理各自对 P 波频谱的作用，计算 P 波传播 200m 时（P 波仅受非线性岩石影响）的频谱和直接传过节理后（P 波仅受非线性节理影响）的频谱，并和图 4-18 中的透射波频谱（P 波受双重非线性影响）进行比较，如图 4-19 所示。可以看出 P 波传播 200m 后，产生了频率是波源频率（$f = 50$Hz）的整数倍 $f = n \times 50$Hz（$n = 1, 2, 3, \cdots$）的高频波。P 波直接传过节理时，透射波中产生了频率为 150Hz，250Hz，$\cdots$ 的高频波，这些高频波的频率是波源频率的奇数倍 $f = (2n-1) \times 50$Hz（$n = 1, 2, 3, \cdots$），且频率越高的高频波的幅值

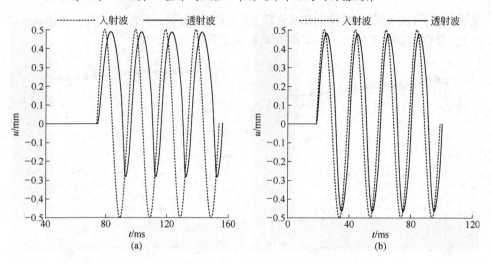

图 4 – 18　P 波和传过 x_1 不同的节理 I 后的透射波形

（a）$x_1 = 200\mathrm{m}$；（b）$x_1 = 50\mathrm{m}$

（$A_0 = 5.00 \times 10^{-4}\mathrm{m}$，$f = 50\mathrm{Hz}$，$\beta_1 = -1000$，$d_{\mathrm{ma}} = 0.57\mathrm{mm}$，$K_{\mathrm{ni}} = 2.00\mathrm{GPa/m}$）

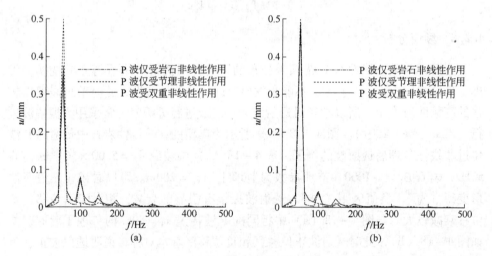

图 4 – 19　P 波在不同非线性作用下频谱的比较

（a）$x_1 = 200\mathrm{m}$；（b）$x_1 = 50\mathrm{m}$

越小，直到可以忽略，这些高频波即是高谐波。由此可见，在岩石和节理双重非线性作用下，频率为波源频率的 3 倍的高谐波（在这里称之为三阶高谐波）的振幅中即含有因岩石作用产生的高谐波，也有因节理作用产生的高谐波，比较它在不同因素影响下的振幅可以间接地分析岩石和节理各自对高谐波产生影响的大小。图 4 – 19（a）中，双重非线性作用下的透射波中三阶高谐波振幅大于仅受节理 I 作用时的振幅，而小于仅受 200m 岩石作用下而产生的振幅，说明 P 波传播 200m 再传过节理时，节理的作用减小了三阶高谐波的振幅。此时，节理的滤波作用减小的高谐波振幅大于节理非线性作用而产生的高谐波振幅，最终表现出滤波作用。在图 4 – 19（b）中，双重非线性作用下的透射波中三阶高谐波的振幅大于 P 波仅受节理 I 作用时的振幅，并且大于仅受 50m 岩石的作用而产生的振幅，节理非线性作用增大了三阶高谐波的振幅，说明此时 P 波传过节理时产生的高谐波的振幅大于因节理的滤波作用减小的高谐波的振幅，最终表现出高谐波作用。这种结果的不同主要是由于 P 波在岩石中的传播距离的不同使得因岩石作用产生的高谐波的振幅不同引起的。当岩石作用产生的高谐波的振幅较大时，节理起滤波作用；而当岩石作用产生的高谐波振幅较小时，将出现高谐波。所以，双重非线性作用下透射波中的高谐波是岩石和节理对 P 波综合作用的结果。

第 5 章 纵波传过双重非线性成组
节理时的传播规律

成组节理中节理间距远小于 P 波波长时，成组节理间不能容纳完整的 P 波脉冲，一条 P 波脉冲在传过小间距成组节理时会发生波形先传播至节理的 P 波经过透射、反射后和晚到达的波形相互叠加的现象。Zhao X B 等（2008）基于特征线法对法向入射节理的 P 波传过线性成组节理时的传播规律进行了研究，无量纲节理间距 ζ（节理间距和波长之比）影响透射系数 T，ζ 有两个特殊值可以被鉴定出，即临界值 ζ_{cri} 和阈值 ζ_{thr}，它们把无量纲节理间距分成 3 个区间，在不同的区间内，T 有不同的变化规律，并用 UDEC 程序进行了分析研究。Zhao X B（2004）对 Cai J G（2001）的计算模型进行改进，对 P 波在线弹性岩石中传过非线性成组节理时的传播规律进行了研究。在这项研究的基础上，本章对成组节理做进一步的研究。

5.1 计算理论

假设天然节理岩体具备如下性质：（1）岩石具有弹性非线性应力－应变关系；（2）成组节理的节理间距无限制，对透射波首波和后续波都进行研究。

弹性非线性岩石中成组节理计算模型如图 5－1 所示。设波源位于坐标原点，第 1 条节理坐标 $x = x_1$，节理条数用 N 表示，节理间距为 d，透射波检测点位于 $x = l$ 处。如何将 P 波在岩石中传播时的计算模型与 P 波在非线性节理处传播时的计算模型统一起来是我们在本章计算中的难点。

把弹性非线性岩石分割为许多岩石块，岩块间用间距非常小的假想节理（简称假节理）隔开。这时，岩石由假节理和假节理间的弹性非线性岩石组成，每条假节理用线性节理模型表示，法向刚度为 K，并不计节理厚度，相邻两条假节理间距为 d，当 K 趋近于无穷大时，便组成整块弹性非线性岩石。将波源发出的半正弦波波长 λ 分割为 m 等份，每段时长为 T_e/m，目的是将波源进行离

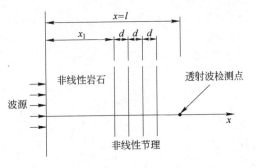

图 5－1 双重非线性成组节理示意图

散，令 $\gamma = (\alpha_P T_e)/m = \lambda/m$。为建立 d 和 λ 之间的关系，令 $d = \zeta\gamma = (\zeta/m)\lambda$，$\zeta$ 为无量纲节理间距。当把特定位置的假节理替换为 BB 模型，并赋予合适的参数后，可将非线性节理引入岩石中，因此该计算模型可用于分析其他非线性节理。

令 $m = 200$，即当 $\zeta = 200$ 时，节理间距 $d = \lambda$。4.2 节中已经得到 P 波在该弹性非线性岩石中传播时，左行和右行特征线上分别有：

$$zv(n,j) \pm \sigma(n,j)\sqrt{1 + 2\beta_1\varepsilon(n,j)} = 常数 \tag{5-1}$$

当岩石中存在成组节理时，在图 5-2 中 ab，ac 上分别有：

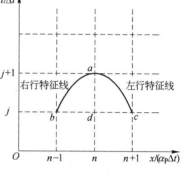

$$zv^-(n,j+1) + \sigma^-(n,j+1)\sqrt{1 + 2\beta_1\varepsilon^-(n,j+1)}$$
$$= zv^+(n-1,j) + \sigma^+(n-1,j)\sqrt{1 + 2\beta_1\varepsilon^+(n-1,j)} \tag{5-2}$$

$$zv^+(n,j+1) - \sigma^+(n,j+1)\sqrt{1 + 2\beta_1\varepsilon^+(n,j+1)}$$
$$= zv^-(n+1,j) - \sigma^-(n+1,j)\sqrt{1 + 2\beta_1\varepsilon^-(n+1,j)} \tag{5-3}$$

图 5-2 特征线示意图

节理前后应力和位移关系有：

$$\sigma^+(n,j+1) = \sigma^-(n,j+1) = \sigma(n,j+1) \tag{5-4}$$

P 波传播过程中，$z = \rho\alpha_P$，$\alpha_p^2 = E/\rho$，由 $\sigma = -z\alpha_P(\varepsilon + \beta_1\varepsilon^2)$，可得

$$\varepsilon = [-1 + \sqrt{1 - 4\beta_1\sigma/(z\alpha_P)}]/2\beta_1 \tag{5-5}$$

代入式（5-2）和式（5-3）得

$$zv^-(n,j+1) + \sigma(n,j+1)\sqrt[4]{1 - 4\beta_1\sigma(n,j+1)/(z\alpha_P)}$$
$$= zv^+(n-1,j) + \sigma(n-1,j)\sqrt[4]{1 - 4\beta_1\sigma(n-1,j)/(z\alpha_P)} \tag{5-6}$$

$$zv^+(n,j+1) - \sigma(n,j+1)\sqrt[4]{1 - 4\beta_1\sigma(n,j+1)/(z\alpha_P)}$$
$$= zv^-(n+1,j) - \sigma(n+1,j)\sqrt[4]{1 - 4\beta_1\sigma(n+1,j)/(z\alpha_P)} \tag{5-7}$$

式（5-6）+式（5-7）为：

$$zv^-(n,j+1) + zv^+(n,j+1)$$
$$= zv^+(n-1,j) + \sigma(n-1,j)\sqrt[4]{1 - 4\beta_1\sigma(n-1,j)/(z\alpha_P)} + \tag{5-8}$$
$$zv^-(n+1,j) - \sigma(n+1,j)\sqrt[4]{1 - 4\beta_1\sigma(n+1,j)/(z\alpha_P)}$$

由于每条节理法向刚度为 K_{lin}，并不计节理厚度，所以满足方程：

$$u^-(n,j+1) - u^+(n,j+1) = \sigma(n,j+1)/K_{lin} \tag{5-9}$$

对 t 求偏导可得

$$v^-(n,j+1) - v^+(n,j+1) = \frac{1}{K_{lin}}\frac{\partial\sigma(n,j+1)}{\partial t} \tag{5-10}$$

当时间足够小时，可以把式（5-10）写成：

$$v^-(n,j+1) - v^+(n,j+1) = \frac{1}{K_{\text{lin}}} \frac{\sigma(n,j+1) - \sigma(n,j)}{\Delta t} \tag{5-11}$$

从而可得

$$\sigma(n,j+1) = \sigma(n,j) + K_{\text{lin}} \Delta t [v^-(n,j+1) - v^+(n,j+1)] \tag{5-12}$$

将式（5-12）代入式（5-6），并结合式（5-8）得

$$\begin{aligned}
&[K_{\text{lin}}\Delta t \sqrt[4]{1-4\beta_1\sigma(n,j+1)/(z\alpha_P)} + z]v^-(n,j+1) - \\
&K_{\text{lin}}\Delta t \sqrt[4]{1-4\beta_1\sigma(n,j+1)/(z\alpha_P)}\{[zv^+(n-1,j) + \\
&\sigma(n-1,j)\sqrt[4]{1-4\beta_1\sigma(n-1,j)/(z\alpha_P)} + zv^-(n+1,j) - \\
&\sigma(n+1,j)\sqrt[4]{1-4\beta_1\sigma(n+1,j)/(z\alpha_P)}]/z - v^-(n,j+1)\} + \\
&\sigma(n,j)\sqrt[4]{1-4\beta_1\sigma(n,j+1)/(z\alpha_P)} \\
&= zv^+(n-1,j) + \sigma(n-1,j)\sqrt[4]{1-4\beta_1\sigma(n-1,j)/(z\alpha_P)} \tag{5-13}
\end{aligned}$$

可以解得

$$\begin{aligned}
v^-(n,j+1) = &\{zv^+(n-1,j) + \sigma(n-1,j)\sqrt[4]{1-4\beta_1\sigma(n-1,j)/(z\alpha_P)} + \\
&K_{\text{lin}}\Delta t \sqrt[4]{1-4\beta_1\sigma(n,j+1)/(z\alpha_P)}/z[zv^+(n-1,j) + \sigma(n-1,j) \cdot \\
&\sqrt[4]{1-4\beta_1\sigma(n-1,j)/(z\alpha_P)} + zv^-(n+1,j) - \sigma(n+1,j)\sqrt[4]{1-4\beta_1\sigma(n+1,j)/(z\alpha_P)}] - \\
&\sigma(n,j)\sqrt[4]{1-4\beta_1\sigma(n,j+1)/(z\alpha_P)}\}/[2K_{\text{lin}}\Delta t \sqrt[4]{1-4\beta_1\sigma(n,j+1)/(z\alpha_P)} + z] \\
&\tag{5-14}
\end{aligned}$$

将式（5-12）代入式（5-7）并结合式（5-8）得

$$\begin{aligned}
v^+(n,j+1) = &\{zv^-(n+1,j) - \sigma(n+1,j)\sqrt[4]{1-4\beta_1\sigma(n+1,j)/(z\alpha_P)} + \\
&K_{\text{lin}}\Delta t \sqrt[4]{1-4\beta_1\sigma(n,j+1)/(z\alpha_P)}/z \\
&[zv^+(n-1,j) + \sigma(n-1,j)\sqrt[4]{1-4\beta_1\sigma(n-1,j)/(z\alpha_P)} + \\
&zv^-(n+1,j) - \sigma(n+1,j)\sqrt[4]{1-4\beta_1\sigma(n+1,j)/(z\alpha_P)}] + \\
&\sigma(n,j)\sqrt[4]{1-4\beta_1\sigma(n,j+1)/(z\alpha_P)}\}/[2K_{\text{lin}}\Delta t \sqrt[4]{1-4\beta_1\sigma(n,j+1)/(z\alpha_P)} + z] \\
&\tag{5-15}
\end{aligned}$$

在节理处，设置层参数为 BB 模型，节理前后应力和位移关系有：

$$\sigma^+(n,j) = \sigma^-(n,j) = \sigma(n,j) \tag{5-16}$$

$$u^-(n,j) - u^+(n,j) = \sigma(n,j)/[K_{\text{ni}} + \sigma(n,j)/d_{\text{ma}}] \tag{5-17}$$

式（5-17）对 t 求偏导：

$$v^-(n,j) - v^+(n,j) = K_{\text{ni}}\frac{\partial\sigma(n,j)}{\partial t}/[K_{\text{ni}} + \sigma(n,j)/d_{\text{ma}}]^2 \tag{5-18}$$

当时间足够小时，可以把式（5-18）写成：

$$v^-(n,j) - v^+(n,j) = K_{ni}\frac{\sigma(n,j+1) - \sigma(n,j)}{\Delta t}/[K_{ni} + \sigma(n,j)/d_{ma}]^2 \quad (5-19)$$

进而可得

$$\sigma(n,j+1) = \sigma(n,j) + [K_{ni} + \sigma(n,j)/d_{ma}]^2[v^-(n,j) - v^+(n,j)]\Delta t/K_{ni}(5-20)$$

将式（5-18）分别代入式（5-6）和式（5-7）可得

$$v^-(n,j+1) = \langle zv^+(n-1,j) + \sigma(n-1,j)\sqrt[4]{1 - 4\beta_1\sigma(n-1,j)/(z\alpha_P)} -$$
$$\sqrt[4]{1 - 4\beta_1\sigma(n,j+1)/(z\alpha_P)}\{\sigma(n,j) + [K_{ni} + \sigma(n,j)/d_{ma}]^2$$
$$[v^-(n,j) - v^+(n,j)]\Delta t/K_{ni}\}\rangle/z \quad (5-21)$$

$$v^+(n,j+1) = \langle zv^-(n-1,j) - \sigma(n+1,j)\sqrt[4]{1 - 4\beta_1\sigma(n+1,j)/(z\alpha_P)} +$$
$$\sqrt[4]{1 - 4\beta_1\sigma(n,j+1)/(z\alpha_P)}\{\sigma(n,j) + [k_{ni} + \sigma(n,j)/d_{ma}]^2$$
$$[v^-(n,j) - v^+(n,j)]\Delta t/k_{ni}\}\rangle/z \quad (5-22)$$

因为波源处 $v^-(0,t) = 0$，所以由式（4-13）得到 P 波入射边界条件 $v^+(0,j) = 2p(j)$，其中 $p(j)$ 为 j 时刻波源质点振动速度。在每条假节理和非线性节理处有初始边界条件：$v^+(n,0) = 0$，$v^-(n,0) = 0$ 和 $\sigma(n,0) = 0$。将式（5-20）~式（5-22）联立进行迭代运算，可得到从波源 O 发出的 P 波在岩石中传过第一条节理坐标为 x_1，条数为 N，间距为 d 的成组节理后的透射波传播至 $x = l$ 处时的波形。为了分析 P 波能量，用透射波能量比表示 P 波能量的透射能力大小，设：

$$e_{tra} = \frac{E_{tra}}{E_{inc}} = \frac{\sum_{i=1}^{n_1}\int_{\Delta t_i'} zv_{tra}^2 dt}{\int_{t_0}^{t_1} zv_{inc}^2 dt} \quad (5-23)$$

式中，e_{tra} 为透射波能量比；v_{inc} 和 E_{inc} 表示入射波质点振动速度和能量；t_0，t_1 表示入射波形开始时间和结束时间；n_1 表示计入能量的最后的透射波次数类型（首波为第 1 次，第 2 个波峰为第 2 次，以此类推）；$\Delta t_i'$ 表示第 i 次透射波的持续时间；v_{tra} 和 E_{tra} 表示透射波质点速度和透射波能量

计算程序采用 MATLAB（R2010b）编写，共计 248 行。本章计算中取假节理刚度 $K = 1 \times 10^{11}$ GPa/m，差分计算先在 x 方向迭代，后在 t 方向迭代，最后将波形检测点收到的波形写入透射波文件中。

为了验证本章中算法的正确性，首先取 Zhao X B（2004）在计算 P 波传过 3 条节理后的透射波时所取的计算参数，计算在 $\beta_1 = 0$ 的岩石中（线弹性岩石）传过 2 条和 3 条节理后的透射波波形并将结果和 Zhao X B（2004）的计算结果进行对比，如图 5-3（a）所示，发现具有非常好的一致性，说明 P 波传过成组节理时的计算方法是正确的。随后，采用 Zheng H S 等（2003）计算非线性波的差

分算法和计算参数,计算出 P 波在 $\beta_1 = 1000$ 的岩石中传播 100m 后的波形,并与相同参数情况下本章算法的计算结果进行对比,如图 5-3(b)所示,发现波形有很好的一致性,说明本章提出的 P 波在非线性岩石中传播的计算方法也是正确的。除此之外,发现 Zheng H S 的差分解中数据抖动较为明显,而采用本章的算法无该现象。这足以说明本章中提出的 P 波在双重非线性成组节理岩体中传播时的计算方法是正确的。

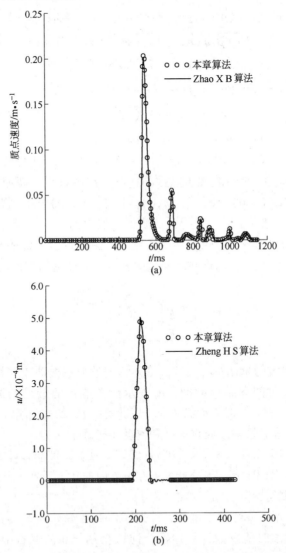

图 5-3 P 波在双重非线性成组节理岩体中传播的算法的验证

(a) $\beta_1 = 0$ 时本章算法的计算结果和 Zhao X B(2004)算法对比;

(b) P 波传至 100m 时波形和 Zheng H S 等(2003)结果对比($\beta_1 = 1000$,$u_0 = 5 \times 10^{-4}$m)

5.2 计算参数

入射波源采用半正弦 P 波，对岩石和节理进行参数研究，包括岩石非线性系数 β_1、P 波振幅 v_{inc}、节理间距 d，节理条数 N。岩石密度（Hokstad K，2004）$\rho = 2000\text{kg}/\text{m}^3$，波速（钱祖文，1992；Hokstad K，2004）$\alpha_P = 2600\text{m}/\text{s}$，波阻抗 $z = \rho\alpha_P = 5.2 \times 10^6 \text{kg}/(\text{m}^2 \cdot \text{s})$。表 5-1 列出了本节采用的节理类型，表 5-2 列出了本节采用的半正弦 P 波的参数。

表 5-1 节理类型

节理类型	节理最大允许闭合量 d_{ma}/mm	法向初始刚度 K_{ni}/GPa·m^{-1}
I	1.00	3.50
II	1.08	1.50

表 5-2 P 波参数

P 波类型	幅值/m·s^{-1}	频率/Hz
P 波 a	0.22	50
P 波 b	0.14	50
P 波 c	0.08	50
P 波 d	0.01	50
P 波 e	0.01	100

5.2.1 节理条数对透射波形的影响

取 $l = 212\text{m}$，$x_1 = 3\text{m}$，$d = 100\gamma$，$\beta_1 = 1000$。波源发出的 P 波 a 直接传播至检测点（不传过节理）和传过 x_1 处的单节理后透射波形如图 5-4（a）所示。为了便于比较，我们将波源的波形和透射波形放到一起进行对比。可以看出，$\beta_1 = 1000$ 时，P 波在传播过程中波形向波传播方向倾斜，且振幅减小；传过单节理后振幅衰减，因为入射波振幅大，所以衰减程度较小。P 波传过 2 条和 3 条节理后到达接收点的透射波形如图 5-4（b）所示。可以看出，传过 2 条和 3 条节理后的透射波首波振幅变化较小，但在透射波中出现了后续波，相对首波而言后续波的振幅很小。因为节理间距 $d = 100\gamma = 1/2\lambda$，P 波在各条节理间透射、反射时，各次的波形可以产生一定程度的分离，使得透射波中各后续波相互分离。$N = 2$ 时首波振幅较大，$N = 3$ 时第 1 条后续波振幅较大。$N = 3$ 时第 1 条后续波的振幅较大是因为第 1 条后续波是 P 波传过第 1 条节理后，在第 2 条节理处的反射波遇到第 1 条节理后再次反射，该反射波和 P 波首次遇到第 3 条节理时的反射波在第 2 条节理处叠加，然后传过第 3 条节理产生的。说明 N 影响后续波的产生和后续波振幅。

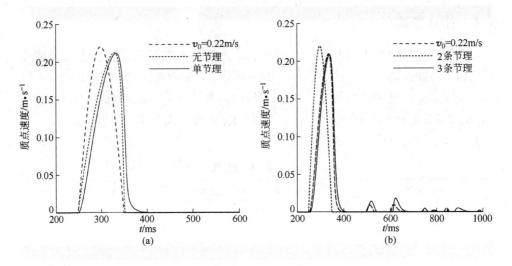

(a)

(b)

图 5 - 4　β = 1000 时 P 波传过不同条数的节理后的透射波波形

(a) 波源波形及传过无节理和单节理后透射波波形；

(b) 传过 2 条节理以及 3 条节理后透射波波形

由图 5 - 5 可以看出，$\beta_1 = -1000$ 时，波形向波源方向倾斜，且振幅稍有增大。若波源发出的波形为正弦波，则在传播过程中速度正值部分向右倾斜，速度负值部分向左倾斜，从而保持总能量的守恒，如图 5 - 6 所示。因为本章我们针对半正弦入射波进行研究，所以使得在不同 $\beta_1 = 1000$（$\beta_1 = -1000$）的情况下

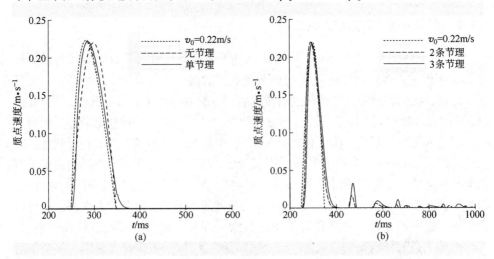

(a)

(b)

图 5 - 5　$\beta_1 = -1000$ 时 P 波传过不同条数的节理后的透射波波形

(a) 波源波形及传过无节理和单节理后透射波波形；

(b) 传过 2 条节理以及 3 条节理后透射波波形

速度正值部分的振幅和能量有一定
程度的减小（增大）。在没有节理
的情况下，P 波传播至 $x = 212$m 处
时振幅增大为波源振幅的 1.015 倍，
P 波传过节理后，振幅减小，单条
节理情况下透射系数为 1.008。P 波
传过 2 条和 3 条节理后透射波波形
如图 5 - 5（b）所示，首波的 T 分
别为 1.000 和 0.990，是岩石的非
线性作用使得 T 较大。在首波后出
现了后续波，2 条和 3 条节理情况
下，第 1 条后续波的透射系数分别
为 0.0722 和 0.1477。对比图 5 - 4，
后续波振幅比 $\beta_1 = 1000$ 时的大。在

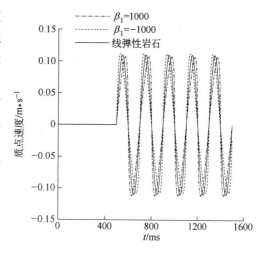

图 5 - 6 正弦波在 β_1 不同的弹性非线性
岩石中的传播规律

$\beta_1 = -1000$ 情况下传过 2 条和 3 条节理后第 1 条后续波的 T 的差距也比 $\beta_1 = 1000$ 情况下的大。这说明，岩石的非线性作用会影响 P 波在岩体中传播时的波形和透射系数。

5.2.2 节理间距对透射波形的影响

因为 P 波在节理处发生透射、反射，所以我们比较关注 P 波振幅在节理处的变化规律。在成组节理的情况下，P 波在每次遇到节理时都会发生反射，节理间距会影响 P 波在成组节理处多次透射、反射后的叠加，影响 P 波的透射特性。我们将 d 的大小用 ζ 表示，来分析 d 对 T 的影响。

我们将透射波检测点定于第 2 条节理后紧挨的点（即 $l = x_1 + d + 1$），用于去除岩石长度对 P 波的影响，从而重点分析在 β_1 不同的岩石中节理间距对 T 的影响。图 5 - 7 所示为不同 P 波传过 2 条节理 I 后 T 随 ζ 的变化规律。这里 $x_1 = 10$，P 波 $a \sim d$ 的振幅 A 分别为 0.01m/s，0.08m/s，0.15m/s，0.22m/s。ζ 很小时，T 很小，由于数值计算的要求，不能将 ζ 取值为 0，随着 ζ 的增大，T 开始增大。图 5 - 7（a）中，P 波 $a \sim d$ 的 T 值皆是在 $\zeta = 21$ 时达到最大值，分别为 1.017，1.017，1.015 和 1.009；图 5 - 7（b）中，P 波 $a \sim d$ 的 T 值皆是在 $\zeta = 21$ 时达到最大值，分别为 1.035，1.03，1.022 和 1.009，说明 $d_{\mathrm{cri}}^{(T)} = 21\gamma$。可看出 $\beta_1 = -1000$ 时的 T 比 $\beta_1 = 1000$ 时的大，并且看出 $\beta_1 = -1000$ 时各条曲线间的距离较大。T 达到最大后，随着 ζ 的增大，T 开始减小，图 5 - 7（a）和图 5 - 7（b）中皆是 $d_{\mathrm{thr}}^{(T)} = 31\gamma$。这说明岩石非线性不改变 $d_{\mathrm{cri}}^{(T)}$ 和 $d_{\mathrm{thr}}^{(T)}$ 的值。透射波产生了 $T > 1$ 的情况，是因为在 d 远小于 λ 的情况下，一个波长的 P 波先传过节理的部分的反射波和随后传过节理

的部分产生叠加引起的。从图5-7（a）中可以看出，$\beta_1 = 1000$ 时，$l > 31$ 以后，T 随 ζ 的增大逐渐下降；图5-7（b）中，当 $\beta_1 = -1000$ 时，T 随 ζ 的增大逐渐上升。这是因为 l 的值随着 ζ 的增大而增大，增大了 P 波在岩石中的传播距离，增大了岩石对 P 波的影响而造成的，β_1 的不同影响岩石弹性非线性作用的影响结果。从图中还可以看出，A 越大时，下降或上升的趋势越明显。

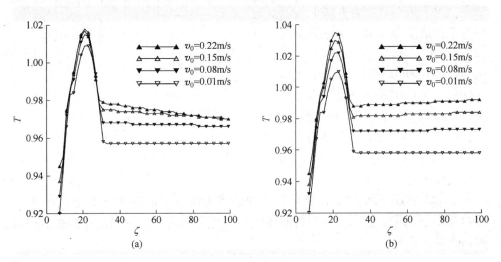

图5-7 2条节理 I 的无量纲节理间距 ζ 对 T 的影响

（a）$\beta_1 = 1000$；（b）$\beta_1 = -1000$

为了分析节理参数对 T 的影响，我们计算出将节理参数换为节理 II 后 T 随 ζ 的变化规律，如图5-8所示。比较图5-7(a)和图5-8(a)以及图5-6(b)和图

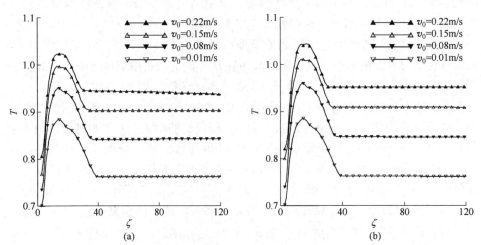

图5-8 2条节理 II 的无量纲节理间距 ζ 对 T 的影响

（a）$\beta_1 = 1000$；（b）$\beta_1 = -1000$

5-7(b)发现，P波传过K_{ni}较小的节理后，T的最大值比传过K_{ni}较大的节理后T的最大值大。这是因为P波传过刚度较小的节理时，透射波振幅较小，而反射波振幅较大，反射波在成组节理处多次叠加后增大了P波的T，使得T比P波传过大刚度成组节理时的T更大。

5.2.3 岩石非线性系数对透射波形的影响

$v_{inc}=0.22\text{m/s}$，$f=50\text{Hz}$的P波a在β_1不同的岩石中传过3条节理后，透射波形如图5-9所示。图5-9中，无论透射波首波还是各条后续波的振幅皆在$\beta_1=-1000$时的大。由于入射波振幅较大，传过节理的能力较强，所以节理变化对首波的T的影响很小，因此在图5-9中，相同β_1情况下首波振幅区别很小，但可以明显看出在节理Ⅱ的情况下，各条后续波的振幅更大。图5-10所示为P波d在β_1不同的岩石中传过3条节理后的透射波波形。可以看出小振幅P波入射时，在不同β_1的情况下的透射波相互重合，这说明小振幅低频率波对岩石的非线性作用不敏感。对比图5-10(a)和图5-10(b)，虽然图5-10(b)中透射波首波的振幅小于图5-10(a)中的首波振幅，但是后续波的振幅比图5-10(a)中的更大。说明无论是P波a还是P波d入射，当节理K_{ni}减小时，透射波首波振幅减小，但后续波的振幅增大。

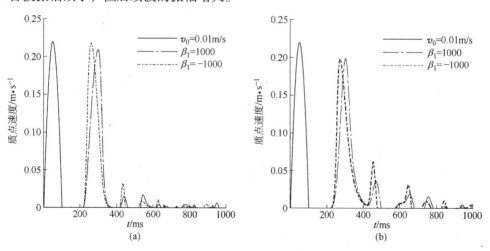

图5-9 β_1对传过3条节理透射波形的影响（P波a，$\zeta=100$）

(a) 节理Ⅰ；(b) 节理Ⅱ

5.2.4 节理间距对透射波能量的影响

因为P波传过成组节理后，透射波中有后续波产生，后续波分解了入射波中一定量的能量，所以针对节理间距对透射波中首波能量比e_{hw}和后续波能量比

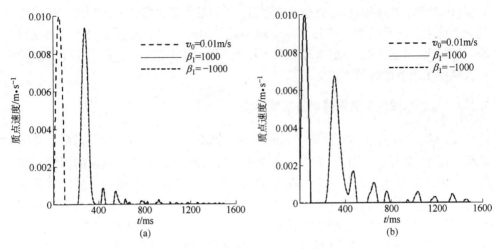

图 5 - 10　β_1 对传过 3 条节理透射波形的影响（P 波 d，$\zeta = 100$）

（a）节理 I；（b）节理 II

e_{sw} 的影响进行研究。未说明的参数仍采用本章之前选用的参数。P 波传过成组节理后，除成组节理的节理间距大于 1/2 波长的情况下的透射波首波外，透射波是入射波在传过成组节理过程中相互叠加产生的，这样就会产生一些相邻波峰间的波谷没有达到 0 值的情况（如图 5 - 9（b）中的透射波首波和一次后续波的关系），为了研究方便，我们将透射波在每个波谷处把波形分割，分割处两侧的能量记为前一个波形和后一个波形的能量。因为次数越高的后续波的能量比越小，所以我们取第 1～9 次后续波的能量比来近似代表 e_{sw}。

　　波源选用 P 波 c，$l = 210\text{m}$，$\beta_1 = 1000$，分别采用 2 条和 3 条节理 I 和节理 II 进行分析。P 波 c 在 $\beta_1 = 1000$ 的岩石中传过 2 条或 3 条节理后 e_{hw} 随 ζ 的变化曲线如图 5 - 11（a）所示，可以看出 e_{hw} 和首波的 T 随着 ζ 的增大有相似的变化规律，随 ζ 的增大先增大，当 $\zeta = \zeta_{cri}$ 时达到最大值，然后逐渐减小，在 $\zeta = \zeta_{thr}$ 前发生突变，随后达到较为平稳的状态，这里 E 和 T 的增大都是由于 P 波在 d 较小的成组节理间传播时 P 波相互叠加引起的。不同的是在 $\zeta = \zeta_{thr}$ 之前，e_{hw} 会发生突变。从图 5 - 11（a）可以看出，P 波传过节理 II 时突变更为明显。节理相同的情况下，传过 3 条节理时的突变较大，并且在突变处的 ζ 较小。每条曲线上，突变后 e_{hw} 达到较为稳定的值，随着 d 的增大只发生很小的增大。因此，同一波源发出的 P 波，传过节理参数和条数相同的成组节理，在小间距的情况下，ζ 可以直接影响到 e_{hw}，但是当 ζ 增大至 ζ_{thr} 后，e_{hw} 主要受到节理参数和节理条数的影响，d_{thr}^{e} 受到节理参数、节理条数的影响。e_{hw} 随 ζ 值增大会有突变产生是因为当 ζ 增大到一定值时，透射波首波和与其紧挨的后续波分离，分离后的波形不需要从波谷处分割，这就对计算出的 e_{hw} 和 e_{sw} 产生了影响。

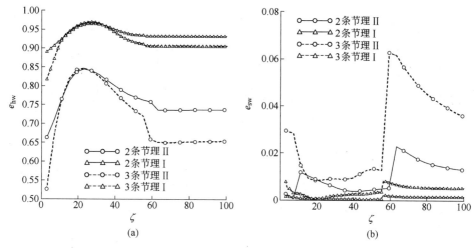

图 5-11　e 随 ζ 变化规律（P 波 c，$\beta_1 = 1000$）

（a）首波能量比 e_{hw} 变化规律；（b）后续波能量比 e_{sw}

P 波 c 在 $\beta_1 = 1000$ 的岩石中传过 2 条或 3 条节理后透射波 e_{sw} 随 ζ 的变化曲线，如图 5-11（b）所示。可以看出，相同节理和 N 下，e_{sw} 比 e_{hw} 小很多，e_{sw} 随着 ζ 的增大也发生突变。对比图 5-11（a）发现，在图 5-11（a）中突变处的 ζ 值和图 5-11（b）中突变时的 ζ 值一致，因此是同样的原因引起的。在 ζ 较小时，不同情况下的 e_{sw} 的大小较为复杂，但和图 5-11（a）中相同，e_{sw} 中同样是 P 波传过 3 条节理 II 后出现最明显的突变。在突变之后，e_{sw} 随 ζ 的增大有逐渐减小的趋势，这和 e_{hw} 在 $\zeta = \zeta_{thr}^e$ 后有较小的增长相对应，体现了 P 波能量的分解。

我们为了研究 β_1 对 e_{hw} 和 e_{sw} 的影响，取 $\beta_1 = -1000$，而保持其他参数不变，可得到 P 波 c 在 $\beta_1 = -1000$ 的岩石中传过 2 条或 3 条节理后 e_{hw} 和 e_{sw} 随 ζ 的变化曲线，如图 5-12 所示。因为我们是针对半正弦入射波进行研究，所以 $\beta_1 = -1000$ 的情况下 P 波总能量有了一定的增大，并且 d_{thr}^e 处 e_{sw} 的增长更加明显。对比图 5-11（a）和图 5-12（a）、图 5-11（b）和图 5-12（b）发现，在图 5-12 中能量突变处的突变值更大。

P 波 d 在 $\beta_1 = \pm 1000$ 的岩石中传过 2 条或 3 条节理后 e 随 ζ 的变化曲线如图 5-13 和图 5-14 所示。可以看出，图 5-13（a）和图 5-14（a）基本重合，说明 P 波振幅减小后，β_1 对 e_{hw} 的影响减小。通过对图 5-13（b）和图 5-14（b）的比较，我们发现同样在 $\beta_1 = -1000$ 时后续波的能量稍有增大，由于影响很小，在图 5-14（a）中凸显不出。

综上所述，ζ 很小时，间隔小的节理近似为一条透射系数小的节理，此时节理的反射作用较大，使得 e_{hw} 很小；当 ζ 接近 ζ_{cri}^e 时，多次透射、反射作用不能将

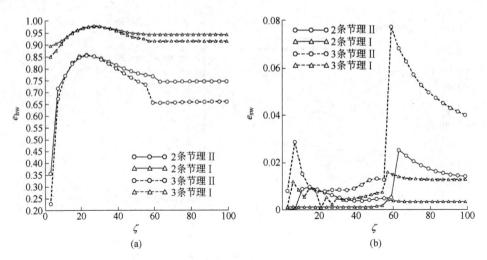

图 5 - 12　e 随 ζ 变化规律（P 波 c，$\beta_1 = -1000$）

（a）首波能量比 e_{hw} 变化规律；（b）后续波能量比 e_{sw} 变化规律

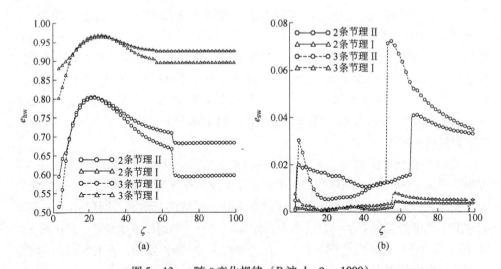

图 5 - 13　e 随 ζ 变化规律（P 波 d，$\beta_1 = 1000$）

（a）首波能量比 e_{hw} 变化规律；（b）后续波能量比 e_{sw} 变化规律

P 波的能量分解，反而使透射能量向 e_{hw} 中聚集，使得 e_{hw} 逐渐增大，只有少量的后续波出现，能量可以忽略；当 $\zeta > \zeta_{thr}^e$，后续波从首波中分离出来，e_{hw} 突然减小，e_{sw} 突然增大，一部分能量分解到了后续波中。此后 e_{hw} 受 ζ 的影响稍有上升趋势，e_{sw} 稍有下降趋势，ζ_{cri}^e 和 ζ_{thr}^e 与节理的 K_{ni}，d_{ma}，d，N，β_1 等有关。当 P 波传过 K_{ni} 越小的成组节理，e_{hw} 越小，e_{sw} 越大。振幅减小后，β_1 对 e_{hw} 的影响减小。

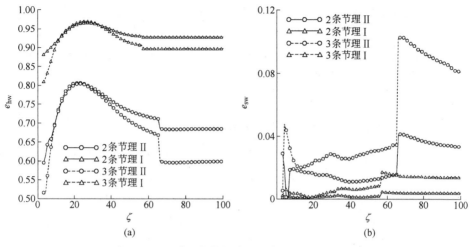

图 5 - 14　e 随 ζ 变化规律（P 波 d，$\beta_1 = -1000$）

（a）首波能量比 e_{hw} 变化规律；（b）后续波能量比 e_{sw} 变化规律

5.2.5　透射波形整体分析

为了研究不同的节理参数 K_{ni}，d_{ma}，ζ 及 β_1 对透射波整体波形的影响，对透射波中首波和各后续波的波峰做样条曲线连线进行分析。因为次数越高的后续波的振幅越小，所以我们取前 9 条后续波来研究，若后续波没有达到 9 条，取透射波整体波形进行研究。节理选用节理 I 和节理 II，分别在 ζ 为 14，50，100 时的透射波波形各波峰包络样条曲线如图 5 - 15 所示。可以看出，P 波传过两条 $\zeta = 14$ 的节理 II 时的首波波峰最大。成组节理间距 ζ 越大，曲线的下降趋势越缓

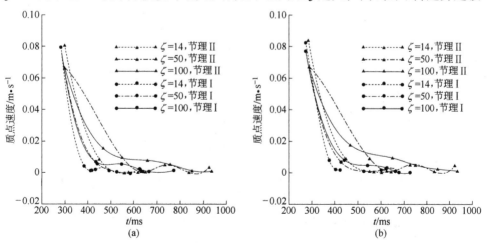

图 5 - 15　P 波 c 透射波各波峰包络样条曲线（3 条节理）

（a）$\beta_1 = 1000$；（b）$\beta_1 = -1000$

慢,曲线的持续时间越长,曲线越"平缓"。在节理和 ζ 相同,ζ 较小的情况下,β_1 不同时,曲线形状相似,但在 $\beta_1 = -1000$ 的情况下,曲线的持续时间较长。ζ 和 β_1 相同的情况下,传过节理 I 的透射波的后续波更短。说明节理 K_{ni} 越小,ζ 越大,透射波首波的振幅越小,样条曲线持续时间越长,透射波越"平坦",此时透射波能量越分散,反之亦然。

5.2.6 P 波传过 9 条小间距成组节理后的透射波

节理条数增加至 9 条后,P 波传过成组节理时的透射、反射次数将会增多。P 波 c 在 β_1 不同的岩石中传过 $\zeta = 40$ 的 9 条节理后,透射波波形如图 5–16(a)所示。此时,节理间距较小,P 波在成组节理处的多重透、反射使得大部分能量集中到透射波首波中。图 5–16(b)所示为 $\zeta = 100$ 时的透射波波形,此时,透射波首波振幅比 5–15(a)中的小,后续波的振幅和各后续波的时间间隔增大,是因为 $\zeta = 100$ 时首波得不到后续波的叠加,振幅明显衰减。后续波的振幅增大说明节理增大后,P 波有更多的能量被分散到后续波中。比较图 5–16(a)和图 5–16(b),并且 $\zeta = 40 = 0.2\lambda$ 时,后续波多为振幅小而零碎的波形,这是因为 $\zeta = 40$ 时,多次透射、反射为小片段波形的透射、反射,其中一些片段在多次透射、反射中相互抵消,一些则彼此叠加,造成了透射波中振幅小且零散的后续波;而 $\zeta = 100$ 时,P 波的叠加变为较长时间段的波形的叠加,产生了比较完整的后续波形,后续波时间间隔变长也是该原因引起的。所以 ζ 增大,可以增大成组节理对 P 波能量的分解作用,减少 e_{hw},增大 e_{sw}。

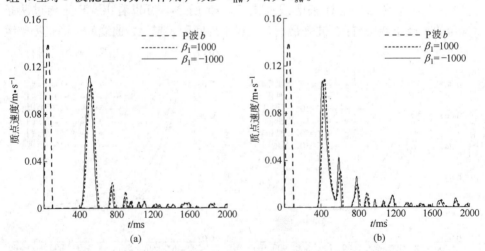

图 5–16 β_1 对不同波源传过 9 条节理后透射波的影响(节理 II)

(a) $\zeta = 40$;(b) $\zeta = 100$

$v_{inc} = 0.01 \text{m/s}$,$f = 50 \text{Hz}$ 的 P 波 d 在 $\beta_1 = \pm 1000$ 的岩石中传过 9 条节理后,

透射波波形如图 5 - 17 所示。可以看出，β_1 不同时透射波形重合，说明 β_1 对小振幅 P 波的透射波的影响可以忽略。比较图 5 - 17（a）和图 5 - 17（b）可知，ζ 较小时，首波振幅较大，后续波振幅较小；ζ 较大时，首波振幅减小，但是后续波振幅增大。这和大振幅 P 波入射时节理对 P 波能量的分散作用是一致的。

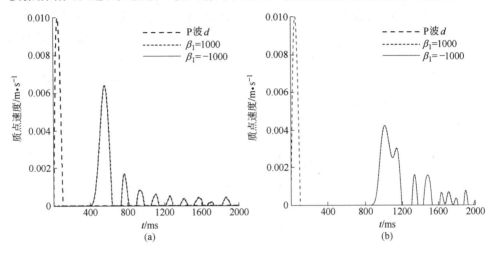

图 5 - 17 ζ 对 P 波传过 9 条节理后的透射波的影响（节理 II）

（a）$\zeta = 40$；（b）$\zeta = 100$

为了分析频率较高的 P 波传过成组节理后的透射波，计算出 $f = 200\text{Hz}$，$v_{\text{inc}} = 0.01\text{m/s}$ 的 P 波 e 在不同节理和 β_1 的情况下传过节理 I 和节理 II 后的透射波如图 5 - 18 和图 5 - 19 所示。分别比较图 5 - 18（a）和图 5 - 19（a）、图 5 - 18

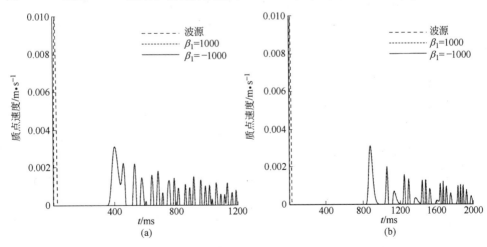

图 5 - 18 β_1 对 P 波 e 传过 9 条节理后透射波的影响（节理 I）

（a）$\zeta = 40$；（b）$\zeta = 100$

（b）和图 5 – 19（b）可知，ζ 相等，节理为节理 I 时的透射波首波和后续波的振幅更大，这是由于节理 II 的 k_{ni} 较小引起的。分别比较图 5 – 18（a）和图 5 – 18（b）、图 5 – 19（a）和图 5 – 19（b）可知，节理相同，$\zeta = 40$ 时的透射波后续波波形较为"凌乱"。并且在 P 波 e 传过 $\zeta = 100$ 的节理 I 时，透射波后续波间隔较小的部分所包括的后续波的数量随时间出现递增的变化规律。比较图 5 – 17（a）和图 5 – 19（a）可知，频率较高的 P 波传过 $\zeta = 40$ 的 9 条节理后透射波振幅减小，后续波数量更多。而比较图 5 – 16（b）和图 5 – 18（b）可看出，当 $\zeta = 100$ 后，后续波增多的现象不明显。所以小间距成组节理对高频率波有明显的高频滤波作用和分散能量的作用。

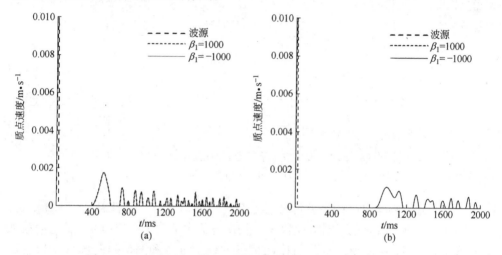

图 5 – 19　β_1 对 P 波 e 传过 9 条节理后透射波的影响（节理 II）

（a）$\zeta = 40$；（b）$\zeta = 100$

第6章 缺陷岩石声学特征及其小波时频分析技术

前面从节理岩体中应力波传播的力学机制角度，通过解析计算、半数值半解析计算以及离散元数值分析手段，研究新模型下一维纵波穿越单节理及平行多节理的传播特性及规律。然而在实际工程中，岩石各类缺陷的结构、分布形式及力学特性都是十分复杂的，单纯从模型化分析角度研究总显得力不从心。本章结合室内岩芯超声波测试及某地铁工程现场勘察钻孔声波测井，从信号处理和数据分析角度对缺陷岩石中应力波传播问题做进一步研究。

6.1 岩芯及钻孔声波测试工作原理和特性

6.1.1 实验用探头及分析仪工作原理

本次岩芯测试采用接触式纵波直探头，探头内压电陶瓷晶片受发射电脉冲激励后产生振动即可发射声脉冲。当声波作用于晶片时，晶片受迫振动引起形变转变成相应电信号，前者为声波发射，后者为声波接收。探头工作频率即为压电晶片的振动频率，主要取决于晶片厚度和声波在晶片中的传播速度。本次实验用220kHz窄带探头，激发面直径0.97cm，探头结构见图6-1。探头为活塞声源，声源表面每一点作为基本源，基本源产生的声波在介质内彼此干涉，形成波阵面。因探头频率较高，声源横向尺寸远大于射入介质的声波波长，形成声波能量的指向性传播，即发散形声束（见图6-2）。声束的发散角公式为：$\sin\theta = 1.22\lambda/D$。式中，$D$为探头直径；$\lambda$为波长；$\theta$为扩散角。本次实验中，波速较高的岩芯，介质内声波波长一般大于探头直径，不具指向性。对波速较低的岩芯，介质内部分声波波长小于探头直径，稍具指向性。因此在测试时应注意收、发探头之间的相对位置和方向关系。

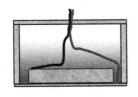

图6-1 探头结构示意图

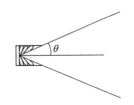

图6-2 探头指向性示意图

采用湘潭天鸿电子研究所生产的 DB4 型多波参数分析仪，该仪器可快速多道一次或多次采集，整机与微机配套使用，便于开发以往声波仪难以实现的功能，如信号叠加技术，数据的后处理等，这对本次针对接收信号进行实时小波分析十分必要。

6.1.1.1 仪器基本工作原理

仪器分发射、接收系统两部分。（1）仪器由微机激发同步电路产生脉冲信号，经宽度调节、电压选择（160V，1000V），形成宽度为指定脉冲长度的负方波电脉冲作用到探头内压电晶片上，激励晶片产生机械振动。过程见图 6-3。（2）同步电路产生脉冲信号在触发激发系统工作时，也触发接收系统开始进行信号采集，接收到脉冲信号的时刻为信号记录的起始时间。由发射系统激发的声波透过耦合材料进入试件，传播到接收探头，其中的换能器将振动信号转变为电脉冲信号，由于探头的机械能-电能转化效率很低，因此接收信号经检波过程后进入模数转换器并存入 RAM。存储的数字信号由微机读取，完成信号的采集接收任务。过程如图 6-4 所示。

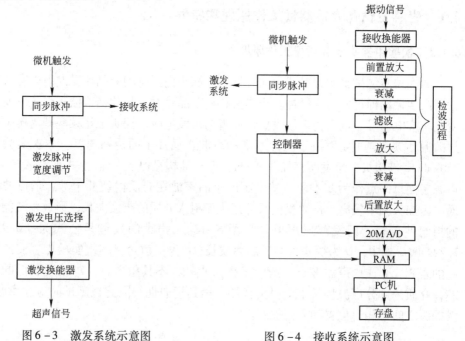

图 6-3 激发系统示意图　　　　图 6-4 接收系统示意图

6.1.1.2 仪器主要技术条件

仪器触发分内触发（正触发、负触发、正/负触发、优先触发、微机触发）和外触发（正触发、负触发、正/负触发、开路触发、短路触发）两种。通道可选单通道、2 通道、4 通道工作。放大器带宽为上边带截止频率：1MHz，

100kHz, 10kHz, 1kHz, 0.1kHz 可选；下边带截止频率：0.1kHz, 1kHz, 10kHz, 100kHz 可选。采样间隔时间为：0.05μs, 0.1μs, 0.2μs, 0.5μs, 1μs, 2μs, 5μs；0.01ms, 0.02ms, 0.05ms, 0.1ms, 0.2ms, 0.5ms, 1ms, 2ms。采样点数有：0, 512, 1k, 2k, 4k, 8k, 16k, 32k。被测时间范围为：0.05μs ~ 327.68s。放大器衰减倍数为：1, 2, 5, 10, 20, 50, 100, 200。发射脉冲电压为：160V, 1kV。仪器在采样点数8k以下具信号的增强压缩功能，可选1 ~ 255次采集叠加以消减噪声。

6.1.1.3 测试方法

本次实验仪器通道宽度设定在0.1k ~ 1MHz，微机触发，用宽度为5μs的负方波脉冲激发探头工作。实验前预先将岩芯加工成长8cm或14cm左右的圆柱体，截面磨平抛光并尽量平行。对岩芯样品水饱和8h以上。为保证测试精度，采用信号叠加技术记录波形。波形记录长度为8192点。采样间隔0.1μs，记录时间为819.1μs，为保证声信号传输质量，采用黄油为耦合剂，并均匀适当加压使探头与岩石样品通过耦合材料紧密接触，同时保证探头与岩样接触面上洁净、无水迹、无砂砾等杂质。整个测试过程中保持耦合状态不变。对于测试岩石材料中散射体的声吸收作用，采用透射法对测，即在测定时保持收、发探头在岩芯两端中轴线上以保证位置对称。激发电压和放大器衰减倍数视接收信号的强弱调整。

6.1.2 激发信号特征

6.1.2.1 探头激发信号的时域特征

图6-5所示为探头对零测试（即无岩芯负载情况下收、发探头直接耦合测试）的声波记录。信号记录长度为819.1μs，前部（4.9 ~ 200μs）略呈波浪形缓动，显示有低频信号。180μs后振幅开始降低，视周期变大。440μs后振动信号已降至很低，限于篇幅，图6-5中未予表示，只表示出0 ~ 250μs时间段的记录信号。信号初跳陡直，由基线跃至波谷底部历时仅0.3μs。第一视周期1.8μs，显示有500kHz以上频率的振动信号。前35μs内平均视周期较小，信号中较高频率（270kHz左右）基本在此段激发出来。35μs后至180μs波形较平稳均匀，平均视周期为4.53μs，且波峰尖锐，波谷圆滑，信号主频率主要在此段内激发产生。

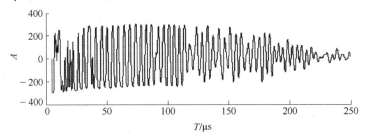

图6-5 探头激发信号的时域曲线图

6.1.2.2 探头激发信号的频率域特征

图6-6所示为激发信号Fourier频谱图。因采用工作性能稳定的220kHz窄带换能器，其压电晶片以空气为背衬，故灵敏度较高，谱峰多且窄。频带内能量主要分布在100~280kHz范围内，主频率为220kHz，在420~500kHz也有较高能量。几个明显峰值的频率段是100~130kHz，200~240kHz，250~280kHz，420~450kHz。谱峰幅度差异明显，各峰在频率轴上分布较均匀。高于600kHz的频率分量由于幅度很低，可视为噪声信号。从声波的频谱图可以看出，声波信号中包含了丰富的频率成分，频带宽度较大，并且有多个频率峰值，主频不突出（对于裂隙密集岩芯，该特点尤为显著），声波携带的能量分布在多个不同的频带上，因而如果直接采用Fourier变换对声波信号进行分析，可能只能观察到岩石声波信号的一些基本的表面现象，而丢失其本质。

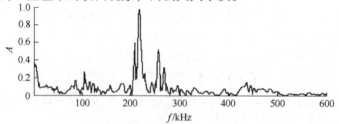

图6-6 探头激发信号的频域曲线图

6.1.3 声波测井及换能器工作原理

声波测井测试仪器仍为DB4型多波参数分析仪，测试精度0.1μs。采用一发双收方式进行。如图6-7所示，将一个发射、两个接收换能器置于钻孔轴线上。为保证换能器居中，各换能器上均套置橡胶扶正器。钻孔中充水。发射换能器T发出的声波经水进入岩体并沿孔壁滑行，分别到达接收换能器R_1和R_2的传播时间为t_1，t_2（见图6-8）。则孔壁岩体波速V_{mp}由$V_{mp} = \Delta L/(t_2 - t_1)$计算，式中，

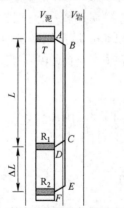

图6-7 声波测井测试仪器示意图

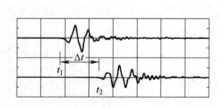

图6-8 波速计算

ΔL 为 R₁，R₂ 两个接收器间的距离（见图 6 - 7），长度为 200mm。发射换能器 T 与 R₁ 间的距离为 500mm。探头工作性能与上述类似，在此不做详细说明。

6.2 缺陷岩石材料中声波信号衰减机理

声波在介质中传播时产生衰减现象（王兴泰，1996），主要形式有：（1）波阵面扩张以致单位面积上声能随距离增加而减弱，波振幅降低；（2）介质中异体的散射使得沿原传播方向的声能减小，使振幅随距离降低。这两种衰减只是单位面积上声能减弱，对声能没有损耗。而由介质的吸收作用产生的衰减现象是由于声能转换为其他形式能量引起的，包括黏滞性吸收，热传导，弛豫吸收。

随着声波传播距离增大，非平面声波的声束不断扩展，单位面积上声能随距离的增大而减弱，这种衰减称为几何衰减，它仅取决于波的几何形状而与传播介质的性质无关。在远离声源的声场中，球面波的衰减与至声源的距离成反比。对于平面波，声能不随传播距离而变化，不存在扩散衰减。本次研究工作采用的是平面接触式纵波直探头，声源尺寸既不看成很大，也不能看成很小，它所发出的声波介于球面波与平面波之间，呈发散形声束，其波衰减与距离有关。其次，岩石材料内部的裂纹、裂隙、孔隙、不同矿物晶体颗粒、岩石碎屑等，对声波而言，都是传播过程中的障碍物，部分声波被零星、陆续地散射开，偏离波传播的主体方向，从而沿主体传播方向的波减弱了，这称为散射衰减。此时声波的总能量没有减少，只是从指定的方向看，波越传越弱。这种情况，比起上面提到的波阵面几何扩大产生的波信号减弱在研究工作中占有较突出的地位。本次工作使用的探头激发的声波频率在一定范围内分布，在介质内波长范围与散射体尺寸相当，同时这些散射体的存在也影响着岩石的性质，通过研究接收到的声波信号可对比研究岩石特征。由于散射体可以是各式各样的，处理声波的散射在数学上比较困难，因此目前只能做定性研究。

对黏滞性介质，在声波传播时相邻的体积元的运动速度不同，即各体积元之间有相对运动并产生内摩擦或黏滞力。介质形变的传播过程中，要消耗声能来克服内摩擦力或黏滞力，即形变传播过程中形变在逐渐减小。在含有散射体的介质中，由于散射体相对介质运动及散射体的形变，也使部分声能变为热能形式而损耗，结果表现出更为明显的衰减现象。当体积元之间有相对运动时，体积元的单位面积上的黏滞力（剪切应力）的大小和体积元质点运动速度的梯度成正比，即

$$\tau_\eta = \nu(\partial V / \partial X)$$

式中，ν 为黏滞性系数(Pa·s)，习惯上以 0.1Pa·s 作单位，称为泊(1dyn·s/cm²)。

由于有黏滞作用，并产生黏滞应力，因此在体积元受声波声压作用而使体积元发生运动的过程中，还需要考虑黏滞剪切应力的影响，即波的传播过程中要消

耗一部分能量克服这一由黏滞产生的内摩擦力。在只考虑切变黏滞应力引起的声吸收时，介质对声波的吸收系数为：

$$\alpha_\nu = 2\nu\omega^2/(3c^3\rho) \quad (\text{m}^{-1})$$

即介质对波的吸收系数和介质的黏滞系数 ν、声信号的圆频率平方 ω^2 成正比，和声速的三次方 c^3、介质的密度 ρ 成反比。另一方面，热传导是引起介质声波吸收的另一主要原因。声波在介质中传播的过程是绝热过程，即当介质中有声波传播时，介质产生体积压缩和膨胀的变化，压缩部分体积变小，温度升高，而膨胀部分体积变大，温度降低。对于理想介质，体积膨胀达到极大值，温度为极小值；反之，体积压缩到极小值，温度为极大值。而且温度和体积间的这种变化关系是可逆的，即不会在压缩区和膨胀区之间有热能的转移。在实际的非理想介质中，温度的变化或体积的变化总要滞后一段时间，另外在高温的压缩区和低温的膨胀区之间，不可避免地要有热能的转移，而且这种转移是不可逆的。其最终结果是将介质中传播的声能变为热能，使介质温度升高。温度较高的压缩区和温度较低的膨胀区之间的热能转移主要是依靠热传导来进行的，此时由介质的热传导造成的声吸收系数为：

$$\alpha_x = \omega^2 x(1/C_\alpha - 1/C_P)/2\rho c^3$$

式中，x 为介质的热传导系数；C_α、C_P 为介质的定容、定压热容量。

可见介质热传导的声吸收系数也和声信号的圆频率平方成正比。若承认介质对声波的吸收仅是由黏滞和热传导所引起，综合两式，介质对声波的吸收系数可表示为：

$$\alpha = \alpha_\nu + \alpha_x = \omega^2 \left[4\nu/3 + x(1/C_\alpha - 1/C_P) \right]/(2c^3\rho)$$

这就是斯托克斯-克希霍夫公式。声吸收是个相当复杂的过程，该公式只是对流体声吸收过程的简单描述，理论计算往往与实际测试不符甚至差距很大。声波吸收系数与经典的理论值的偏离可以用弛豫理论来解释，媒质中便发生压缩和膨胀的过程，介质的物理参数及其相应的平衡状态也将随着波动过程而发生简谐变化，而任何状态的变化都伴有内外自由度能量的重新分配，并向一个新的平衡能量分配的状态过渡。建立新的平衡分配需要一个有限的时间，这个过程称为弛豫过程。在弛豫过程中产生有规声振动转变为无规热运动的附加能量耗散，即引起了声波的附加吸收，即弛豫吸收。弛豫吸收是由于介质的压缩与膨胀过程即体积形变引起的，因此表现在宏观方面就自然与容变黏滞有关。

6.2.1 黏滞吸收机理

声波在岩石中的衰减是一个复杂的过程，对于岩石材料，可理想化为开尔文体（黏弹性体），并且只考虑黏滞吸收。对开尔文体，纵波中位移 u 的传播方程为：

$$\begin{cases} \rho\, \dfrac{\partial^2 u_x}{\partial t^2} = (\lambda + 2\mu)\, \nabla^2 u_x + (\lambda' + 2\mu')\, \nabla^2 \left(\dfrac{\partial u_x}{\partial t} \right) \\[2mm] \rho\, \dfrac{\partial^2 u_y}{\partial t^2} = (\lambda + 2\mu)\, \nabla^2 u_y + (\lambda' + 2\mu')\, \nabla^2 \left(\dfrac{\partial u_y}{\partial t} \right) \end{cases} \tag{6-1}$$

横波中位移 u 的传播方程为:

$$\begin{cases} \rho\, \dfrac{\partial^2 u_x}{\partial t^2} = \mu\, \nabla^2 u_x + \mu'\, \nabla^2 \left(\dfrac{\partial u_x}{\partial t} \right) \\[2mm] \rho\, \dfrac{\partial^2 u_y}{\partial t^2} = \mu\, \nabla^2 u_y + \mu'\, \nabla^2 \left(\dfrac{\partial u_y}{\partial t} \right) \end{cases} \tag{6-2}$$

式中，λ'，μ' 为黏性参数。设有一平面纵波沿 z 向传播，则有:

$$u_x = A \cdot \exp[\, i(\omega \cdot t - kz)\,] \tag{6-3}$$

代入式（6-1）和式（6-2），可得纵横波的相速度 v_P、v_S 和吸收系数 r_P 及 r_S:

$$v_P \approx \left(\frac{\lambda + 2\mu}{\rho} \right)^{1/2} \tag{6-4}$$

$$r_P \approx \omega^2 (\lambda' + 2\mu') / (2\rho v_P^3) \tag{6-5}$$

$$v_S \approx \left(\frac{\mu}{\rho} \right)^{1/2} \tag{6-6}$$

$$r_S \approx \omega^2 \mu' / (2\rho v_S^3) \tag{6-7}$$

可见 v_P、v_S 的近似值与弹性体的 v_P 及 v_S 相同。可以看出，黏弹性体的吸收系数与其黏性参数 λ'，μ' 及波速、频率有关。表征介质性质的黏性参数 λ'，μ' 越大，介质的吸收系数就越大。这两个有关黏弹性体吸收系数的表达式是本次实验的基本理论基础。

6.2.2 声衰减与频率的关系

6.2.2.1 岩石的散射衰减作用与波长的依赖关系

如前所述，声波在传播过程中遇到障碍物，就可能产生散射现象，这些现象与障碍物大小及物理性质（声阻抗）有关。分述如下:（1）如果障碍物（散射体）的尺寸比声波波长小得多，则它们对声波的传播几乎没有影响;（2）如果障碍物的尺寸小于波长，则波到达障碍物时将使其成为新的波源而向四周发射波动;（3）如果障碍物的尺寸与波长近似，其声阻抗与周围介质不同，则声波将发生不规则的反射、折射、透射;（4）如果障碍物的尺寸比波长大得多，如本次测试中遇到的闪长岩样品中贯穿的有充填的节理，角砾岩中的大角砾，其声阻抗与周围介质不同，则有入射声波的反射和透射。若它的声阻抗与周围介质的声阻抗差别较大，则在障碍物界面上发生声波的反射而透射弱，此时在障碍物后将形成一个声影区。声影区后声能减小。

本次研究工作采用的声源频率范围为（10～500）kHz，主频率220kHz，其在岩石材料中对应的波长为毫米级到厘米级，与实验采用的岩石材料以及钻孔壁岩体内的散射体尺寸范围相当，探头激发出的各频率声波受岩石样品中不同散射体的散射作用，其结果为高频声波（小波长）强烈衰减，而低频声波（大波长）不易受到散射影响。即接收声波中形成一个不同频率能量的差异变化；岩芯样品以及钻孔岩壁性质不同，这种差异就会不同。根据接收信号的差异，可对比研究样品的特征。

6.2.2.2　岩石材料声吸收与声波频率的关系

从斯托克斯－克希霍夫公式中可知吸收系数α与f^2成正比，即频率越高，吸收越大，因而声波的传播距离愈小；反之频率越低，吸收愈小，因而低频声波在介质中可以传很远的距离。黏弹性体的吸收系数与其黏性参数λ'、μ'及波速、频率有关。表征介质性质的黏性参数λ'，μ'越大，介质的吸收系数就越大。有关黏弹性体吸收系数的表达式，即式（6-5）和式（6-7）是本次实验的基本理论基础。岩石对声波吸收的一个特点是吸收系数和频率有特殊关系，这种关系并非平方关系。20世纪50年代以来，国内外学者对岩石吸收声波在机理上进行了很多理论探索和实验研究。这些研究都承认，纵波及横波在岩石中的衰减是个很复杂的物理过程。岩石对声波能量的衰减和岩石的孔隙度、孔隙形状、孔隙中的流体及性质以及岩石固相骨架的矿物成分、密度、弹性等因素有关，此外温度和压力的变化对岩石吸收声波的过程也有影响。在实验室中对同一块岩样测试，采用不同的测定方法，也会测到不同的结果。

Savege（1967）提出，对可视为由各种频率不同的简谐波组成的脉冲波，与单一频率的简谐波在岩石中的吸收机理是相同的，而且吸收系数和f成正比，并认为这仍是由于岩石的黏滞性所引起的。冯世瑄（1979）根据声波测井中发现的声信号频率下降的现象提出，声波测井（发射脉冲声波）接收到的声波频谱主值较之发射的声波频谱主值降低的原因，可用岩石对不同频率的声波有不同的吸收系数来解释，即岩石类介质对声波的衰减系数是声信号频率的函数，可记为$\alpha(f)$，且$\alpha(f)$随f增大而增加。因此声脉冲在经过岩石传播以后，其声频分布函数发生改变，主要特征是频率主值下降。这种频率主值（主频）下降的多少将随介质的种类不同而异。此后，蔡忠理（1982，1984）根据对岩石试件的测定，提出用主频相对变化值$M = f/f_0$来表示岩石试件的主频降低（式中，f为对一定长度L的岩石试件（$L > 0$）测得的声信号频率主值；f_0为试件长度$L = 0$时的频率主值），并通过实测数据说明，由于裂缝存在，声波经岩石传播时频率主值下降，主频值下降程度和岩石的各向异性有关，还和岩石的风化程度、裂缝发育程度有关。苏道宁（1984）依据对岩石测量的结果提出，岩石的声吸收系数可以表示为：$\alpha = \gamma f + \beta f^4$。式中，和$f$有关的项反映岩石对声波的黏滞吸收，和

f^4有关的项则和散射有关。一般声波测井中的波长和岩石的不均匀颗粒线度相比符合瑞利散射条件，而四次方项所反映的应是瑞利散射。

根据以上讨论，使我们认识到不论是岩石材料的散射衰减，还是岩石材料对声波的吸收衰减，它们都对不同频率声波具有不同的作用，传播介质对声波具有选频吸收及散射作用，介质物性不同，对波的吸收及散射就不同，其规律为低频声波能量变化小，高频声波受影响强烈。换言之，岩石材料就是声波的天然低通滤波器。

6.3　缺陷岩石声波实验思想

6.3.1　实验思想

描述波在介质中的衰减可采用下式：

$$A = A_0 e^{-\alpha r} \tag{6-8}$$

式中，A 为声源距 r 处的波动振幅；A_0 为声源附近的波动振幅；α 为与介质性质有关的吸收系数。可以看出，振幅按距离和衰减系数 α 的乘积以负指数形式衰减，指数因子绝对值愈高，衰减愈大。

测试岩芯时采用标准长度，测井时激发和接收换能器间距也固定不变，即定义 $r=1$，式（6-8）可简化为：

$$A = A_0 e^{-\alpha} \tag{6-9}$$

这样，不同的岩芯和岩体几何扩散相同，也使其散射和吸收衰减具有可比性。对于吸收系数 α，仍可用下式来表示：

$$\alpha = \omega^2 (\lambda' + 2\mu') / (2\rho v_P^3) \tag{6-10}$$

从式（6-10）可以看出，α 表达式由两部分组成，一是声波信号频率，另外是岩石的物理力学性质参数 λ'，μ'，λ，μ，ρ

令

$$z = \frac{\lambda' + 2\mu'}{2\rho v_P^3} \tag{6-11}$$

得到：

$$\alpha = \omega^2 z \tag{6-12}$$

z 与材料的黏性参数 λ'，μ' 和弹性参数 λ，μ 及介质物性指标 ρ 有关，它综合表示了材料的物理力学性质。在这里，可认为 z 表达了材料的力学本质，对不同岩石材料，可视为一个变量，可称之为岩石材料的力学本质变量。对于不同的圆频率 ω 值，可得到不同吸收系数 α 值，即介质对声波的衰减系数是声信号频率的函数，且 α 随 f 增大而迅速增加。

综合以上论述，可得到下面两点结论：

（1）同一试件（z相同），不同频率声波有差异地衰减。

（2）对不同试件（z不同），对同一频率声波信号，力学性质差的岩石材料 z值大，则α值大。即同一频率声波信号在不同岩石材料中的衰减也存在差异。由此，声波信号可看做一个信息载体，声波与岩石材料相互作用，经材料滤波，得到声波衰减这一表象结果，对不同岩石材料，声波中各频率成分衰减有差异，这种差异性结果也可看做一个变量，暂且称之为声波差异性衰减的表象变量。由于岩石材料的力学特征值 λ'，μ'，λ，μ 不容易得到，可通过研究声波衰减的差异性表象结果来对比研究岩石材料的力学性质差异。

事实上对不同岩石材料，不可能只研究它们对几个频率的差异衰减结果，这样做也十分困难。由于测试用超声探头激发出的声波频率在一个很广的范围内，可考虑用波谱分析的方法来研究接收信号中各频率成分能量的差异衰减结果。考虑到声波各频率成分的能量只与振幅有关，与相位无关，因此本书只讨论振幅谱。

6.3.2 声波信号的提取

一般来说，声波仪记录的信号基本由三部分组成，即声波信号、零线漂移和噪声信号。由于采用压电式探头，还另有一个特殊的信号，即死区脉冲信号，可表示为：

$$x(t) = s(t) + n(t) + A + \sigma(t)$$

式中，$x(t)$ 为声波仪记录的信号；$s(t)$ 为声波信号；$n(t)$ 为噪声信号；A 为零线漂移；$\sigma(t)$ 为死区脉冲信号。

（1）噪声的存在，将影响波谱的计算精度。但是噪声信号不能完全消除，只能减小它的影响程度。本次实验采用信号叠加技术记录波形，由于噪声是无规则的，而声波信号是稳定的，经过记录信号的多次叠加，可有效地降低噪声，提高信噪比。

（2）任何信号的模拟记录都有零线（或称基线），由它开始来计算信号的振幅，无振动时的记录线为零线，为方便计，数字化时常常不是以真正零线为基线，而是取平行零线的直线为起算线，一般是使全部测量数值为正值。本次实验所用 DB4 型多波参数分析仪零线移动值为 125～127。本次测试数据用两种方法计算波谱，一是对 0～409.5μs 声波记录进行傅氏变换，零线（$A = 126$）对谱的影响主要在低频；另一种方法是对记录信号的第一周期进行谱分析，由于脉冲短，则零线在高频段也有很大影响。为消除零线对波谱的影响，在程序中对所有记录点均减去 126，使记录线在 0 上下波动。

（3）在超声检测技术中，探头的前面有一个所谓的"死区"，这一情况的产生是由于高压发送脉冲进入接收器的输入并使它饱和的缘故，这样，在短时间内（即恢复时间），它不能对声波信号响应。死区脉冲在波谱计算中必须去除，因为这个脉冲持续时间很短，短的脉冲意味着宽的频谱，它对谱的计算结果影响很大，尤其在高频段有很大影响。为消除该脉冲信号的影响，程序中将 $5\mu s$ 前的记录值定为 0。经以上过程对记录信号处理后，可认为剩余部分为声波信号，进而可进行波谱分析。

6.3.3　波谱分析的范围与精度

频率上限由采样间隔 Δt 决定，根据采样定理，上限 f_N 为：$f_N = 1/(2\Delta t)$。如果要研究的最高频率为 f_e，理论上要求 $f_N = f_e$，即 $\Delta t = 1/(2f_e)$ 即可，但实际上达不到，由于采样误差、高频混淆、窗函数影响等，离散的波谱在高频方面还不到 f_N 就已经误差很大了。实践结果表明一般取 $\Delta t = 1/(4f_e) \sim 1/(6f_e)$，就可满足要求。可取 $\Delta t = 1/(5f_e)$。

根据实验用探头特性，取可能研究的最高频率为 1MHz，即采样步长为 $0.2\mu s$ 就可满足要求。本次声波原位测试的采样间隔就取为 $0.2\mu s$。根据《岩石物理力学性质实验规程》（DY – 1994），规定波速测定要保证计时电路时间的分辨率为 $0.1\mu s$，为减少工作量，本次实验岩芯波形记录的采样间隔为 $0.1\mu s$，这样可分析的频率上限理论值为 5MHz，实际为 2MHz。频率下限由记录长度决定，本实验声波信号步长为 $0.1\mu s$，记录长度为 $819.1\mu s$，对全域进行谱分析。下限值即谱分析最低频率为 2.44kHz。实际处理达不到 2.44kHz，要稍高一些。最低频率的确定也就确定了谱分析的分辨率，即 $\Delta f = 1/T = 2.44$kHz。

6.4　缺陷岩石声波信号处理方法

6.4.1　Fourier 谱计算

众所周知，波谱分析是量子力学、声学、无线电、光学、原子物理、数理方程、图像处理、地球物理等各个学科中资料处理的重要工具之一。近年来，波谱分析在地球物理学中获得了日益广泛的应用。变换就是对同一事物从不同领域去描写，以使变换的结果更适合于解决所关心领域的问题。Fourier 变换就是将一个函数从时间域描写转变为从频率域的描写。这种变换会使函数的某些特征变得明显，从而使问题处理简化，同时也可以获得在时间域得不到的信息。本次研究工作的主要目的就是在具备全数字化声波仪的条件下，从声波信号的频率域中提取在时间域信号中得不到的信息，丰富声波测试技术的应用手段和方法。

6.4.1.1　连续函数 Fourier 变换

给定实自变量 t 的非周期函数 $f(t)$，其积分形式为：

$$F(\omega) = \int_{-\infty}^{\infty} f(t) e^{-j\omega t} dt \qquad (6-13)$$

若上式对参数 ω 的任何实数值都存在，则称 $F(\omega)$ 是 $f(t)$ 的 Fourier 变换。$F(\omega)$ 一般是复数。可写成：

$$F(\omega) = R(\omega) + iX(\omega) = A(\omega) e^{j\phi(\omega)} \tag{6-14}$$

式中，$A(\omega)$ 为函数 $f(t)$ 的 Fourier 谱，$A^2(\omega)$ 称为函数 $f(t)$ 的能量谱；$\phi(\omega)$ 称为函数 $f(t)$ 的相位谱。$f(t)$ 可以用 $F(\omega)$ 的积分表示，称为 Fourier 反演变换或逆变换。

$$f(t) = \frac{1}{2\pi}\int_{-\infty}^{\infty} F(\omega) e^{j\omega t} d\omega \tag{6-15}$$

式（6-13）和式（6-15）是互相联系的积分方程，每一方程式都是另一方程式的解，它们把时间函数转变为频率函数或进行反变换，是联系时间域和频率域之间的桥梁。以上是一般函数的 Fourier 变换表达式。在实际问题中，所研究的信号很难用解析式表达，例如地震记录图以及本次实验取得的声波记录，它们是一条复杂的曲线，无法写出它们的解析表达式，因此在计算它们的 Fourier 变换时，就需要采用积分的近似计算。这就要求按一定的方法从连续曲线中提取离散的数值。本次实验采集的声波信号为数字化信号，要处理的问题实际上就是离散数字序列的 Fourier 变换。

6.4.1.2　离散 Fourier 变换

离散 Fourier 变换简称 DFT，是数字信号处理的一个重要手段。设信号是一个以 N 为周期的周期序列，那么可定义以下的离散 Fourier 变换对：

$$X(k) = \sum_{n=0}^{N-1} x(n) W^{nk} \qquad k = 0, 1, \cdots, N-1 \tag{6-16}$$

$$x(n) = \frac{1}{N}\sum_{n=0}^{N-1} X(k) W^{-nk} \qquad n = 0, 1, \cdots, N-1 \tag{6-17}$$

式中，$W = e^{-j2\pi/N}$ 称为旋转因子；$X(k)$ 也是一个以 N 为周期的周期序列，称为序列 $x(n)$ 的离散 Fourier 变换，简称 DFT；$x(n)$ 称为 $X(k)$ 的离散 Fourier 逆变换，简称 IDFT。就实际工作而言，面临的是如何算出 $X(k)$ 的问题。作为一个 N 维复线性变换，在所有复指数值 W_N^{kn} 都已算好的前提下，要计算一个 $X(k)$ 需要 N 次复数乘法和 N 次复数加法。算出全部 $X(k)$ 共需 N^2 次复数乘加运算。当 N 增大时，总运算量的增长是非常可观的。即使是用计算机，可能也是不堪忍受的。在实际工作中的体现就是效率低下甚至是根本不实用。为达到工程测试的实用目的，使信号的处理工作能与整个测试系统的运行速度协调，对数据进行实时处理并分析，必须节约运算时间，采用快速 Fourier 变换。

6.4.1.3　快速 Fourier 变换

FFT 的本质在于把长序列 DFT 计算适当地分解为短序列 DFT 计算。当 N 为偶数时，N 点 DFT 可分解为两个 $N/2$ 点的 DFT。把 N 点序列按偶数和奇数分为两个长为 $N/2$ 的序列（即按时间抽选）：

$$\begin{cases} g(m) = x(2m) \\ h(m) = x(2m+1) \end{cases} \quad m = 0,1,\cdots,\frac{N}{2}-1 \qquad (6-18)$$

注意到，$W_{N/2} = W_N^2$，$\{g(m)\}$ 和 $\{h(m)\}$ 的 $N/2$ 点 DFT 分别为：

$$\begin{cases} G(l) = \sum_{m=0}^{\frac{N}{2}-1} g(m) W_{\frac{N}{2}}^{ml} = \sum_{m=0}^{\frac{N}{2}-1} g(m) W_N^{2ml} \\ \\ H(l) = \sum_{m=0}^{\frac{N}{2}-1} h(m) W_{\frac{N}{2}}^{ml} = \sum_{m=0}^{\frac{N}{2}-1} h(m) W_N^{2ml} \end{cases} \quad l = 0,1,\cdots,\frac{N}{2}-1 \qquad (6-19)$$

因此 $\{x(n)\}$ 的 N 点 DFT 可以用 $G(l)$ 和 $H(l)$ 表示出来，应为：

$$X(k) = \sum_{m=0}^{\frac{N}{2}-1} g(m) W_N^{2mk} + W_N^K \sum_{m=0}^{\frac{N}{2}-1} h(m) W_N^{2mk} = G(k) + W_N^K H(k) \qquad k = 0,1,\cdots,N-1$$

$$(6-20)$$

$G(k)$ 和 $H(k)$ 以 $N/2$ 为周期，且 $W_N^{k+\frac{N}{2}} = -W_N^k$，所以对于 $k=0,1,\cdots,N/2-1$ 有：

$$\begin{cases} X(k) = G(k) + W_N^k H(k) \\ X\left(k+\frac{N}{2}\right) = G(k) - W_N^k H(k) \end{cases} \quad k = 0,1,\cdots,\frac{N}{2}-1 \qquad (6-21)$$

这样从两个 $N/2$ 点 DFT 的 $G(k)$ 和 $H(k)$ 可算出全部 N 点 DFT 的 $X(k)$ 值。式（6-21）中因子 W_N^k 在复数乘法中起一个旋转作用，称为旋转因子。式（6-21）的运算可以归结为从两个复数 a，b 求得复数 $a+bW_N^k$ 和 $a-bW_N^k$。这样的运算称为蝶形运算，在 FFT 算法中占有核心地位。显然，每个蝶形运算对应于一次复数乘法和两次复数加法运算。如用 DFT 方法直接算出 $\{G(k)\}$ 和 $\{H(k)\}$，共需 $2 \cdot (N/2)^2 = N^2/2$ 次复数乘加运算，再作 $N/2$ 次蝶形运算，共需 $N/2$ 次复数乘法和 N 次复数加法。这样，算出 N 点 DFT 共需要 $(N^2+N)/2$ 次复数乘法和 $N+N^2/2$ 次复数加法。当 N 较大时，同直接计算 N 点 DFT 所需的 N^2 次复数乘加次数相比，几乎减少了一半工作量。假如 $N/2$ 还是偶数，则 $\{G(k)\}$ 和 $\{H(k)\}$ 这两个 $N/2$ 点的 DFT 计算，又分别可以通过计算 $N/4$ 点的 DFT 和蝶形运算得到。这时蝶形有两组，每组 $N/4$ 个，总数也是 $N/2$ 个，所以也需 $N/2$ 次复数乘法和 N 次复数加法。如果 $N = 2^M$，则分解过程一直可以进行下去，共分解 M 次，到 1 点 DFT 为止。

以上所述就是 FFT 算法的核心思想。可以看出，这种最基本形式的快速 Fourier 变换算法要求点数是 2 的幂次。当序列长度不具有 2^M 的形式时，可以补上一段零，使总长度为 2^M。表 6-1 给出了 FFT 与直接 DFT 所需复数乘法工作量，从表中的具体数字可以看到，N 值较大时，FFT 的计算工作量远远小于直接 DFT 计算。

表6-1　FFT 与直接 DFT 复数乘法计算次数比较

N	M	DFT	FFT
8	3	64 次	12 次
32	5	1024 次	80 次
64	6	4096 次	192 次
128	7	16384 次	418 次
256	8	65536 次	1024 次
524	9	262144 次	2304 次
1024	10	1048576 次	5120 次
2048	11	4194304 次	11264 次

6.4.2　小波变换理论及分析方法

传统的 Fourier 变换不能刻画函数 $f(t)$ 所在的空间 $L^p(R)$（即 $e^{j\omega t}$ 并不是 $L^p(R)(p \neq 2)$ 的无条件基），只能获得 $f(t)$ 的整体频谱，因而它只是一种纯频域的分析方法，时域分析比较差（即只能确定出信号在整个时间域上的频率特征，无法对时间域和频率域实行局部分析）。Gabor（1946）引入加窗 Fourier 变换，它是信号在某个局部时间区域的频谱信息，但加窗 Fourier 变换由于其局部化格式固定不变，在处理频率变化激烈的信号时，受到相当的限制。为此，需要提出一种在空间域和频率域同时具有良好局部化性质的分析方法，小波分析由此而来。

小波分析的思想来源于伸缩与平移方法。第一个正交小波基是 Haar（1910）构造的，它就是人们熟知的 Haar 系。Littlewood 和 Palay（1936）对 Fourier 级数建立了二进制频率分量分组理论，即对频率按 2^j 进行划分，其 Fourier 变换的相位变化并不影响函数的大小，这是多尺度分析思想的最早来源。其后，Calderon（1975）用他之前提出的再生公式给出了抛物型空间上 H 的原子分解，这个公式后来成了许多函数分解的出发点，它的离散形式已接近小波展开。Stromberg（1981）对 Haar 系进行了改进，证明了小波函数的存在性。Morlet（1984）在分析地震波的局部性时，首次引入小波变换（Wavelet Transform）的概念于信号处理中，将各种交织在一起的不同频率组成的混合信号分解成不同频率的块信号。随后，Grossman 和 Morlet 一起提出了确定函数 ψ 伸缩、平移系展开理论，即现在的小波变换理论。Meyer（1985）证明了一维小波函数 ψ 的存在性。Meyer（1986）创造性地构造了具有一定衰减性质的光滑函数，其二进制伸缩与平移

$\{\psi_{j,k}(t) = 2^{-j/2}\psi(2^{-j}t-k),\ j,\ k\in Z\}$ 构成了 $L^2(R)$ 的规范正交基，将信号在该正交基上分解，构成了小波变换。Lemarie 与 Meyer、Mallat（1986）合作，提出了多尺度分析的思想。Mallat（1987）巧妙地将计算机视觉领域内的多尺度分析思想引入到小波函数的构造以及信号按小波变换的分解及重构当中，提出了多分辨分析的概念，统一了在此之前提出的各种具体小波基的构造方法，同时给出了信号和图像分解为不同频率通道的算法及其重构算法，即所谓的 Mallat 快速算法。Mallat 算法在小波分析中的地位就相当于快速 Fourier 变换 FFT 在经典 Fourier 分析中的地位。与此同时，Daubechies 构造了具有有限支集的正交小波基。至此，小波分析的系统理论初步建立起来。Mallat 与 Meyer（1989）合作建立了构造小波基的通用方法，即多尺度分析 MRA（Muti – Resolution Analysis），使小波变换成为重要的实用工具。

小波变换不仅继承和发展了加窗 Fourier 变换的局部化思想，而且克服了窗口大小不随频率变化，缺乏离散正交基的缺点。这种随着信号频率升高，时间分辨率也相应升高的特性，恰好满足对具有多刻度特征的信号进行时频分析定位的要求，这在理论和实际应用中都是十分重要的性质。目前这一理论越来越显示出其方法的优越性和应用的广泛性。小波分析被认为是调和分析（包括函数空间、广义函数、Fourier 级数和积分、奇异积分算子与拟微分算子等）半个世纪以来工作之结晶，也是信号与图像分析和工程技术近十年来在数学方法上的重大突破，是应用数学的新趋势。

6.4.2.1 连续小波变换

小波函数的定义为：设 $\psi(t)$ 为一平方可积函数（即 $\psi(t) \in L^2(R)$），若其 Fourier 变换 $\psi(\omega)$ 满足条件：

$$\int_R \frac{|\psi(\omega)|^2}{\omega}\mathrm{d}\omega < +\infty \tag{6-22}$$

则称 $\psi(t)$ 为一个基本小波或者小波母函数，并称式（6-22）为小波函数的允许条件。函数 $f(t)$ 的连续小波变换的表达式为：

$$WT_f(a,b) = \langle f(t),\psi_{a,b}(t)\rangle = \frac{1}{\sqrt{a}}\int_{-\infty}^{\infty} f(t)\ \overline{\psi\left(\frac{t-b}{a}\right)}\ \mathrm{d}t \tag{6-23}$$

式中，$\psi_{a,b}(t) = \frac{1}{\sqrt{a}}\psi\left(\frac{t-b}{a}\right)$ $(a,\ b\in R)$ 称为依赖于参数 $a,\ b$ 的小波基函数。相应的小波逆变换为：

$$f(t) = \frac{1}{C_\psi}\int_{-\infty}^{\infty}\int_{-\infty}^{\infty} WT_f(a,b)\psi_{a,b}(t)\frac{\mathrm{d}a\mathrm{d}b}{a^2} \tag{6-24}$$

其中

$$C_\psi = \int_{-\infty}^{\infty} |\hat{\psi}(\omega)|^2 \frac{\mathrm{d}\omega}{\omega} \qquad (6-25)$$

式中，$\hat{\psi}(\omega)$ 是 $\psi(t)$ 的 Fourier 变换。

　　连续小波变换是指尺度参数 a 和平移参数 b 连续变化。连续小波在计算机实现时，必须加以离散化，这一离散化都是针对连续的尺度参数 a 和平移参数 b 进行的。由于有许多好性能的连续小波变换，诸如平移不变性、伸缩共变性以及冗余性等，都非常适合于做信号分析，所以在连续小波变换中，仅仅要求小波函数满足式（6-22）的允许条件即可，这样我们在处理实际问题时选择小波就有很大的自由度。连续小波变换的冗余性在去噪，进行数据恢复以及特征提取时，均可以获得好的效果，但这需要以牺牲计算量、存储量为代价。

6.4.2.2　离散小波变换

　　把连续小波变换中的尺度参数 a 和平移参数 b 离散化形式分别取作 $a = a_0^j$，$b = k \cdot a_0^j \cdot b_0$。

$$C_f(j,k) = -a_0^{-\frac{j}{2}} \int_{-\infty}^{\infty} f(t)\,\overline{\psi(a_0^{-j}t - kb_0)}\,\mathrm{d}t \qquad (6-26)$$

　　在实际工作中，常取 $a_0 = 2$，$b_0 = 1$，即取二进制小波。为了能够使用著名的 Mallat 快速算法，离散小波变换多采用正交小波变换的形式，即要求所选择的小波是正交小波。选用正交小波进行离散变换没有连续小波的变换系数的冗余性，在保证不丢失原始信号信息的情况下，可以大大减少计算量。

　　从式（6-26）可以看出，小波变换对不同的频率成分（相应于 a_0^{-j}）在空间域上的取样步长（即 $b_0 a_0^j$）是具有调节作用的，高频者（对应于小的 j 值）取样步长小，低频者（对应于大的 j 值）取样步长大。因此小波变换能将信号分解成交织在一起的多种尺度成分，并对于大小不同的尺度成分采用相应粗细的空间域取样步长，从而能够不断地聚焦到对象的任意微小细节。

6.4.2.3　多分辨分析理论与 Mallat 快速算法

A　多分辨分析概念及其尺度函数和小波函数

　　空间 $L^2(R)$ 中的一列闭子空间 $\{V_j\}_{j\in Z}$ 称为 $L^2(R)$ 的一个多分辨分析，满足下列条件：（1）单调性：$V_j \subset V_{j-1}$，对任意 $j \in Z$。（2）逼近性：$\bigcap_{j\in Z} V_j = \{0\}$，$\bigcup_{j\in Z} V_j = L^2(R)$。（3）伸缩性：$u(x) \in V_j \Leftrightarrow u(2x) \in V_{j-1}$，即 $\{V_j\}$ 由其中的任一空间完全决定，如 $V_j = \{u(2^{-j}x) \mid u(x) \in V_0\}_{j\in Z}$。（4）平移不变性：$u(x) \in V_0 \Rightarrow u(x-k) \in V_0$，对任意 $k \in Z$。（5）Riesz 基：存在 $g \in V_0$，使得 $\{g(x-k) \mid k \in Z\}$ 构成 V_0 的 Riesz 基，即对任意 $u \in V_0$，存在唯一序列 $\{a_k\}$

$\in l^2$，使 $u(x) = \sum\limits_{k \in Z} a_k g(x - k)$；反之，任意序列 $\{a_k\} \in l^2$ 确定一函数 $u \in V_0$，且存在 A，$B \in R$，其中 $0 < A \leqslant B$，使得 $A \parallel u \parallel^2 \leqslant B \parallel u \parallel^2$，对所有的 $u \in V_0$ 成立。

已经证明，存在函数 $\phi(x) \in V_0$，使 $\{\phi(x-k) \mid k \in Z\}$ 构成 V_0 的规范正交基，而 $\{\phi_{j,k}(x)\} = \{2^{-j/2}\phi(2^{-j}x-k) \mid k \in Z\}$ 构成 V_j 的规范正交基。称 $\phi(x)$ 为多分辨分析 $\{V_l\}_{l \in Z}$ 的尺度函数。对于信号，x 的意义是时间 t。对于子空间 $V_j \subset V_{j-1}$，它的正交补空间设为 ϖ_j，即有 $V_j \oplus \varpi_j = V_{j-1}$，$j \in Z$。与 V_j 情况一样，存在一个确定的函数 $\psi \in \varpi_0$，称之为小波函数，函数系 $\{\psi_{j,k}(x)\} = \{2^{-j/2}\psi(2^{-j}x-k) \mid k \in Z\}$ 构成 ϖ_j 的规范正交基。同样，对于信号而言，x 的意义就是时间 t。

B Mallat 算法

a Mallat 塔式分解算法及其简析

设 $\{V_j\}$ 是一给定的多分辨分析，ϕ 和 ψ 分别是相应的尺度函数和小波函数，现在我们要对一个函数（信号）f 进行分析。设 $f \in V_{J_1}$，于是有分解：

$$f(t) = A_{J_1}f(t) = \sum_{k \in Z} C_{J_1,k}\phi_{J_1,k}(t) \tag{6-27}$$

由于

$$\langle \phi_{J_1,k}, \phi_{J_1+1,m} \rangle = h_{k-2m} \tag{6-28}$$

$$\langle \psi_{J_1,k}, \psi_{J_1+1,m} \rangle = g_{k-2m} \tag{6-29}$$

有：

$$f(t) = A_{J_1}f(t) = A_{J_1+1}f(t) + D_{J_1+1}f(t) \tag{6-30}$$

其中：

$$A_{J_1+1}f(t) = \sum_{m=-\infty}^{\infty} C_{J_1+1,m}\phi_{J_1+1,m} \tag{6-31}$$

$$D_{J_1+1}f(t) = \sum_{m=-\infty}^{\infty} d_{J_1+1,m}\psi_{J_1+1,m} \tag{6-32}$$

而系数间递推关系为：

$$C_{J_1+1} = \sum_{k=-\infty}^{\infty} h_{k-2m}C_{J_1,k} \tag{6-33}$$

$$d_{J_1+1} = \sum_{k=-\infty}^{\infty} g_{k-2m}C_{J_1,k} \tag{6-34}$$

引入无穷矩阵 $\boldsymbol{H} = (H_{m,k})$，$\boldsymbol{G} = (G_{m,k})$，其中，$H_{m,k} = h_{k-2m}$，$G_{m,k} = g_{k-2m}$，$h_k = \langle \frac{1}{\sqrt{2}}\phi\left(\frac{t}{2}\right)\phi(t-k) \rangle = \frac{1}{\sqrt{2}}\int_{-\infty}^{\infty}\phi\left(\frac{t}{2}\right)\overline{\phi(t-k)}\mathrm{d}t$，$g_k = (-1)^{k-1}h_{1-k}$。

则式（6-33）和式（6-34）可写成矩阵形式：

$$\begin{cases} C_{J_1+1} = HC_{J_1} \\ D_{J_1+1} = GC_{J_1} \end{cases} \tag{6-35}$$

这样一直做下去就有：

$$f(t) = A_{J_2}f(t) + \sum_{j=J_1-1}^{J_2} D_jf(t) \tag{6-36}$$

其中：

$$A_Jf(t) = \sum_{k=-\infty}^{\infty} C_{j,k}\phi_{j,k}(t) \tag{6-37}$$

$$D_Jf(t) = \sum_{k=-\infty}^{\infty} d_{j,k}\phi_{j,k}(t) \quad j = J_1+1, J_1+2, \cdots, J_2 \tag{6-38}$$

即有：

$$\begin{cases} C_{j+1} = HC \\ D_{j-1} = GC \end{cases} \quad j = J_1, J_1+1, \cdots, J_2-1 \tag{6-39}$$

式（6-39）便是 Mallat 的塔式分解算法。称 A_Jf 为 f 在 2^J 分辨率下的连续逼近，D_Jf 为 2^J 分辨率下的连续细节。A_Jf 可理解为函数 f 的频率不超过 2^{-j} 的成分，D_Jf 为 f 的频率介于 2^{-j} 和 $2^{-(j-1)}$ 之间的成分。式（6-36）~式（6-39）表明，按 Mallat 分解算法，我们将函数 f 分解成了不同的频率通道成分，并将每一频率通道成分按相位进行了分解，频率越高者，相位划分越细，反之则越疏。

b Mallat 重构算法

在式（6-33）两端同时与函数 $\phi_{J_1,k}$ 作内积，有：

$$C_{J_1} = \sum_{m=-\infty}^{\infty} h_{k-2m}C_{J_1+1,m} + \sum_{m=-\infty}^{\infty} g_{k-2m}d_{J_1-1,m} \tag{6-40}$$

即

$$C_{J_1} = H^*C_{J_1+1} + G^*D_{J_1+1} \tag{6-41}$$

式中，H^* 和 G^* 分别为 H 和 G 的共轭转置矩阵。由式（6-40）或式（6-41）递推，即得如下的 Mallat 重构算法：

$$C_j = H^*C_{j+1} + G^*D_{j+1} \quad j = J_2-1, \cdots, J_1-1, J_1 \tag{6-42}$$

6.4.2.4 小波基函数及分析尺度的选取

A 小波基函数的选择

与标准 Fourier 变换相比，小波分析中所用的小波函数不具有唯一性，即小波函数 $\psi(t)$ 具有多样性（我们可以选择非正交小波、正交小波、双正交小波甚至是线性相关的）。在小波分析的工程应用中，一个很重要的问题是最优小波基的选取问题，这是因为应用不同的小波基解决同一个问题会产生不同的结果。

另外，根据从信号中提取的信息不同，也应恰当地选择小波和构造小波函数。作者针对声波信号处理的要求，首先从理论上讨论了小波函数的选取准则，并利用小波分析后重构信号和原始信号的误差大小来比较判定小波基函数的好坏，最终选定解决实际问题的最优小波基。

在对声波信号进行小波分析时，我们可以考虑选择衰减较快的、和超声子波形状很相近的波形作为小波（满足允许条件）。常见的超声子波有零相位子波、最小相位子波等。连续小波变换是一种冗余变换，子波在空间两点之间的关联增加了分析和解释变换结果的困难，而离散的正交小波变换则不会出现这种缺陷。选择和构造一个正交小波要求具有一定的紧支集、平滑性和对称性。紧支集保证有优良的空间局部性质；对称性保证子波的滤波特性有线性相移，不会造成信号的失真；平滑性保证频率分辨率的高低。但是上述三点不可能同时得到满足。紧支撑性与平滑性两者不可兼得，要求小波具有较高的光滑性，必然要求增加小波支集的长度；反之，为了保证小波分析的局部特性，支集的长度要尽量小，但这又保证不了光滑性。综合考虑，必须采取某种折中做法，保证一定的紧支撑性、对称性和平滑性来选择小波。

下面我们针对 db 小波与 sym 小波这两类运用较多小波基，选用小波抽取某一声波数据进行离散小波变换及其重构，然后计算重构信号与原始信号间的误差，考虑两种情况来对误差结果进行分析：（1）滤波器长度不同（选择同一家族小波，如对于 db 族某一小波 db$N$，滤波器长度为 $2N$），结果见表 6 - 2；（2）滤波器长度相同（不同家族小波，选择 db 族小波和 sym 族小波），结果见表 6 - 3。误差的标准有两种，即最大误差（一道声波记录中所有误差值的绝对值的最大值）和平均误差（一道声波记录中所有误差绝对值的均值）。

表 6 - 2 滤波器长度不同的误差结果比较

项 目	db1	db2	db3	db4	db5	db6	db7	db8	db9
最大误差/×10^{-10}	1.45	7.39	6.50	1.15	1.53	0.801	13.3	269	289
平均误差/×10^{-10}	0.311	1.86	1.47	0.266	0.386	0.208	3.37	65	70.3

表 6 - 3 滤波器长度相同的误差结果比较

项 目	db4	sym4	db8	sym8
最大误差/×10^{-10}	1.157	5.096	269.1	1369
平均误差/×10^{-10}	0.2668	1.288	65.04	338.3

误差分析结果表明：对于支集长度较小的 db1，db2，db3 小波来说（db 是数学家 Daubenchies 提出的一组小波的简称），由于光滑度不够，重构信号的误差都比较大。而对于 db7，db8，db9 来说，随着滤波器长度的增加，紧支集区间

也变大，光滑性得到了保证。但误差逐渐增大说明了由于支集长度的增加，局部性下降。db4 和 db6 小波在所有 db 家族小波中误差较小，说明这两种小波基能够很好地顾及正交小波的紧支集和平滑性。对于滤波器长度相同（支集长度相同）的不同小波类型来说，可以看出在选定的两种滤波器长度下，db 族小波都优于 sym 族小波。从两种类型的小波函数图可以看出，db 族小波比 sym 族小波与超声子波更为相近，理论分析和误差结果说明了这一点。db4 小波分析后误差结果如图6-9 所示。

由图6-9 可以看出，原始信号和重构信号完全一样，只是有微小的误差，误差数量级为 10^{-10}。这说明我们选用的小波来分解和重构信号是可行的。因此采用 db4 小波（函数图见图6-10）对声波进行信号处理。

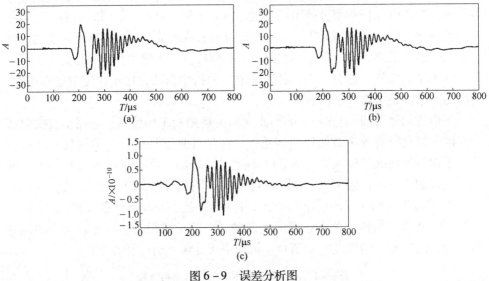

图6-9　误差分析图

（a）原始信号；（b）重构信号；（c）误差大小

B　分析尺度的选择

如上节所述，本次实验的信号采样间隔多采用 0.1μs 和 0.2μs 两个档次，相应的可分析频率上限分别为 5MHz 和 2.5MHz。因此作者对声波信号在 8 个不同尺度（1/2，1/4，1/8，1/16，1/32，1/64，1/128，1/256）下进行二进小波分解及相应的频谱分析，最后一层分解的频率上限为 20kHz 和 10kHz，满足声波分析的频带要求。

6.4.2.5　小波消噪及声谱特征值的选取

从时域信号中了解声波随时间变化特征，可获声速、时域最大振幅等参数；从频域信号中了解声波的频率特征，可获主频、频域最大振幅及谱面积等参数。由于数据采集时仪器和机械固有的因素，使所采数据含噪声信号。因为有用信号

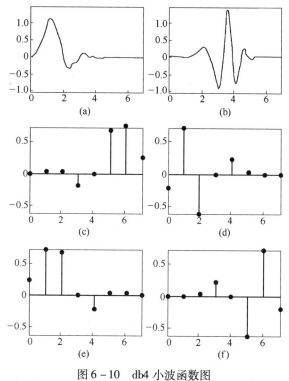

图 6-10 db4 小波函数图

（a）db4 对应的尺度函数；（b）db4 对应的小波函数；（c）db4 分解低通滤波器；
（d）db4 分解高通滤波器；（e）db4 重构低通滤波器；（f）db4 重构高通滤波器

自身是变动的，同时信号噪声分布是局部的，所以采用标准滤波方法用于消噪处理并不合理。有用信号和噪声在小波变换下的变化规律不同是利用小波分析进行噪声滤除的基本原理。小波变换以其多分辨特性对过程状态信号进行处理，实现信噪分离和压缩是非常理想的。

不同岩性、结构、构造、裂隙状态的岩石以及同一种岩石处在不同的荷载条件下，除声速和衰减随应力具有明显的变化外，声波波谱特征也将随应力的改变而改变，为了研究声波在不同性质岩石中的变化规律，必须从声波信号中提取对其敏感的频域参数。传统的 Fourier 变换可以得出主频率（f_0）、频域最大振幅（A_{fmax}）、谱面积（M_0）等参数。如前所述，这种方法对处理频率变化激烈的信号时，受到相当的限制，而经过小波分析后的声谱数据则可以大大弥补这一不足。不同尺度下的小波分量的波谱参数对岩石材料的上述性质的敏感性不同，并且在岩体尺度 1/2 和 1/4 下以及岩芯尺度 1/2、1/4、1/8 下的小波分量为声波信号中的高频干扰（即噪声，在后面的小波分析中可以明显看出），为了有效地利用异常进行解释，必须将噪声过滤。因此作者对于岩体声波信号提出了利用第 3~8 层小波的加权波谱参数，对于岩芯采用第 4~8 层小波的加权波谱参数来分析的方法。加权波谱参数为：

频域最大振幅加权

$$\overline{A}_{\text{fmax}} = \frac{\sum_j A_{\text{fmax}}^j \cdot A_{\text{fmax}}^j}{\sum_j A_{\text{fmax}}^j} \quad (j = 3, 4, \cdots, 8) \tag{6-43}$$

频域谱面积加权

$$\overline{M}_0 = \frac{\sum_j M_0^j \cdot M_0^j}{\sum_j M_0^j} \quad (j = 3, 4, \cdots, 8) \tag{6-44}$$

式中，A_{fmax}^j，M_0^j 分别为第 2^j 尺度下的小波分量的频域最大振幅和谱面积。可以看出，加权波谱参数是声波信号在不同频带上能量的综合反映。本次测试没有采用各层小波的主频加权参数，这是由于不同频带小波分量的主频只是对应各分量最大振幅的频率值，没有具体的能量意义，因此采用整个频带信号的主频值 $\overline{f}_0 = f_0$。

6.5 小波变换程序实现和激发信号的小波分析

MATLAB 是一种数值计算编程语言，主要功能有：数值分析、矩阵运算、信号处理和图形显示。它为工程技术人员提供了强大的数值计算和显示平台以及不同领域的扩展工具箱，研究人员无须在格式转换和程序编制上花费大量时间。作者利用 MATLAB 语言编制了对声波数据信号的快速小波变换及其频谱分析的程序（部分源代码见附录 B）。输入为原始的时程信号文件，输出为分解后重构了的各尺度数据及其频谱数据文件，程序编制的总体思路与流程见图 6-11。利用上述程序，对完整花岗岩岩芯声波透射信号进行小波变换和频谱分析，如图 6-12 所示。

由图 6-12 可以看出，声波信号通过小波变换后被分解为不同的频带通道的信号，从而可以分别对每个频带通道的信号进行独立分析。由于属高频干扰，故未列出第 1，2 层小波分量。在第 3 层小波分

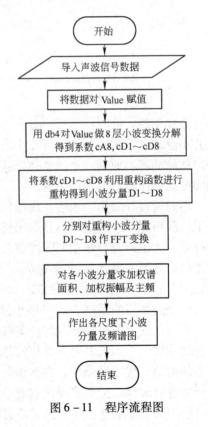

图 6-11　程序流程图

解时域图上可以看出声波能量开始增加，振幅变大，其频域图上有微小的波动。在第4层上可以看出声波能量开始明显增加。频域上，出现了350~450kHz频带上的具有一定能量的声波。第5层小波能量达到最大，其频域上出现了150~400kHz的频带，主频为220kHz的声波。第6层小波能量开始下降，频带主要在50~200kHz之间。第7，8层分解能量继续降低，带宽减小。第8层的主频不到20kHz。显然，通过小波变换，将频率变化激烈的信号分解成不同频率的块信号，弥补了Fourier变换时频分析差的不足，便于工程人员识别噪声并对不同频带通道的信号进行分析。

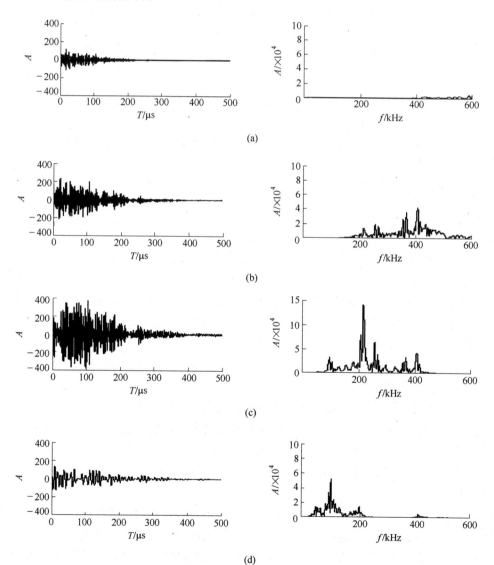

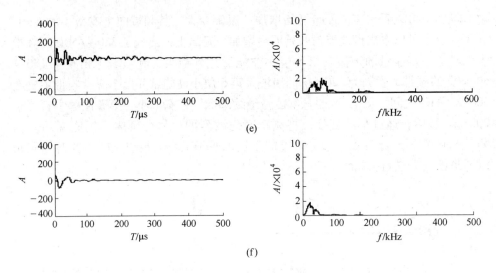

图6-12 完整花岗岩岩芯声波透射信号的小波变换及其频谱图

(a) D3的小波变换及其频谱图；(b) D4的小波变换及其频谱图；(c) D5的小波变换及其频谱图；
(d) D6的小波变换及其频谱图；(e) D7的小波变换及其频谱图；(f) D8的小波变换及其频谱图

6.6 工程应用

6.6.1 工程背景

南京地铁南北线一期工程（小行—迈皋桥）线路，从小行站起向东，转向宁丹路，再沿雨花西路、中山南路、新街口、中山路、鼓楼、中央路，从许府巷北侧转向铁路南京站，而后穿越小红山，再沿十里长沟到达一期工程的终点站迈皋桥站。工程全长16.99km，其中地下线长10.62km，占全线总长的63%，途径穿越不同的地层地貌。

6.6.1.1 自然地理条件

A 地形地貌特征

南京市三面环山，一面濒水，地势起伏较大，市内丘陵、平原交错，现代水系贯流，地下埋藏有一条纵贯南北的秦淮河古河道，形成了比较复杂的地貌形态和地质结构，市区及市郊的一些剥蚀残丘大致呈北东向分布，形成三段基岩隆起，将南京市分割为南北两个小盆地，并由古河道将这两个盆地联系为整体（见图6-13）。

三道基岩隆起构成低山丘陵地貌，主要由剥蚀残丘及侵蚀堆积阶地组成。其间发育有坳沟或山间洼地，地形起伏较大。低山丘陵区覆盖土层厚度一般不超过20m，局部地段基岩直接出露地表。覆盖土层除坳沟中分布有较弱土层外，均为

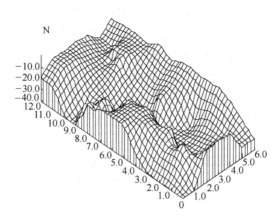

图 6-13 南京市区基岩埋深等值线图及曲面图

中、晚更新世沉积的下蜀组可塑、硬塑状态的黏土和粉质黏土。

古河道冲积平原主要由河漫滩及古河床构成，其一般发育有四级埋藏阶地。构成埋藏阶地的土层主要为晚更新世末期至早全新世沉积的可塑状态粉质黏土，局部为软、流塑状态的黏土及粉土等，阶地面以上则为中、晚全新世沉积的淤泥质粉质黏土、粉土、粉细砂层，其中粉、细砂主要分布于古河床之中。

B 气象及水文特征

南京市属温暖潮湿亚热带季风性气候，气候温和，年平均气温 15.5℃。受季风气候影响降水充沛。纬度上已进入温带，距海较近，但仍具寒暑变化显著、四季分明的特征。

流经南京的主要河流有长江和秦淮河。长江自芜湖流向东北，至南京附近突折向东及东南，形成向北凹的弧形，于大胜关会运粮河进入市境。境内长江水深 15m（上游）~50m（下游），江宽一般在 1500m 以上。夏季水涨具倒灌现象，河流补给地下水。干旱季节地下水补给河流。长江此段为中下游，以沉积和侧蚀作用为主，河道易变，形成诸多心滩、牛轭湖。河床平面形态已发育为蛇曲。秦淮河自上方门入南京市，于通济门外分为两支，外秦淮河（护城河）绕市区三面。内秦淮河由东水关入城汇聚小流后西北出水西门与外秦淮河汇流，再沿城墙流入长江。河床宽 15~70m，水深夏季 3~7m。内秦淮河长期淤塞，河床较外秦淮河高超过 2m。其流速缓慢，沉积作用为主，侵蚀作用微弱。

6.6.1.2 地层特征

南京地区大地构造位置上属下扬子板块，从震旦纪以来长期交替沉积了各时代的海相、海陆相地层。中下三叠系青龙组沉积后，经印支运动及中生代燕山运动，奠定了本区地形的基本轮廓，并在相邻凹陷区及山前山间盆地堆积了白垩纪及第三纪红层及侏罗纪的火山岩系。

鼓楼站以南，基岩主要包括白垩纪沉积岩。鼓楼站和珠江路站之间，是上白垩统浦口组（K_{2p}）的砾岩。珠江路以南，是下白垩统葛村组（K_{1g}）的泥质粉砂岩、粉砂质泥岩。这些沉积岩都以红色和紫红色为主，因此称为红层。

鼓楼—许府巷站区间为紫红色安山岩及相应凝灰岩、火山角砾岩，属于上侏罗统龙王山组（J_{3l}）。从玄武门站到小红山，出露有闪长岩和闪长玢岩，由燕山运动早期侵入。玄武门—南京站站区间有灰黑色和灰绿色的闪长岩。小红山主要出露灰黄、灰白色闪长玢岩，风化严重。

小红山、迈皋桥站以及迈皋桥—东井亭区间出露中－下侏罗统象山群（J_{1-2x}）的灰白色砂岩、石英砂岩，含长石偏多，夹有硅质页岩。

6.6.1.3 地质构造

南京位于下扬子板块前陆褶皱带，历史上曾经历主要的构造运动有印支运动、燕山运动、喜山运动。印支运动是指褶皱成陆，形成弧形的基底褶皱构造；燕山运动则表现为断块运动，形成和缓的盖层褶皱和断裂；喜山运动规模强度均较弱，主要表现为断裂构造，但对工程地质而言，该期构造意义最为重要。

通过对南京市区地质资料和地铁前期勘察资料的收集和综合分析，结合本次钻探和物探工作，发现地铁所遇主要断裂有：南京站—东井亭区间断裂、珠江路—鼓楼—玄武门区间断裂等多条断裂构造。

南京站～东井亭区间断裂如下：

（1）F1断层：分布于岗间凹地和岗丘地段，断裂带宽十几至几十米，断裂带内有闪长玢岩侵入，上盘为三叠系周冲村组角砾灰岩，下盘为侏罗系象山群的砂岩。岩体挤压破碎，不规则裂隙发育，推测该断层为压性断层，走向北东，断层面倾向南南东，倾角20°～50°。

（2）F2断层：分布于岗前平地北侧和岗丘南侧地段，岩芯以闪长玢岩为主，变质较弱，岩体破碎，裂隙极发育。下盘为周冲村组灰岩。推测该断层为压性断层，走向北西，断层面倾向南西，倾角30°～73°。

珠江路—鼓楼—玄武门区间断裂如下：

（1）南侧断裂：位于鼓楼隧道附近，以灰白带灰黑色间紫红色角砾岩为主，含砾砂岩，岩芯极破碎，不规则裂隙极发育。

（2）北侧断裂：位于鼓楼—安仁街南口，岩性为红色砂砾岩、碳酸盐化凝灰角砾岩、泥岩等，岩芯极破碎，总体走向NW280°，倾向南，倾角陡，属正断层。

6.6.2 测井岩体及特征

本次野外测井试验均位于地铁隧道沿线，岩芯样品亦均取自相应孔位的岩体。地铁沿线基岩的岩性主要为安山岩、砂岩、砾岩、闪长岩、灰岩、泥岩等。图6－14所示为研究区的典型工程地质剖面图。

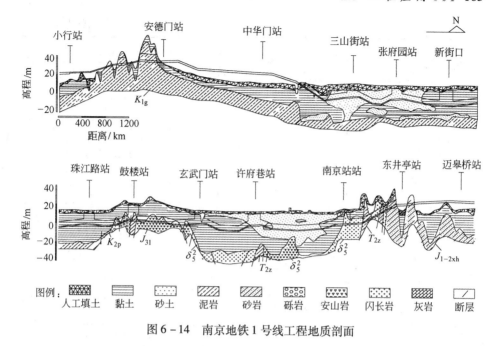

图6-14 南京地铁1号线工程地质剖面

此区各层组分布规律与岩体基本特征见表6-4，将基岩划分为强风化、中微风化、破碎带等3个亚类。

表6-4 工程地质层组

亚组	亚组名称	岩组代号	岩土基本特征	沉积环境与成因类型	分布特征	风化程度
VI_{1MW}	泥岩	K_{1g}	呈土状，遇水极易软化	山麓湖盆陆相	珠江路以南	强风化
VI_{2MF}			基本完整，属软质~极软质岩石			中微风化
VI_{1SW}	砂岩	K_{2p}, J_{i-2xh}, T_{2h}	砂土状、碎石状，手捏易碎，遇水软化	山麓湖盆陆相、海湾泻湖	鼓楼岗南坡，小红山—东井亭—迈皋桥一线	强风化
VI_{2SF}			次硬~硬质，砂质、泥质等胶结			中微风化
VI_{1GW}	砾岩	K_{2p}	砂土状，深部碎石状，遇水软化	山麓湖盆陆相、海湾泻湖	鼓楼岗南坡	强风化
VI_{2GF}			磨圆度、分选性差，泥质、钙质、铁质胶结			中微风化

续表 6 – 4

亚组	亚组名称	岩组代号	岩土基本特征	沉积环境与成因类型	分布特征	风化程度
Ⅵ 1_AW	安山岩	J_{3L}	砂土状, 下部夹硬质岩碎块, 手捏易碎	陆相(岩浆岩)	鼓楼岗北坡, 玄武门至许府巷	强风化
Ⅵ 2_AF			节理裂隙发育, 以短柱状为主			中微风化
Ⅵ 1_DW	闪长岩	J_{3L}	碎石状	侵入岩体	玄武门, 童家巷—南京站—东井亭	强风化
Ⅵ 2_DF			节理裂隙发育			中微风化
Ⅵ 1_LW	灰岩	T_{2Z}	破碎	海湾泻湖	许府巷, 南京站—东井亭	强风化
Ⅵ 2_LF			少量节理裂隙发育, 发育有溶洞			中微风化
Ⅵ 3_SF	砂岩		破碎, 软硬相间	构造	鼓楼岗, 小红山	破碎带
Ⅵ 3_AF	安山岩		呈碎块状, 不规则裂隙极发育	构造	鼓楼岗	破碎带

对基岩 15 个钻孔近百个岩样通过如下的多种手段, 综合分析了测试结果的可靠性及产生原因: (1) 岩芯鉴别与描述; (2) 岩芯节理裂隙的详细统计与描述; (3) 现场点荷载试验; (4) 波速测井; (5) 岩样的室内单轴抗压强度试验; (6) 岩样的声波检测(纵波、频谱分析、小波变换); (7) 岩矿鉴定。对比 8 类岩体数百个岩样测试、原位测井以及岩体质量数据, 各参数平均值见表 6 – 5。

表 6 – 5   南京地铁 1 号线基岩测试结果统计

岩组名称	岩组代号	岩块单轴抗压强度 R_c/MPa	完整性系数 K_v	岩样波速 v_{rp} /km·s^{-1}	岩体波速 v_{mp} /km·s^{-1}	BQ	基本质量级别
中风化闪长岩	δ_{u-2}	29.38	0.64	3718	3859	275	Ⅳ
中风化闪长玢岩	δ_{u-2a}	22.74	0.62	4079	3073	258	Ⅳ
中风化安山岩	J_{3L-2}	28.61	0.65	3512	3698	269	Ⅳ
中–微风化砾岩	K_{2p-2-3}	12.9	0.76	3876	3225	257	Ⅳ
中风化砂岩	$J_{i-2xh-2}$	12.12	0.7	4398	3654	186	Ⅴ
中风化角砾岩	T_{2Z-2}	30.95	0.72	4830	4102	298	Ⅳ
中–微风化粉砂质泥岩	K_{1g-2-3}	5.42	0.74	2516	2318	193	Ⅴ
断层破碎带	F_r	20.32	0.29	2552	3092	163	Ⅴ

6.6.3 岩体超声波分级及波谱特征分析

6.6.3.1 波速分级

在对各层岩体进行 BQ 分级时，以技术钻孔超声波测井数据为基础，对岩体按照超声波速 v_p 做了质量分级，各岩层岩体超声波速度均值见表 6 - 5。从表 6 - 5 中可以看出：v_p 与 BQ 值之间相关性较差，相关系数都低于 0.59。

虽然理论上讲，由于岩体的地质条件十分复杂，岩体质量的级别取决于多种因素，而 v_p 是对岩体质量诸影响因素的间接的、综合的反应，因此这两种分级因素和分级模式都不同的分级方法只应该具有一定的相关性。然而，本次研究中 v_p 与 BQ 值之间相关性很差，相同 v_p 值的岩体其 BQ 值的差异相当大，最大的达到 282，即在岩体基本质量等级上相差 2 ~ 3 个级别。由于 BQ 分级研究比较成熟，已经成为国家强制性的分级方法。这样悬殊的差别，说明 v_p 法测定岩体质量的方法有较大的问题，有理由采用声波动力学参数对声波岩体质量方法进行修正，以提高其预报精度。

6.6.3.2 小波及波谱分析

如前文所述，对技术钻孔各层岩体的超声波信号进行 8 层小波变换及其频谱分析，除了可以得到波速这一运动学特征值，还可以得到声波主频率、加权频域最大振幅及加权频域谱面积等动力学特征值。现举例如下。

B1 钻孔 17m 处，岩体波速 4166m/s，岩体基本质量 328，属于 Ⅳ 级上限的岩体。其声波信号的小波变换及频谱分析如图 6 - 15 所示。

从图 6 - 15 可见，除了波速指标以外，测井声波信号还携带出了大量的频域信号特征。图中的第 5，6 层小波呈现出明显振动，说明声波信号的能量主要集中在这两层小波内。

常规的声波岩体质量分级方法只考虑 v_p 一种因素，在评价时容易产生误差。在本次测试结果中此现象明显，现举例如下：

（1）XXA34 钻孔 30m 处岩体超声波速为 2325m/s，按 v_p 法（见表 6 - 5）评价得出的岩体质量为 Ⅳ 级岩体。运用国家标准工程岩体质量分级方法计算该层位岩体基本质量 BQ 值为 257，属于 Ⅳ 级岩体。

（2）XXA34 钻孔 10m 处岩体超声速 2232m/s，与 30m 处的岩体波速十分相近。国标法确定此处岩体基本质量只有 91，属于 Ⅴ 级岩体。

（1）和（2）岩体岩性均属于粉砂质泥岩，其 v_p 值十分接近，然而岩体基本质量 BQ 值却相差很大，岩体级别也相应相差一个等级。

进一步对两处岩体声波信号做小波变换及其频谱分析，图 6 - 16 和图 6 - 17 所示分别为 XXA34 钻孔 30m 处和 10m 处岩体超声波信号分析图。图 6 - 16 所示小波分析图中，1/32，1/64，1/128，1/256 尺度上有强烈响应。而图 6 - 17 所

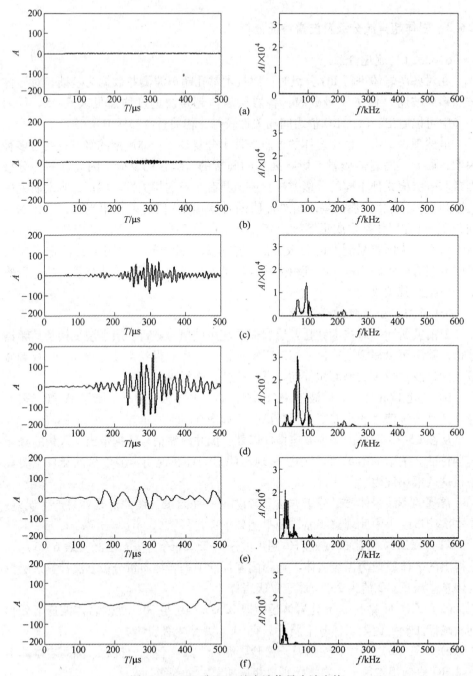

图 6-15 B1 孔 17m 处声波信号小波变换

（a）D3 的小波变换及其频谱图；（b）D4 的小波变换及其频谱图；（c）D5 的小波变换及其频谱图；
（d）D6 的小波变换及其频谱图；（e）D7 的小波变换及其频谱图；（f）D8 的小波变换及其频谱图
（注：由于高频干扰，第 1，2 层分解没有作图，下同）

示小波分析图中，只在 1/128，1/256 尺度上有较明显响应，相对高频的部分已经被衰减干净。

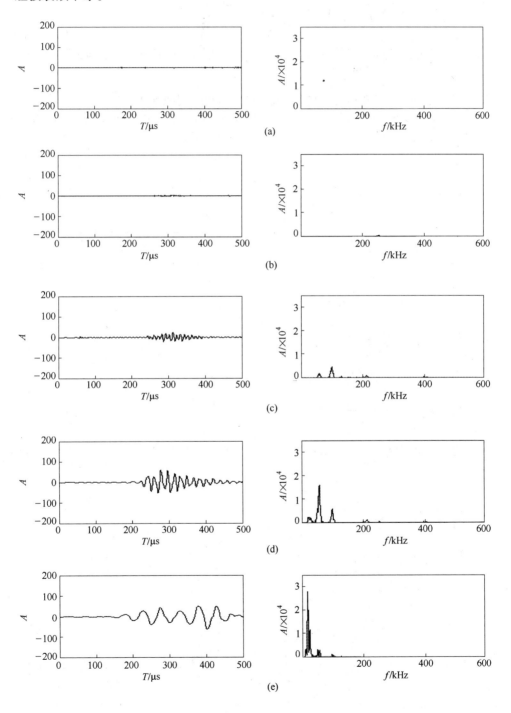

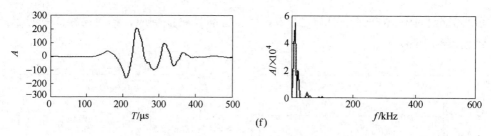

(f)

图6-16　XXA34孔30m处声波信号小波变换

（a）D3 的小波变换及其频谱图；（b）D4 的小波变换及其频谱图；（c）D5 的小波变换及其频谱图；
（d）D6 的小波变换及其频谱图；（e）D7 的小波变换及其频谱图；（f）D8 的小波变换及其频谱图

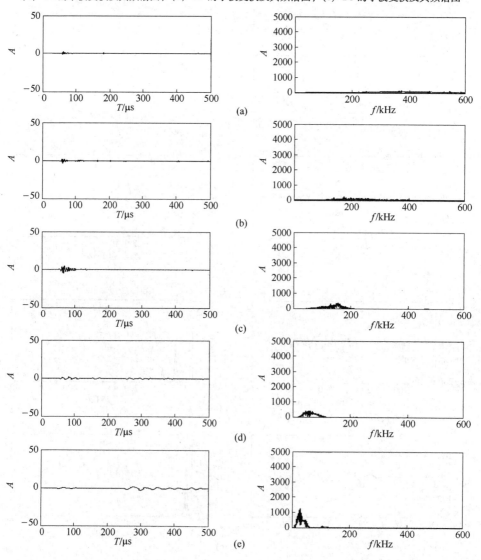

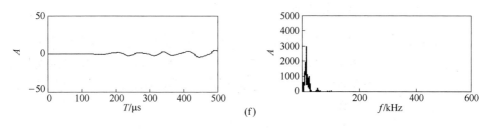

图 6 - 17　XXA34 孔 10m 处声波信号小波变换

（a）D3 的小波变换及其频谱图；（b）D4 的小波变换及其频谱图；（c）D5 的小波变换及其频谱图；
（d）D6 的小波变换及其频谱图；（e）D7 的小波变换及其频谱图；（f）D8 的小波变换及其频谱图

波速评价方法产生的偏差甚至错判在本次测试中多次出现，选取部分列于表 6 - 6 中。

表 6 - 6　波速分级误差

孔号	深度/m	岩体波速 $v_{mp}/km \cdot s^{-1}$	波速分级	BQ	基本质量级别
XND16	23	4435	Ⅱ	241	Ⅴ
	26	4207	Ⅱ	421	Ⅲ
	32	4237	Ⅱ	336	Ⅳ
XND23	25	3186	Ⅲ	369	Ⅲ
	27	2976	Ⅲ ~ Ⅳ	275	Ⅳ
	29	3105	Ⅲ	125	Ⅴ
XXA38	17	2451	Ⅳ	169	Ⅴ
	30	2976	Ⅲ ~ Ⅳ	322	Ⅳ
	32	2778	Ⅳ	359	Ⅲ
B1	10	3656	Ⅲ	285	Ⅳ
	13	3708	Ⅲ	361	Ⅲ
	15	3877	Ⅲ	153	Ⅴ

由上述例子及误差统计可以看出，由于在声波分级过程中仅仅利用了 v_p 这一单纯运动学指标，丢失了许多有用的信息，忽略了声波主频率、频域最大振幅及频域谱面积等动力学特征值。因此，v_p 法不能全面地反映岩体质量，预测精度低，容易造成偏差。

基于上述原因，作者试图在对接收波进行小波变换及其频谱分析的基础上，利用波谱信息对 v_p 岩体质量评价方法进行修正，提出一种多参数岩体超声波分级方法。

6.6.4 多参数岩体超声波分级法

岩体质量分级方法指标的确定与以下三个问题有关：（1）分级因素；（2）分级档次；（3）分级模式。在三者中分级因素最重要，它是用来建立公式的定量指标。本次研究对象是岩体声波参数与岩体基本质量 BQ 之间的关系，因此所有因素均为声学参数。

6.6.4.1 分级因素

分级因素的选取既要充分考虑到影响岩体质量的主要因子，以确保其科学性，又要考虑到所选因子均为常用量，以确保其实用性。

声波各参数均是对岩体质量诸影响因素的间接的、综合的反应。在国标岩体基本质量分级（林韵梅，1999）方法中，将影响岩体质量的主要因素分成三个家族（强度族、声波族、应力族），声波参数属于其中的声波族。由第1章可知，声波参数包括运动学参数和动力学参数两类，对于本次测试，可以获得的运动学参数有岩体波速（v_{mp}）、岩芯波速（v_{rp}），可获得的动力学参数有岩体声波信号的加权频域最大振幅（$\bar{A}_{fmax\,m}$）、加权频域谱面积（$\bar{M}_{0\,m}$）和主频（$\bar{f}_{0\,m}$）以及岩芯声波信号的加权频域最大振幅（$\bar{A}_{fmax\,r}$）、加权频域谱面积（$\bar{M}_{0\,r}$）和主频（$\bar{f}_{0\,r}$）。

为了能从上述8个变量中挑选出最佳因素，先算出它们之间的典型相关系数，再算出偏相关系数（见表6-7），后者为消除其他变量影响后的相关系数，更容易看出各变量之间的亲疏关系，用它对变量做一初步划分。

表6-7　相关分析表

变量名称	v_{rp}	$\bar{A}_{fmax\,r}$	$\bar{M}_{0\,r}$	$\bar{f}_{0\,r}$	v_{mp}	$\bar{A}_{fmax\,m}$	$\bar{M}_{0m}$	$\bar{f}_{0m}$
v_{rp}	1.000	0.029	0.055	-0.003	0.846 *	0.185	0.277	0.001
$\bar{A}_{fmax\,r}$	0.029	1.000	0.779 *	0.109	0.082	0.324 *	0.356 *	0.031
$\bar{M}_{0\,r}$	0.055	0.779 *	1.000	0.013	0.085	0.336 *	0.329 *	0.187
$\bar{f}_{0\,r}$	-0.003	0.109	0.013	1.000	0.123	0.085	0.142	0.366 *
v_{mp}	0.846 *	0.082	0.085	0.123	1.000	0.082	0.065	0.109
$\bar{A}_{fmax\,m}$	0.185	0.324 *	0.336 *	0.085	0.082	1.000	0.807 *	0.061
$\bar{M}_{0\,m}$	0.277	0.356 *	0.329 *	0.142	0.065	0.807 *	1.000	0.095
$\bar{f}_{0\,m}$	0.001	0.031	0.187	0.366 *	0.109	0.061	0.095	1.000

当样本数目大于100，且风险率为0.001时，由 Γ 分布表中查得的临界相关系数为0.32，因此，在表6-7中与框内带 * 号数字相对应的两个变量紧密相关，例如 $\bar{M}_{0\,r}$ 和 $\bar{A}_{fmax\,r}$ 的相关系数为0.779，该值大于上述临界值，表明两者属于同一亚族。

然后，采用系统聚类法对 8 变量进行分类，其结果列于表 6-8。

表 6-8　相关分析表

方法编号	方法名称	变量名称							
		v_{rp}	v_{mp}	$\bar{f}_{0\,r}$	$\bar{f}_{0\,m}$	$\bar{A}_{fmax\,r}$	$\bar{M}_{0\,r}$	$\bar{A}_{fmax\,m}$	$\bar{M}_{0\,m}$
1	最短距离法	A	A	B	B	C	C	C	C
2	最长距离法	A	A	B	B	C	C	C	C
3	组间平均锁链法	A	A	B	B	C	C	C	C
4	组内平均锁链法	A	A	B	B	C	C	D	D
5	重心法	A	A	B	B	C	C	D	D

综合分析表 6-7 与表 6-8 的分类结果，可以看出，划类的总趋势一致，即 8 个变量应划分为如下三类：

（1）A 类：运动特征参数族（含 v_{mp} 和 v_{rp}）。

（2）B 类：频率响应参数族（含 $\bar{f}_{0\,r}$ 和 $\bar{f}_{0\,m}$）。

（3）C 类：能量特征参数族（含 $\bar{A}_{fmax\,r}$、$\bar{M}_{0\,r}$、$\bar{A}_{fmax\,m}$、$\bar{M}_{0\,m}$）。

依靠相关分析只能找出哪些变量属于同一族。虽然可以按照等权的原则，将每组内多余的变量删出判据之外，但却无法论证出适合于分级使用的最佳因素组合。对 8 变量而言，全部可能的因素组合方式有 255 种。所以，考虑参数使用的科学性和实用性，通过逐步回归分析方法来挑选最佳因素进行评价是完全必要的。

逐步回归分析对自变量的选取是逐步进行的，每步只选择一个变量，要求这个变量是所有候选变量中对岩体质量级别方差贡献最大的一个。比较各变量对级别的方差贡献，排出贡献最大的一个变量后，再对这一变量做检验，通过检验，则引进此变量，否则不予引进，那些较次要的变量将在建立公式时自动剔除，这就保证了入选的自变量都是重要的。在逐步回归时，公式中的因变量为每个样本工程的岩体基本质量 BQ 值。

将根据逐步回归法进行检验的结果列于表 6-9 中。

表 6-9　变量逐步回归结果

优选方法	变量名称					
	第 1 入选	第 2 入选	第 3 入选	第 4 入选	第 5 入选	第 6 入选
逐步回归	v_{mp}	v_{rp}	$\bar{f}_{0\,m}$	$\bar{f}_{0\,r}$	$\bar{M}_{0\,m}$	$\bar{A}_{fmax\,m}$

逐步回归选中的定量指标依次为 v_{mp}，v_{rp}，$\bar{f}_{0\,m}$，$\bar{f}_{0\,r}$，$\bar{M}_{0\,m}$，$\bar{A}_{fmax\,m}$。进一步对这五个参数作选择，由于 v_{mp} 和 v_{rp} 同属于 A 类参数，因此剔除方差贡献较小的 v_{rp}；同样原因剔除参数 $\bar{f}_{0\,r}$ 和 $\bar{A}_{fmax\,m}$。最后选取运动特征参数 v_{mp}、频率响应参数 $\bar{f}_{0\,m}$ 和能量特征参数 $\bar{M}_{0\,m}$ 三个参数为最终的定量指标。将这三个指标定为判断岩

体基本质量的最佳分级因素是合理的，其科学性和实用性分述如下。

（1）科学性：1）它们分属于三个不同性质的声学参数，符合在一个类型参数中遴选一个的等权要求；2）它们在各自家族中方差贡献最大，对建立公式有显著作用。

（2）实用性：岩芯各声波参数需要取芯后经过制样、饱水、测试等一系列繁琐的准备工作和室内实验获得，将消耗大量的人力、物力、财力，而 v_{mp}、$\overline{M}_{0m}$ 和 $\overline{f}_{0m}$ 三个定量指标的获得均可与野外测井同时完成，十分方便。

6.6.4.2　分级挡数

分级挡数以多少级为最佳，可以运用聚类分析方法进行论证。东北大学曾用动态分级法对不同变量数目的矿山工程抽样进行分析，得出在任意变量组合方式下，可靠性值均随分级挡数的增加而减少，即分级挡数越多，评级的可靠程度降低的结论。但另一方面，挡数增加，评级的精度却可以增加。

选择本次研究通过国家标准工程岩体基本质量分级法所求得的 BQ 值作为因变量，其分级挡数为 5 级（参考目前国内外使用的挡数，兼顾可靠性与精确度两方面的需要），因此确定岩体超声波分级中使用的挡数为 5 级。

6.6.4.3　分级模式

由 v_{mp}、$\overline{M}_{0m}$ 和 $\overline{f}_{0m}$ 三个定量指标构成的基本质量指标可由多种函数形式表达。流行的方法有积商法与和差法。本次研究采用的是常用的和差法。

首先将各参数归一化（除以最大值），运用最小二乘法对各参数及其对应的 BQ 值进行多元线性回归，部分数据如表 6 – 10 所示。

表 6 – 10　XXA34 孔声波参数及对应的 BQ 值

深度/m	v_{mp}	$\overline{M}_{0m}$	$\overline{f}_{0m}$	BQ
10	0.09	0.26	0.74	180
14	0.26	0.08	0.01	91
23	0.27	0.32	0.53	199
25	0.26	0.06	0.67	184
27	0.35	0.38	0.66	208
29	0.15	1.00	0.76	190
30	0.23	0.36	0.88	207
33	0.25	0.29	0.80	211
35	0.30	0.31	0.86	222
36	0.31	0.35	0.79	207

计算其正规方程组，解方程组得回归系数，进而求得方程：

$$BQ_{(v_{mp}, \overline{f}_{0m}, \overline{M}_{0m})} = 93 + 92v_{mp} + 81\overline{f}_{0m} + 34\overline{M}_{0m} \qquad (6-45)$$

利用式（6 – 45）对所分析的声学参数进行计算，得到的 $BQ_{(v_{mp}, \overline{f}_{0m}, \overline{M}_{0m})}$ 值与

其对应的国标 BQ 值相关系数为 0.876，其关系如图 6 - 18（a）所示，很明显，远远高于单纯的 v_{mp} 值与 BQ 值之间的关系，如图 6 - 18（b）所示。

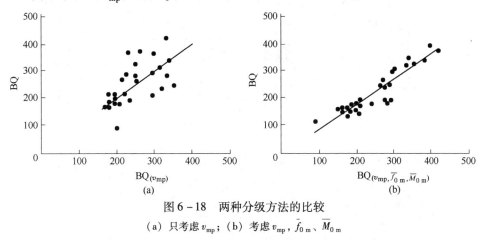

图 6 - 18　两种分级方法的比较

（a）只考虑 v_{mp}；（b）考虑 v_{mp}，$\bar{f}_{0m}$、$\bar{M}_{0m}$

采用多参数声波岩体质量分级方法对岩体质量进行定量评价，其预测可靠性大大高于以往单独使用 v_p 一种评价指标，因此，该方法具有一定的科学意义和实用价值。

本研究以红砂岩、大理岩和花岗岩为研究对象，从干燥和饱和两种条件下对岩石中传播的声波波形、波幅衰减规律、波谱特征进行分析，并利用小波变换（wavelet transform）对声波信号进行考察，研究声波信号不同频率段的能量变化特征，以揭示岩石声学特性与岩样含水饱和环境、岩芯致密程度的内在联系。

6.7　饱水对缺陷岩石声学特性的影响

6.7.1　岩样特征和试验方法

考虑岩性与饱水状态对声波传播规律的影响，试验选取一种沉积岩、一种变质岩（白色大理岩）、一种火成岩（红色花岗岩）分别在干燥与饱水条件下进行测试（室温 23℃）。同时试验采用有机玻璃试样对测试仪器进行标定。为尽可能保持岩样的原有状态及一致性，三种岩样均取自三块比较完整的大岩块。试验所用的标准岩样共有两种规格，红砂岩岩样及有机玻璃样品为直径 50mm，高度 100mm 的圆柱体，大理岩及花岗岩为 50mm × 50mm × 100mm（长×宽×高）的长方体。岩石加工均在刚性岩芯钻取机、切割机及打磨机床上进行。岩样两端面不平整度小于 0.05mm，沿试件高度两对边长度误差小于 0.3mm，以确保岩样端面平行，最大偏差小于 0.25°。加工过程中应避免产生裂缝。几种岩石试样如图 6 - 19 所示，砂岩、大理岩和花岗岩试样的典型显微结构如图 6 - 20 所示，图中可见其各类细观缺陷，试件基本参数见表 6 - 11。

图6-19 砂岩、花岗岩、大理岩等岩石试样

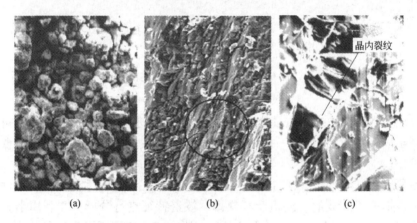

(a) (b) (c)

图6-20 各类岩石试样显微结构

(a) 砂岩；(b) 大理岩（晶内裂纹）；(c) 花岗岩（冰糖状）

表6-11 试件参数

岩样编号	岩 性	密度/g·cm⁻³	孔隙度/%	饱和吸水率/%	吸水率/%
RS-1	红砂岩	2.32	8.57	3.03	2.79
RS-2	红砂岩	2.25	9.22	2.98	2.76
RS-3	红砂岩	2.31	8.99	3.07	2.80
WM-1	大理岩	2.75	2.18	1.62	0.81
WM-2	大理岩	2.77	2.13	1.52	0.86
WM-3	大理岩	2.75	2.09	1.25	0.82
RG-1	花岗岩	2.95	0.65	0.18	0.10
RG-2	花岗岩	2.98	0.68	0.16	0.10
RG-3	花岗岩	2.94	0.62	0.19	0.12
SG-1	有机玻璃	1.21	—	—	—
SG-2	有机玻璃	1.22	—	—	—

本研究采用超声脉冲穿透法对岩样进行纵波测试，实验仪器为中国科学院武汉岩土力学研究所生产的 RSM – SY5 型智能声波测试仪（如图 6 – 21 所示），图 6 – 22 为分析仪的接口示意图。选用纵波换能器的频率为 50kHz，采样间隔为 0.1μs。纵波换能器与岩样间采用适量凡士林耦合。每次测试前用有机玻璃试件对声波测试系统进行标定，确保系统发射信号的稳定性。将岩样烘干（即岩样

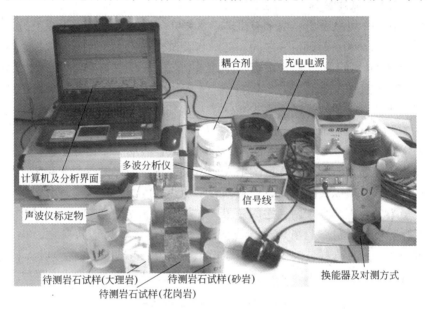

图 6 – 21　RSM – SY5 智能声波检测仪及室内岩石声波测试

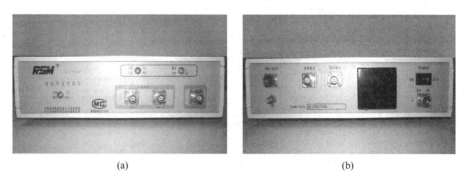

(a)　　　　　　　　　　　　　　　　　　(b)

图 6 – 22　多波分析仪正面及背面接口图

(a) 正面；(b) 背面

置于烘箱内在 100℃ 左右加热 12h 后自然冷却），测试并记录纵波波形、发射探头发射的时刻 t_0 和接收探头接收到声波的时刻 t_1，时差 $\Delta t = t_1 - t_0$，则纵波波速的计算公式为：

$$v_\mathrm{p} = \frac{L}{\Delta t}$$

(6 – 45)

式中，v_p 为纵波波速，m/s；L 为试样长度，m；Δt 为时差，s。

6.7.2　试验结果及分析

6.7.2.1　纵波波速

从表 6–12 可以看出，两个有机玻璃试样在干燥和饱水条件下纵波波速值相差不大，均在 2600 ~ 2700m/s 之间。三种岩石试样在饱水条件下纵波波速均高于其在干燥条件下的纵波波速。其中，红砂岩的纵波波速从干燥条件下平均 2850m/s 增至饱和条件下平均 3408m/s，平均相对增量为 19.55%；白色大理岩的纵波波速从干燥条件下平均 4448m/s 增至饱和条件下平均 4821m/s，平均相对增量为 8.39%；红色花岗岩的纵波波速从干燥条件下平均 5061m/s 增至饱和条件下平均 5371m/s，平均相对增量为 6.12%。试验表明，不论在干燥还是饱水条件下纵波速度随岩石的致密程度的增大而增大，三种岩样中红色花岗岩平均孔隙度最小最致密，其纵波速度最大；红砂岩平均孔隙度最大，致密程度最低，其纵波速度最小，大理岩介于两者之间。另外，由于红砂岩纵波波速相对增量最大，故水对孔隙度最大最疏松的红砂岩纵波波速影响最大，大理岩次之，花岗岩最小。饱水后，几种岩样波速变大是由于分散性和各向异性的弱化。烘干状态下，波速高者，饱水后波速增量小；而波速低者，饱水后波速增量却相对变大。

表 6–12　纵波速度试验成果

岩样编号	纵波速度/m·s^{-1}		绝对增量	相对增量
	干燥	饱水	/m·s^{-1}	/%
RS1	2778	3258	480	17.28
RS2	2857	3448	591	20.69
RS3	2914	3517	603	20.69
WM1	4545	4875	330	7.26
WM2	4348	4762	414	9.52
WM3	4452	4826	374	8.40
RG1	5000	5263	263	5.26
RG2	5036	5356	320	6.35
RG3	5147	5495	348	6.76
SG1	2683	2685	2	0
SG2	2655	2658	3	0

岩石是由各种造岩矿物组成并含有孔隙和微裂隙等结构缺陷的非均质体，岩石的物理力学性质取决于造岩矿物成分、胶结程度及孔隙和微裂隙的发育程度。岩石自身造岩矿物（石英、云母、长石等）的相对含量、矿物的胶结程度及

孔隙和微裂隙的发育程度不同，岩石纵波速度就不同。另外，岩石所处地质环境（如含水饱和程度）的差异，对纵波速度影响也不同。

一方面，声波速度的大小在很大程度上取决于岩石的孔隙度和软硬程度。声波沿测试方向传播时，对遇到的裂隙、孔隙等发生绕射，孔隙度高则绕射次数多，波传播的实际距离较大，波速较低。硬度较大的刚性介质更有利于纵波的传播，这取决于组成岩石本身的矿物成分，故花岗岩硬度最大、强度最高在三种岩石中波速也最大。另一方面，试样饱水后孔隙和微裂隙中充满水，水的密度大于空气的密度，声波在空气中的传播速度小于在水中的传播速度。因此，假定同一试样在短期吸水饱和状态下岩石的结构成分、胶结状况及物理性质不发生变化，水对岩石的物质成分及水理性质（软化性、可溶性、吸水性等）无制约作用，岩石吸水饱和后，声波速度也就随之增加。因此，岩石声波速度是以上两种影响综合作用的结果。

6.7.2.2 频谱分析及小波分析

声波波速是一种综合指标，单纯从波速角度去分析岩芯受卸荷扰动的影响程度容易丢失许多有用的信息。岩样接收的声波信号之间的差异是由传播介质对激发信号的滤波作用和介质的吸收作用造成的。在研究岩石的声波特性时，学者们常常将接收到的时域信号经快速傅里叶变换FFT（Fast Fourier Transform）转换为频域信号。另外一些学者也常常利用小波对一些声波数字信号进行分析。为进一步研究分析几种岩样在干燥及饱水状态下的纵波传播规律，作者利用 MATLAB 将时域信号经快速傅里叶变换 FFT 及小波变换转换为频域信号及时－频域信号，如图 6 – 23 ~ 图 6 – 26 所示。

从图 6 – 23（b）、图 6 – 24（b）以及图 6 – 25（b）可以看出声波信号在干燥及饱水条件下三种不同岩石介质中的传播及衰减差异。在同样的激发信号下，饱水的三种岩样声波信号能量集中在低频部分较多，而干燥岩样声波信号能量集中在高频部分较多，这一特征反映了饱水后几种岩石介质对声波高频部分的吸收作用。

以上分析可以反映出岩样的内部微观结构在干燥和饱水条件下的声波信号特征。由于岩样内部结构的差异，对各频率成分的吸收也是不一样的，通常会强烈吸收某些频率成分，而对另外一些频率成分吸收较少。因此，相同激发信号传过不同含水状态的岩样后相同频率范围内信号的能量会有较大的差别，它使某些频率范围内的信号能量减小，而使另外一些频率范围内信号所占能量比例增大。

为进一步分析声波信号传播规律，据图 6 – 23（c）和图 6 – 23（d），图 6 – 24（c）和图 6 – 24（d），图 6 – 25（c）和图 6 – 25（d）可以看出饱水的三种岩样声波信号能量在时间上衰减较快，尾波不发育；干燥的三种岩样声波信号能量在时间上衰减较慢，尾波较发育。其中干燥情况下衰减最慢、尾波最发育的是

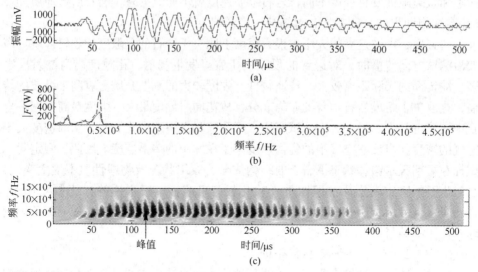

图 6-23 红砂岩 RS-1 干燥及饱水条件下声波信号频谱分析及小波变换图

（a）时域图；（b）频域图；（c）干燥条件下声波信号小波变换时-频域图；

（d）饱水条件下声波信号小波变换时-频域图

———— 饱水； - - - - - - 干燥

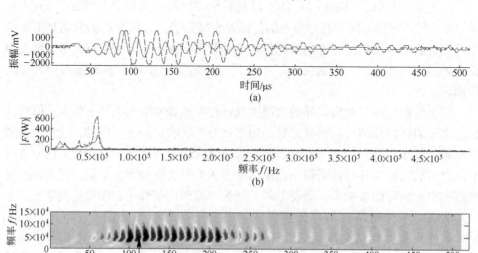

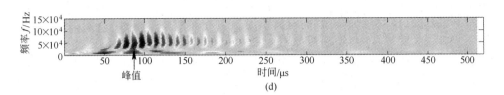

图 6 – 24　白色大理岩 WM – 1 干燥及饱水条件下声波信号频谱分析及小波变换图

（a）时域图；（b）频域图；（c）干燥条件下声波信号小波变换时 – 频域图；

（d）饱水条件下声波信号小波变换时 – 频域图

———— 饱水；- - - - - - 干燥

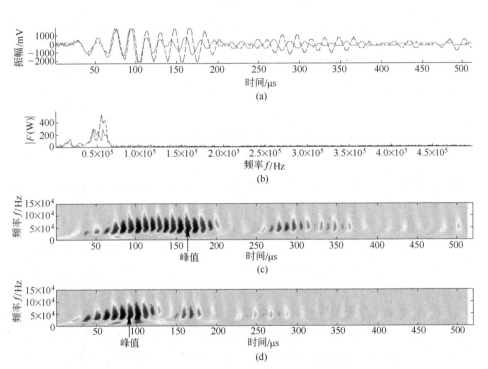

图 6 – 25　红色花岗岩 RG – 1 干燥及饱水条件下声波信号频谱分析及小波变换图

（a）时域图；（b）频域图；（c）干燥条件下声波信号小波变换时 – 频域图；

（d）饱水条件下声波信号小波变换时 – 频域图

———— 饱水；- - - - - - 干燥

红砂岩，大理岩次之，花岗岩衰减最快，尾波最不发育。这种现象可以解释为砂岩孔隙较发育，声波信号在致密程度较低、孔隙度最大的砂岩中发生折射、散射、反射等现象较多，使其能量在时间域上的分布较广；而声波信号在较致密、均一性较好的花岗岩中发生类似现象较少，其在时间域上的分布较集中；致密程度中等的大理岩介于两者之间。对比图 6 – 25（c）可以明显看出，声波信号在

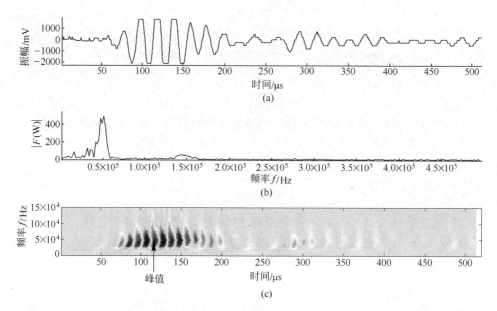

图6-26 有机玻璃试样 SG-1 干燥条件下声波信号频谱分析及小波变换图

(a) 时域图；(b) 频域图；(c) 小波变换时间-频率域图

四种样品中均一性最好的有机玻璃试样中传播的能量在时间域上分布也最集中。另外，图6-23（c）和图6-23（d），图6-24（c）和图6-24（d），图6-25（c）和图6-25（d）同时反映了声波信号在时间域和频率域上的特征，既能从图中看出频率的峰值点（主频），又能得出声波信号在时间域上的分布情况。

以上分别对测试中获得的几种岩样的波速、波形、波谱进行了分析，综合这几方面的声学特征与岩样含水情况的关系，揭示了一些声学特征与岩样内部结构（主要是含水情况、孔隙度）的内在联系。对时间域、频率域和时间-频率域的声波信号进行声波的运动学和动力学特征的综合分析，不仅获得了有关岩样（岩体）的物理性质，还更深一步揭示了岩样（岩体）内部的微观信息，这些宝贵信息将能为相关岩石工程提供理论指导。

第7章 岩芯卸荷扰动的声学反应与卸荷敏感岩体

声波在岩体中的传播与其在均匀、各向同性且完整的岩石中不同。岩体中结构面的存在不仅使波速明显下降，而且会使其传播能量有不同程度的消耗。因此声波测试成为了工程岩体分级与质量评价、岩体风化带划分、确定岩体动弹性参数的主要指标与参量的最主要手段之一。现行的《工程岩体分级标准》（GB 50218—1994）、《岩土工程勘察规范》（GB50021—1994）将岩体与岩块纵波波速比的平方 $k_v = (v_{mp}/v_{rp})^2$ 定义为岩体完整性系数，同时也被国外学者所广泛认同。这是由于通常情况下原位岩体的纵波波速低于其中岩块的波速，岩体越破碎，波速低得越多。然而作者在某地下工程围岩声波测试中发现，岩体测井波速很多情况下高于岩样波速。这一结果与传统认识大不相同。李晓昭等（2003）在润扬大桥基岩的声波测试中已经注意到该问题（见图7-1）。通过节理裂隙统计、抗压强度试验、波速测试、声波信号频谱分析等多种手段，对桥基百个岩芯进行对比研究发现：软弱、破碎、裂隙发育、胶结差的岩芯纵波波速容易低于岩体波速，并初步探讨了其产生原因是岩芯对卸荷及钻取扰动比较敏感造成的。其中频谱分析采用了传统的 Fourier 变换方法，但由于岩石声波信号所固有的特点及复杂性，Fourier 变换在声波信号的时频分析方面存在着很大的局限性。为此本章基于小波变换方法，结合声波测试项目，对岩芯受卸荷扰动的声学反应做了更进一步的分析与探讨。

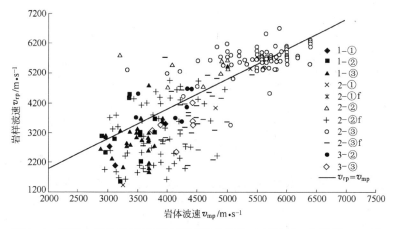

图7-1 润扬大桥各类基岩波速测试部分结果（李晓昭、俞缙等，2003）

7.1　岩芯卸荷扰动特征及其影响因素

7.1.1　岩芯卸荷扰动特征

　　某地下工程沿线穿越不同的地层与地质构造，基岩岩性主要为安山岩、砂岩、闪长岩、灰岩、泥岩等。在工程勘察声波测试工作中，声测井20余口，取岩芯150余块（均取自相应孔位），并在室内进行了常温、常压及水饱和状态下岩芯波速、密度以及单轴抗压强度测量，具体技术手段见表7-1。

表7-1　主要研究技术手段

序号	项目和内容
1	钻探工程现场考察和取样
2	岩芯研究：岩芯观察和描述、结构面产状、间距、RQD及块度系数测量
3	试样采集：用于岩芯声波、密度、单轴饱和抗压强度试验
4	岩体超声波测井：纵波波速
5	岩芯超声波测试：纵波速度
6	岩石密度测试
7	岩芯点荷载强度试验
8	岩石单轴饱和抗压强度试验
9	岩芯、岩体声波信号的小波分析研究

　　对基岩各钻孔及所取岩芯进行声波原位及室内测试（测试设备及方法见第5章）。因强风化岩芯饱水易碎，测试难度较大，故仅列出中～微风化岩芯测试数据统计结果，见图7-2和表7-2。

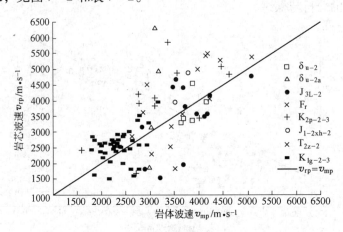

图7-2　各类岩体波速测试结果

表7-2 基岩波速测试结果统计

岩 组 名 称	岩组代号	样品数/个	岩样波速 v_{rp} 小于岩体波速 v_{mp} 个数/个	岩样波速 v_{rp} 小于岩体波速 v_{mp} 比例/%
中风化闪长岩	δ_{u-2}	10	4	40
中风化闪长玢岩	δ_{u-2a}	4	1	25
中风化安山岩	J_{3L-2}	13	8	62
中~微风化砾岩	K_{2p-2-3}	13	3	23
中风化砂岩	$J_{1-2xh-2}$	2	0	0
中风化角砾岩	T_{2Z-2}	8	2	25
中~微风化粉砂质泥岩	K_{1g-2-3}	41	11	27
断层破碎带	F_r	7	5	71

从图7-2和表7-2中可以明显看出，通常手段得到的部分岩体测井波速大于岩样波速，这与一贯的认识有所冲突。其他工程也具有类似的测试结果：南京长江二桥钻孔岩芯波速值比原位测井波速值降低了45%~53%（边志华等，1999），见表7-3。另外，鲁布革水电站厂区岩体纵波波速达到6000m/s，而岩块的平均波速只有5000m/s左右。

表7-3 南京长江二桥基岩波速测试结果

岩 性	芯样波速 $v_{rp}/\text{km} \cdot \text{s}^{-1}$		原位测井波速 $v_{mp}/\text{km} \cdot \text{s}^{-1}$	
	范围值	平均值	范围值	平均值
砾岩	1.34~2.48	1.95	2.7~3.02	2.83
砂砾岩	1.29~1.69	1.49	2.67~2.84	2.81

7.1.2 岩芯卸荷扰动影响因素

对研究区基岩10余个钻孔8类岩体近百个岩样的岩性、岩体结构和构造、裂隙特征与坚硬程度等各种特征，进行多种手段的鉴别、测试。发现出现岩样波速反而小于岩体测井波速的原因，是由于岩芯钻取扰动，主要是卸荷扰动。卸荷后内部的裂隙容易张开，导致波速明显降低，其规律是比较明显的。

7.1.2.1 岩性

从表7-2和图7-2上可以看出，安山岩岩样波速的降低比例和降低幅度明显高于闪长岩、砂岩、砾岩和角砾岩。很显然前者对卸荷扰动更为敏感。同样，受构造影响（断层破碎带）的岩芯波速的降低幅度与比例也明显高于未受构造影响的岩芯。这是由于卸荷后岩芯内部的裂隙容易张开，导致波速明显降低。为了便于具体分析，结合各钻孔取芯的岩性描述，表7-4~表7-9列出了几类典型钻孔岩芯的测试结果（此处岩体完整性系数由岩性描述、RQD 测量等方式综合得到）。

（1）B1 钻孔为中风化闪长岩（岩组编号 δ_{u-2}）：灰色，岩芯呈柱状、长柱状，较完整，主要发育两组裂隙，轴夹角 5°~40°，裂隙间距一般大于 10mm，方解石脉充填。RQD = 92%。

（2）XND23 钻孔为中风化闪长玢岩（岩组编号 δ_{u-2a}）：灰色、紫灰色，岩芯多为碎石状，岩石蚀变强烈，多为高岭土化、碳酸盐化，土夹石状，裂隙极发育，裂面紧闭~微张，面光滑，偶见擦痕。

（3）XND16 钻孔为中风化角砾岩（岩组编号 T_{2Z-2}）：紫红色夹灰黄色，岩芯呈块状、柱状，主要见两组裂隙，轴夹角 10°~50°，紧闭~微张，方解石脉充填，局部发育小溶孔，钻进过程中有漏浆现象。RQD = 80%。

（4）XGW15 钻孔为中风化安山岩（岩组编号 J_{3L-2}）：灰黄色，岩芯以长柱状为主，短柱状次之，岩性硬，裂隙较发育，与轴心夹角 30°~50°，被铁质、钙质胶结，岩芯采取率为 100%。RQD = 90%。

（5）XR12 钻孔为中~微风化粉砂质泥岩（岩组编号 K_{1g-2-3}）：紫红色，砂状结构，厚层状为主，局部有少量闭合裂隙，岩芯易破碎，采芯率 85%，RQD = 80%。

（6）XGZ6 钻孔为断层破碎带（岩组编号 F_r）：紫红色夹灰白色、砖红色，原岩为砂砾岩、角砾岩。岩芯以碎块状为主，少量短柱状。不规则裂隙极为发育。含水，风化后岩性软质，手掰易碎。下部见 2 条轴角 30°，45°的微张裂隙。25m 以下角砾为硬质、碎块状。岩芯采取率为 65%。RQD = 27%。

表 7-4　B1 钻孔岩芯特征和测试结果

样品号	取样深度 /m	岩体测井纵波波速 v_{mp}/m·s^{-1}	芯样纵波波速 v_{rp} /m·s^{-1}	$v_{rp} - v_{mp}$ /m·s^{-1}	芯样天然密度 /g·cm^{-3}	芯样单轴抗压强度 R_c/MPa	完整性系数	备注
B1 - T1	7.60~7.80		4654		2.44	32.94	0.62	
B1 - T2	9.05~9.35	3888	4532	644	2.44	44.22	0.58	
B1 - T3	11.0~11.50	3656	3292	-364	2.43	31.71	0.59	
B1 - T4	12.50~13.0	3708	3433	-275	2.51	57.15	0.62	
B1 - T5	14.0~14.5	3877	3366	-511	2.51	1.04	0.61	两组裂隙：75°，60°
B1 - T6	16.4~16.70	4166	3968	-198	2.47	12.76	0.79	

表7-5 XND23 钻孔岩芯特征和测试结果

样品号	取样深度 /m	岩体测井纵波波速 $v_{mp}/m \cdot s^{-1}$	芯样纵波波速 $v_{rp}/m \cdot s^{-1}$	$v_{rp}-v_{mp}$ /m·s^{-1}	芯样天然密度 /g·cm^{-3}	芯样单轴抗压强度 R_c/MPa	完整性系数	备注
XND23-T1	21.7~22.0				2.57	30.46	0.46	
XND23-T2	24.0~24.3	3025	3165	140	2.44	14.81	0.72	陡倾闭合裂隙
XND23-T3	25.5~26.0	3186	4944	1758	2.54	27.9	0.98	
XND23-T4	27.2~27.5	2976	1894	-1082	2.48	28.25	0.58	缓倾密集裂隙
XND23-T5	29.4~29.6	3105	6313	3208	2.44	10.98	0.18	陡倾闭合裂隙

表7-6 XND16 钻孔岩芯特征和测试结果

样品号	取样深度 /m	岩体测井纵波波速 $v_{mp}/m \cdot s^{-1}$	芯样纵波波速 $v_{rp}/m \cdot s^{-1}$	$v_{rp}-v_{mp}$ /m·s^{-1}	芯样天然密度 /g·cm^{-3}	芯样单轴抗压强度 R_c/MPa	完整性系数	备注
XND16-T1	22.4~22.75	4435	5276	841	2.53	27.1	0.48	
XND16-T2	24.1~24.4	2970	4510	1540	2.47	45.38	0.65	
XND16-T3	25.4~25.8	4207	5481	1274	2.56	91.46	0.56	
XND16-T4	27.0~27.5	3676	3548	-128	2.47	5.72	0.58	两组裂隙
XND16-T5	28.5~28.9	4021	5000	979	2.5	11.84	0.64	
XND16-T6	30.0~30.6	5104	5360	256	2.6	5.24	0.98	陡倾方解石脉充填
XND16-T7	31.1~31.6	4237	4055	-182	2.49	17.15	0.91	缓倾方解石脉充填

表7-7 XGW15 钻孔岩芯特征和测试结果

样品号	取样深度 /m	岩体测井纵波波速 $v_{mp}/m \cdot s^{-1}$	芯样纵波波速 $v_{rp}/m \cdot s^{-1}$	$v_{rp}-v_{mp}$ /m·s^{-1}	芯样天然密度 /g·cm^{-3}	芯样单轴抗压强度 R_c/MPa	完整性系数	备注
XGW15-1-1	16.3~16.4		2809		2.55	40.06	0.04	
XGW15-1-2	17.0~17.13		3338		2.58	55.11	0.18	
XGW15-1-3	18.5~18.6		3288		2.56	49	0.11	

续表7-7

样品号	取样深度 /m	岩体测井纵波波速 $v_{mp}/\text{m}\cdot\text{s}^{-1}$	芯样纵波波速 $v_{rp}/\text{m}\cdot\text{s}^{-1}$	$v_{rp}-v_{mp}$ /m·s^{-1}	芯样天然密度 /g·cm^{-3}	芯样单轴抗压强度 R_c/MPa	完整性系数	备注
XGW15-2-1	19.5~19.63		4262		2.58	47.46	0.96	
XGW15-2-2	20.0~20.11	3472	4416	944	2.63	34.04	0.96	
XGW15-2-3	20.5~20.62	4166	3570	-596	2.54	9.36	0.91	钙质胶结
XGW15-3-1	21.0~21.35	4132	3492	-640	2.62	14.17	0.92	密集节理裂隙
XGW15-3-2	22.0~22.18	3676	4386	710	2.62		0.98	
XGW15-3-3	23.7~23.86	3968	3576	-392	2.57	13.02		
XGW15-3-4	22.18~22.33	3731	3787	56	2.59	34.05	0.98	

表7-8 XR12 钻孔岩芯特征和测试结果

样品号	取样深度/m	岩体测井纵波波速 $v_{mp}/\text{m}\cdot\text{s}^{-1}$	芯样纵波波速 $v_{rp}/\text{m}\cdot\text{s}^{-1}$	$v_{rp}-V_{mp}$ /m·s^{-1}	芯样天然密度 /g·cm^{-3}	芯样单轴抗压强度 R_c/MPa	完整性系数	岩芯特征
XR12-1	14.70~15.0	2155	1500	-655	2.45	0.29	0.78	
XR12-2	18.30~18.44	2404	1996	-408	2.4	0.36	0.61	
XR12-3	20.10~20.30	2551	2469	-82	2.5	0.39	0.63	
XR12-4	21.10~21.30	2451	2388	-63	2.5	0.38	0.61	
XR12-5	23.40~23.70	2907	2580	-327	2.53	0.26	0.79	泥质胶结
XR12-6	26.0~26.15	2778	2583	-195	2.58	7.65	0.56	

表7-9 XGZ6 钻孔岩芯特征和测试结果

样品号	取样深度 /m	岩体测井纵波波速 $v_{mp}/\text{m}\cdot\text{s}^{-1}$	芯样纵波波速 $v_{rp}/\text{m}\cdot\text{s}^{-1}$	$v_{rp}-v_{mp}$ /m·s	芯样天然密度 /g·cm^{-3}	芯样单轴抗压强度 R_c/MPa	完整性系数	岩芯特征
XGZ6-1	17.00~17.10	3472	3181	-291	2.52	28.09	0.09	
XGZ6-2	19.50~19.60	3048	2248	-800	2.38	11.15	0.12	30°，45°微张裂隙
XGZ6-3	24.00~24.40	3420	2507	-913	2.5	31.91	0.17	
XGZ6-4	24.60~24.80	3527	1817	-1710	2.49	16.6	0.48	

7.1.2.2　坚硬程度

从表7-4～表7-9列出的几个钻孔岩芯强度相互对比中可以看出，岩石强度如果较低，受压后应变越大，卸荷变形量也相对较大，岩石因而变得疏松，导致纵波波速降低。强度高的岩石对卸荷扰动的抵抗能力也较强。从每个钻孔内部看，闪长岩（如B1-T1样）的这一规律似乎并不强，这主要是一些蚀变的陡倾闭合裂隙对强度起着控制作用，而波速对这种裂隙的反应不灵敏。安山岩（见表7-7）的强度受个别裂隙影响较小，岩芯卸荷的波速反映则与强度有着明显的相关关系。岩芯纵波波速与岩体测井波速的差值（$v_{rp} - v_{mp}$）变小，当岩样强度较高时，岩样波速则不再小于岩体波速，见图7-3。

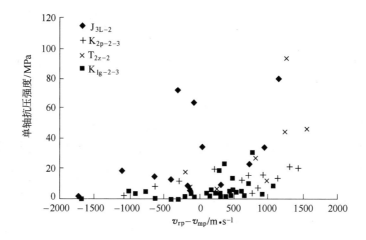

图7-3　岩芯卸荷扰动的波速反应与抗压强度的关系

7.1.2.3　裂隙特征

从表7-4～表7-9中还可以看出，裂隙倾角不同，对岩芯波速影响也不一样。缓倾裂隙比陡倾裂隙对岩芯波速的影响大。另外，裂隙的张开程度和密集程度对此也有影响。张开裂隙和密集裂隙对岩芯波速的影响大。比如，XND23孔的4号样由于缓倾和密集裂隙的存在，岩芯波速明显低于岩体波速；而2号样和5号样虽然存在陡倾裂隙，但岩芯波速仍然高于岩体波速。XND16孔7号样的岩芯波速与岩体波速相减最小，是由于近水平裂隙的存在。XGW15孔3-1号样的岩芯波速与岩体波速相减最小，是由于密集裂隙的存在。这是由于波速是沿轴向测试，缓倾和密集裂隙卸荷后沿轴向张开，导致轴向波速降低；而陡倾裂隙对沿轴向测试的纵波波速影响不大。另一方面，岩石越软（弹性模量小），受压后应变越大，卸荷变形量也相对较大，岩石因而变得疏松，裂隙张开，导致纵波波速降低。

7.1.2.4 胶结程度

从表7-4~表7-9中还可以看出，胶结程度对岩芯波速的影响也很大。比如，XR12 钻孔岩体以泥质、泥铁质胶结为主，岩芯波速受卸荷扰动影响比较强烈。而局部的 XND16-T6 岩芯裂隙间充填方解石细脉，胶结好，岩芯波速很高。

7.1.2.5 完整程度

XR12 钻孔和 XGZ6 钻孔的完整性在所有统计的钻孔当中是最低的，而相应的，其岩芯波速全部小于岩体波速，该现象在所有钻孔中最为明显，降低值有的接近 1710m/s，说明完整性对于岩芯波速影响也比较大。

7.1.2.6 地应力影响

从 XGZ6 钻孔可以看出，随着深度的提高，岩芯纵波波速与岩体测井波速的差值（$v_{rp} - v_{mp}$）变小。这主要是由于岩体所受到的自重应力随深度增加而相应增大，在深度较大处获取的岩芯卸荷程度也较大，一般来说，岩芯原生裂隙的张开程度也相应增大，即岩芯卸荷扰动随地应力的增大而加剧，因此对声速产生的影响也增强。

工程中某些基岩断裂发育且受多次构造地质活动，岩体普遍破碎，强度低，胶结差，加之原岩处于挤压应力环境，使得岩芯卸荷扰动的波速反应比较强烈。由此可以解释岩芯波速普遍比岩体测井波速低的现象。同时，也揭示了决定卸荷敏感岩体的两个条件：一是岩体质量的内在特征，二是原岩的应力环境条件。

7.2 岩芯声波信号的波谱及小波分析

如7.1节所述，不同岩性、坚硬程度、裂隙特征、胶结程度、完整程度、应力状态等特性的岩芯对卸荷的敏感程度不同，除了表现在波速下降上，在其他声学参数上均有相应的反映。李晓昭、俞缙等（2003）曾对润扬桥基岩 Y12 岩芯各声波信号进行 Fourier 频谱分析。

图7-4所示为 Y12 孔岩芯声波频谱分析结果，更进一步说明了上述规律性分析：Y12-2 和 Y12-4 样品，弱~强风化，泥质胶结；Y12-7 岩芯，裂隙密集，泥质充填。这两类样品，强度低，波速低，岩芯波速与岩体测井波速相比亦有明显降低（即卸荷敏感）。从频谱看，只在低频（<100kHz）段有响应，高频信号已被岩芯滤波作用衰减干净。Y12-5 岩芯，与激发谱对比，各个频段均有响应（包括高频段），说明介质滤波不明显。观察岩芯，由不规则角砾组成，裂隙间充填方解石细脉。其强度、波速均较高。同时，岩芯波速比岩体测井波速高 1119m/s，说明对卸荷不敏感。由此可见，岩石的强度、波速、频谱特征三者间有着明显的相关性，这些都取决于岩石的岩性与结构构造特征，并因此表现出不同的卸荷敏感程度，且规律性很明显。

　　图 7 - 5 所示为 XND16 孔岩芯声波第五层小波频谱分析结果，表 7 - 10 为该孔岩芯波谱参数，更进一步验证了上述规律性分析。

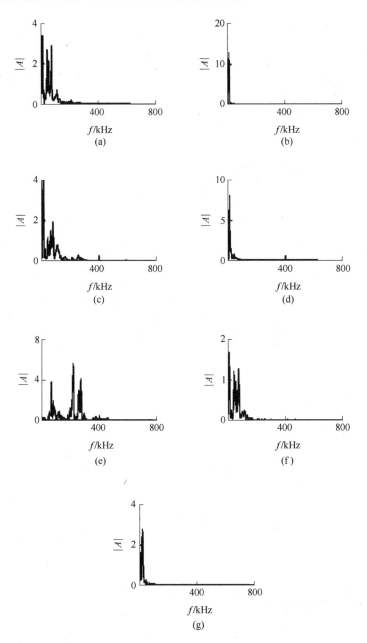

图 7 - 4　岩芯声波接受谱和频谱响应（李晓昭、俞缙等，2003）

（a）Y12 - 1 样品；（b）Y12 - 2 样品；（c）Y12 - 3 样品；（d）Y12 - 4 样品；

（e）Y12 - 5 样品；（f）Y12 - 6 样品；（g）Y12 - 7 样品

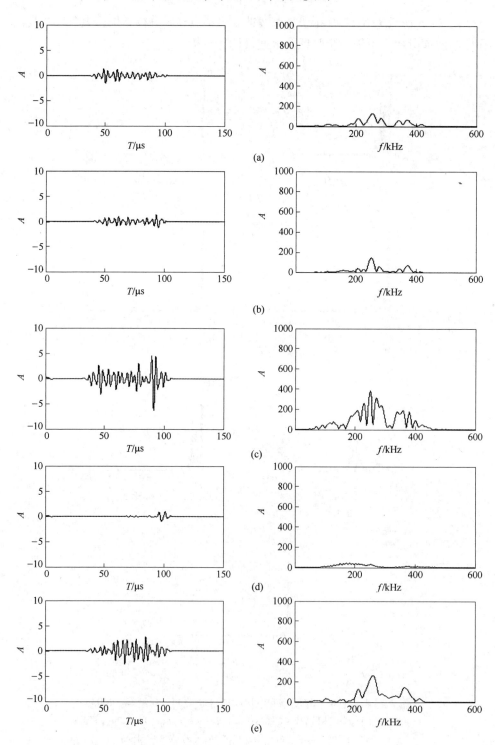

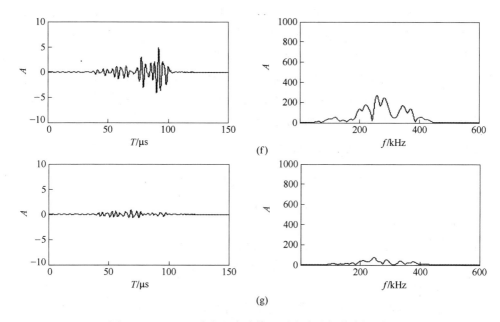

图 7 - 5 XND16 孔岩芯声波第五层小波及频谱分析图

(a) XND16 - T1 样品；(b) XND16 - T2 样品；(c) XND16 - T3 样品；(d) XND16 - T4 样品；

(e) XND16 - T5 样品；(f) XND16 - T6 样品；(g) XND16 - T7 样品

如表 7 - 10 所示，XND16 - T4、XND16 - T7 样品强度低，波速低，裂隙发育。岩芯波速与岩体测井波速相比有明显降低（卸荷敏感）。其余岩芯的强度、波速值均较高。同时，岩芯波速均比岩体测井波速高出许多，说明对卸荷不敏感。从图 7 - 5 上可以看出 XND16 - T4、XND16 - T7 样品信号的第五层小波分量的波动幅度明显低于其他岩芯，再从频谱上看，只在 200kHz 上有微弱起伏，350kHz

表 7 - 10 XND16 孔岩芯声波频谱参数

样 品 号	芯样纵波波速 $v_{rp}/m \cdot s^{-1}$	芯样纵波加权频域最大振幅 $\bar{A}_{fmax}$ 与最大值之比	芯样纵波加权频域谱面积 $\bar{M}_0$ 与最大值之比	芯样纵波频域主频 $\bar{f}_0$ 与最大值之比
XND16 - T1	5276	1.000	0.893	1.000
XND16 - T2	4510	0.529	0.875	0.446
XND16 - T3	5481	0.319	0.964	0.506
XND16 - T4	3548	0.050	0.179	0.121
XND16 - T5	5000	0.243	0.929	0.208
XND16 - T6	5360	0.267	1.000	0.271
XND16 - T7	4055	0.062	0.127	0.094

处之后的波动已经岩芯滤波作用衰减干净。其余岩芯在（200～400）kHz 频段均有明显响应。说明介质滤波不明显。从表 7 - 10 上也可看出 XND16 - T4、XND16 - T7 样品的各项频谱参数均小于其余样品。

可见，岩石的岩性、强度、裂隙特征、胶结程度、完整性以及地应力条件和声波特征有着明显的相关性。这些都决定于岩石的岩性与结构构造特征，并表现出不同的卸荷敏感程度，规律性很明显。

7.3　卸荷敏感岩体的工程对策

鉴于工程围岩岩体具有明显的卸荷敏感的特点，在综合研究的基础上，作者认为在勘察、设计、施工中应注意下列方面：

（1）由于声波对卸荷扰动非常敏感，在使用波速指标进行岩体质量评价（比如确定完整性系数）时应慎重。可结合岩芯鉴别描述、裂隙统计等方法，综合分析，以免误判。同时注意勘探孔及时封孔防水，以免由于勘察扰动使基岩性质进一步恶化。

（2）对于卸荷敏感岩体取得的力学指标可能偏低，应结合岩石三轴试验和原位试验等手段对其进行修正，某些地区岩石基础或桩基设计参数可进一步优化。这已被后来的原位测试所证实。

（3）对于卸荷敏感岩体，容易存在开挖和施工扰动使岩体进一步恶化的危险性。因此，地下隧道的施工方案宜采用分次、分区开挖，同时紧跟支护，及时封闭围岩，注意防水等。

附　　录

附录 A　　MATLAB 单节理处纵波透射的差分计算程序

```
void CMyDlg∷OnButton5( )
{
UpdateData( TRUE) ;
double T;
double p;
double vtra[1000] ;
double vref[1000] ;
double expzhi;
double zengliang;
double fenzi;
double fenmu;
double t = 0;
double p1;
vtra[0] = m _ vini;
T = 1/m _ f;
for( int i = 0 ;i < m _ m/2 - 1 ;i + + )
        {
p = m _ A * sin( ( ( t + i * T/m _ m - m _ xap) * ( 2 * pi * m _ f) ) + m _ chxw) ;
p1 = m _ A * sin( ( ( t + i * T/m _ m) * ( 2 * pi * m _ f) ) + m _ chxw) ;
expzhi = ( m _ z * ( 1 - m _ zdy) * vtra[i] )/( m _ zdy * m _ dmax * m _ kni) ;
expzhi = exp( expzhi) ;
fenzi = 2 * T * ( p - vtra[i] ) ;
fenmu = ( m _ m * m _ z * ( 1 - m _ zdy) * expzhi/( m _ kni * ( expzhi - m _ zdy) ) ) - ( m _ m *
m _ z * ( 1 - m _ zdy) * expzhi * ( expzhi - 1 )/( ( expzhi - m _ zdy) * ( expzhi - m _ zdy) * m _
kni) ) ;
zengliang = fenzi/fenmu;
vtra[i + 1] = vtra[i] + zengliang;
vref[0] = 2 * m _ A * sin( ( ( t) * ( 2 * pi * m _ f) ) - m _ xap + m _ chxw) - vtra[0] - 2 * m _
A * sin( t * 2 * pi * m _ f) ;
vref[i + 1] = 2 * p - vtra[i + 1] - p1;
```

```
        }
        int k = 1000;
        for( i = 249 ; i < k - 1 ; i + + )
        {
    p = 0;
    p1 = m_A * sin( ( ( t + i * T/m_m) * (2 * pi * m_f) ) + m_chxw) ;
    expzhi = ( m_z * ( 1 - m_zdy) * vtra[ i ] )/( m_zdy * m_dmax * m_kni) ;
    expzhi = exp( expzhi) ;
    fenzi = 2 * T * ( p - vtra[ i ] ) ;
    fenmu = ( m_m * m_z * ( 1 - m_zdy) * expzhi/( m_kni * ( expzhi - m_zdy) ) ) ) - ( m_m *
m_z * ( 1 - m_zdy) * expzhi * ( expzhi - 1)/( ( expzhi - m_zdy) * ( expzhi - m_zdy) * m_
kni) ) ;
        zengliang = fenzi/fenmu ;
        vtra[ i + 1 ] = vtra[ i ] + zengliang;
        vref[ 0 ] = 2 * m_A * sin( ( ( t - m_xap) * (2 * pi * m_f) ) + m_chxw) -
        vtra[ 0 ] - 2 * m_A * sin( t * 2 * pi * m_f) ;
        vref[ i + 1 ] = 2 * p - vtra[ i + 1 ] - p1;
            }
    CString FilePathname;
    CFileDialog dlg( FALSE, NULL, NULL, OFN_PATHMUSTEXIST, NULL) ;
    if( dlg. DoModal( ) )
        {
    FilePathname = dlg. GetPathName( ) ;
    FILE  * fp;
    fp = fopen( FilePathname, "wb + ") ;
    fclose( fp) ;
    fp = fopen( FilePathname, "ab + ") ;
    for( int j = 0 ; j < 1000 ; j + + )
    {
    fprintf( fp, "%20. 19lf\n", vtra[ j ] ) ;
    }
    fclose( fp) ;
    }
    }
```

附录 B　MATLAB 快速小波变换计算程序

```
Function mydwt
load D:Filein. dat;
a = Filein;
ls = length(a);    % ls is the length of Filein
value = zeros(1,8192)';
value = (a(51:8192,2) - 125) * attenuation;
f = (0:length(value) - 1)' * 100000/length(value);
t = (0:8191). * 0.1;
figure,
subplot(2,1,1),plot(t,value);
ylabel('A');
xlabel('T(μs)');
title('signal');
FV = fft(value,8192);
subplot(2,1,2),plot(f,abs(FV));
ylabel('A');
xlabel('f(kHz)');
title('spectrum');
[C,L] = wavedec(value,8,'db4');
cA8 = appcoef(C,L,'db4',8);
cD8 = detcoef(C,L,8);
cD7 = detcoef(C,L,7);
cD6 = detcoef(C,L,6);
cD5 = detcoef(C,L,5);
cD4 = detcoef(C,L,4);
cD3 = detcoef(C,L,3);
cD2 = detcoef(C,L,2);
cD1 = detcoef(C,L,1);
A8 = wrcoef('a',C,L,'db4',8);
D1 = wrcoef('d',C,L,'db4',1);
D2 = wrcoef('d',C,L,'db4',2);
D3 = wrcoef('d',C,L,'db4',3);
D4 = wrcoef('d',C,L,'db4',4);
D5 = wrcoef('d',C,L,'db4',5);
D6 = wrcoef('d',C,L,'db4',6);
D7 = wrcoef('d',C,L,'db4',7);
```

```
D8 = wrcoef('d',C,L,'db4',8);
FD1 = fft(D1,8192);
px1 = abs(FD1);
[Apx1,j1] = max(px1);
Apx1
fapx1 = f(j1)
df = diff(f);
Aarea1 = sum((px1) * 9.56)
FD2 = fft(D2,8192);
px2 = abs(FD2);
[Apx2,j2] = max(px2);
Apx2
fapx2 = f(j2)
df = diff(f);
Aarea2 = sum((px2) * 9.56)
FD3 = fft(D3,8192);
px3 = abs(FD3);
[Apx3,j3] = max(px3);
Apx3
fapx3 = f(j3)
df = diff(f);
Aarea3 = sum((px3) * 9.56)
FD4 = fft(D4,8192);
px4 = abs(FD4);
[Apx4,j4] = max(px4);
Apx4
fapx4 = f(j4)
df = diff(f);
Aarea4 = sum((px4) * 9.56)
FD5 = fft(D5,8192);
px5 = abs(FD5);
[Apx5,j5] = max(px5);
Apx5
fapx5 = f(j5)
df = diff(f);
Aarea5 = sum((px1) * 9.56)
FD6 = fft(D6,8192);
px6 = abs(FD6);
```

```
[Apx6,j6] = max(px6);
Apx6
fapx6 = f(j6)
df = diff(f);
Aarea6 = sum((px1) * 9.56)
FD7 = fft(D7,8192);
px7 = abs(FD7);
[Apx7,j7] = max(px7);
Apx7
fapx7 = f(j7)
df = diff(f);
Aarea7 = sum((px7) * 9.56)
FD8 = fft(D8,8192);
px8 = abs(FD8);
[Apx8,j8] = max(px8);
Apx8
fapx8 = f(j8)
df = diff(f);
Aarea8 = sum((px8) * 9.56)
A0 = (Apx3 * Apx3 + Apx4 * Apx4 + Apx5 * Apx5 + Apx6 * Apx6 + Apx7 * Apx7 + Apx8 *
Apx8)/(Apx3 + Apx4 + Apx5 + Apx6 + Apx7 + Apx8)
M0 = (Aarea3 * Aarea3 + Aarea4 * Aarea4 + Aarea5 * Aarea5 + Aarea6 * Aarea6 + Aarea7 * Aar-
ea7 + Aarea8 * Aarea8)/(Aarea3 + Aarea4 + Aarea5 + Aarea6 + Aarea7 + Aarea8)
f0 = max(abs(FV))
figure,
subplot(2,2,1);plot(t,D1);
ylabel('A');
xlabel('T(μs)');
title('Detail D1');
subplot(2,2,2);plot(f,abs(FD1));
ylabel('A');
xlabel('f(kHz)');
title('Detail D1 in f - D');
......
```

附录 C　基于非线性波动方程及近似位移波解的
P 波透射波 MATLAB 计算程序

（1）入口函数

```
% 进行非线性位移不连续结构面透射计算
clc
% 把节理前后速度关系换成位移关系
Te = 0. 01;c = 2600;A0 = 5E - 4;
dmax = 0. 61E - 3;kni = 1. 25E + 9;
% % dmax0. 53
% dmax = 0. 53E - 3;kni = 3. 0E + 9;
% % dmax0. 4
% dmax = 0. 4E - 3;kni = 5. 5E + 9;
% beta1 = - 500
% beta = 2 * beta1;
beta = - 1000;
x1 = 0;% 波速影响畸变大小
time = x1/c + 0. 07;
m = 5E + 4;
getV(m,dmax,kni,c,Te,beta,time,A0,x1)
% - - - - - - - - - - - - - - - - - - - - - - - - - - - - - - - - - - - - - - -
% PINPU _ imp(m,dmax,A0,x1,Te,beta)
% getVmax _ min(A,type,Te);过滤出振幅最大和最小值
```

（2）得到透射波形。

```
function getV(m,dmax,kni,c,Te,beta,time,A0,x1)
% 得到透射质点振动速度,t 是固定值;参数信息,单位为国际单位
u = 0;t0 = 0;t _ END = time;
w = 2 * pi/Te;k = w/c;z = 1. 08E + 7;
% - - - - - - - - - - - - - - - - - - - - - - - - - - - - - - - - - - - - - - -
t _ data = fopen(['.. \.. \data\Half - Sine\X'num2str(x1)'_ T'num2str(Te)'_'num2str(A0)'_
beta'num2str(beta)'_ dmax'num2str(dmax)'_ J1. dat'],'w');
i _ data = fopen(['.. \.. \data\Half - Sine\X'num2str(x1)'_ T'num2str(Te)'_'num2str(A0)'_
beta'num2str(beta)'_ dmax' num2str(dmax)'_ J0. dat'],'w');
figure(1)
% - - - - - - - - - - - - - 记录入射半正弦波,只需运行一次 - - - - - - - - - - - - -
% half _ sine = fopen(['.. \.. \data\Half - Sine\sine _ T' num2str(Te)'_'num2str(A0)'. dat'],
'w');
% for t = 0:1/m:time/3
%        if t < = Te/2
```

```
%                  sine = A0 * sin( w * t) ;
%          else
%                  sine = 0 ;
%          end
%          fprintf( half _ sine,'%. 9f     %. 9f\n', t, sine * 1000) ;
% %          plot( t, sine * 1000) ;
%          hold on
% end
% fclose( half _ sine) ;
% - - - - - - - - - 记录入射正弦波, 作为频谱分析样例, 不用运行 - - - - - - -
% sine _ = fopen( ['.. \.. \data\Sine\sine _ T' num2str( Te)' '_num2str( A0)'. dat'] ,'w') ;
% for t = 0 :1/m :2 * Te
%          sine = A0 * sin( w * t) ;
%          fprintf( sine _,'%. 9f     %. 9f\n', t, sine * 1000) ;
%          plot( t, sine * 1000) ;
%          hold on
% end
% fclose( sine _) ;
% = = = = = = = = = = = = = = = = = = = = = = = = = = = = = = = = = = = = = =
% 确定 0 点开始时刻, 确定第一个正速度区的开始时刻, 不是从 0 开始的话要算后一周期
t = x1/c ;
p0 = FXXB( c, w, beta, A0, x1/c, x1) ;
if p0 > 0
    t = t + Te/2 ;
end
while t < = time
    p = FXXB( c, w, beta, A0, t - x1/c, x1) ;
    p _ = FXXB( c, w, beta, A0, t + 1/m - x1/c, x1) ;
    if p = = 0 && p _ > p
        t0 = t + 1/m ;
        break ;
    end
    t = t + 1/m ;
end
% t0 = 0
% = = = = = = = = = = = = = = = = = = = = = = = = = = = = = = = = = = = = = =
for t = t0 :1/m :time
    p = FXXB( c, w, beta, A0, t - x1/c, x1) ;
```

```
% 用于只计算一个正位移入射波区, 找到第一个正速度区的结束时间
if p < =0
    t_END =t;
end
if t > t_END
    p =0;
end
    u =u +1/m * ( kni * dmax/( dmax/( 2 * ( p - u) ) - 1)/z - c/8 * beta * ( k * A0)^2 *
cos( 2 * ( k * x1 - w * t) ) );
    fprintf( i_data,'%.9f    %.9f\n',t,p * 1000) ;
    fprintf( t_data,'%.9f    %.9f\n',t,u * 1000) ;
    plot( t,p * 1000,t,u * 1000,'r') ;
    hold on
end
grid on
fclose( t_data) ;
fclose( i_data) ;
```

（3）非线性波动方程求解

```
function p =FXXB( c,w,beta,A,t,x1)
% 获得半正弦脉冲入射时非线性波动的解析解
if t > =0
    k =w/c;
    fxxb =A * sin( k * x1 - w * t) - 1/8 * beta * k^2 * A^2 * x1 * cos( 2 * ( k * x1 - w * t) ) ;
    if fxxb >0
        p =fxxb;
    elseif fxxb < =0
        p =0;
    end
else
    p =0;
end
```

附录 D　基于岩石本构模型及有限差分法计算 P 波透射波的 MATLAB 计算程序

（1）入口函数

```
% 进行非线性位移不连续结构面透射计算
clc
clear
% Te = 2E - 2; % 频率越大节理阻碍作用越明显
% 2 * pi/16000 = 3.9270e - 004
% % 高频低振幅声波
% A0 = 2.5E - 5; % 取自那仁满都拉的研究文献,波长 2600/2546.5 = 1.02m
% f = 2.5465e + 003; % w = 16k,冲击波距离:2600/(0.0001 * 16000 * 1000) = 1.625
% f = 3.1831E + 3; % w = 20k
% 低频高幅值地震波
A0 = 1.27E - 3;
% A0 = 3.18E - 4; f = 50;
% A0 = 1E - 2;
% f = 100;
% A0 = 5E - 4;
f = 50;
% - - - - - - - - - - - - - - - - - - - - - - - - - - - - -
c = 2600; beta = - 1000;
x1 = 100; % 小幅值改为 x1 = 1,地震波 x1 = 40,波源 P 波 d 时,有个 54.5
% 振幅小,行为近似线性节理
% - - - - - - - - - - - - - - - - - - - - - - - - - - - - -
% dmax = 0.57E - 3; kni = 2E + 9;
% % dmax0.53
% dmax = 0.53E - 3; kni = 3.0E + 9;
dmax = 0.50E - 3; kni = 3.8E + 9;
% dmax = 0.4E - 3; kni = 5.5E + 9;
% - - - - - - - - - - - - - - - - - - - - - - - - - - - - -
% type = 'ZXB';
type = 'BB';
Te = 1/f;
m = 500; % 周期的分割 Te/m
% 进行频谱分析的文件名,据需要更改
% FILE_IN = 'WY_BB_w16000.1314_A0_2.5e - 005_c_2600_t_mm_BY'; ,
% time = x1/c + 2 * Te;
ChaFen(m,A0,c,beta,x1,f,type)
```

```
getV_ChaFen(dmax,kni,c,beta,A0,x1,f,type)
% getTouSheXiShu(dmax,kni,c,beta,A0,x1,f,type)
% - - - - - - - beta 透射系数 - - - - -
% for beta = -1000:100:1000
%     ChaFen(m,A0,c,beta,x1,f,type)
%     getV_ChaFen(dmax,kni,c,beta,A0,x1,f,type)
%     getTouSheXiShu(dmax,kni,c,beta,A0,x1,f,type)
% end
% - - - - - - - - - - - - - x 透射系数 - - - - - - - - - - - - -
% for x1 = 1:10:211
%     ChaFen(m,A0,c,beta,x1,f,type)
%     getV_ChaFen(dmax,kni,c,beta,A0,x1,f,type)
%     getTouSheXiShu(dmax,kni,c,beta,A0,x1,f,type)
% end
% - - - - - - - - - - - - - - -
% PINPU(m*f,c,type,dmax,A0,x1,Te,beta,FILE_IN)
% PINPU(m*f,type,dmax,A0,x1,Te,beta,FILE_IN)
% - - - - - - - - - - - - - - - - - - - - - - - - - -
% 过滤出振幅最大和最小值
% getVmax_min(A,type,Te)
%%%%%%%
% 波源 P 波 b(应变 2.45E-5)冲击波形成距离 xs=338m
% 波源 P 波 c(应变 3.85E-5)215m,波源 P 波 d(应变 9.77E-5)85m
```

(2) 有限差分求解双曲线偏微分波动方程。

```
function ChaFen(m,A0,c,beta,x1,f,type)
% 对非线性波动方程进行有限差分解 u(x,t)
w = 2*pi*f;
Te = 1/f
%% 声波
% Dt = Te/600 % t 步长 Dx = Dt/(1.7E-4) % x 步长
% Nt = 6500;
% t0 = Nt; % 计算结果显示的时刻
% Nx = 4000;
% 地震波 大幅值 郑海山 5E-4 附近
% Dt = Te/1000 % t 步长 Dx = Dt/(1.5E-4) % x 步长
% Nt = 4000;
% t0 = Nt; % 计算结果显示的时刻
% Nx = 3500;
```

```matlab
% % 更大幅值 2.5E-3. beta = -1000
Dt = Te/m % t 步长
% Dt = Te/500 % t 步长
Dx = Dt/(2E-4) % x 步长
Nt = 3500; % 4500
t0 = Nt; % 计算结果显示的时刻
Nx = 3000; % 4000
% % 更大幅值 2.5E-3 beta = 1000
% Dt = Te/1000 % t 步长
% Dx = Dt/(2E-4) % x 步长
% Nt = 1500;
% t0 = Nt; % 计算结果显示的时刻
% Nx = 1000;
% % 爆炸波 1E-2 beta = 1000
% Dt = Te/90 % t 步长
% Dx = Dt/(3E-4) % x 步长
% Nt = 1500;
% t0 = Nt; % 计算结果显示的时刻
% Nx = 1000;
% ===============================================
% % 低频大振幅入射
% Nt = 2000;
% t0 = Nt; % 计算结果显示的时刻
% Nx = 2500;
% Dt = Te/300 % t 步长
% Dx = Dt/(2E-4) % x 步长
% % Dx = Dt * sqrt(3) * c
% ===============================================
r = (c * Dt/Dx)^2
% 固定 x 坐标,需要用 x1/Dx 计算出 x1 位置的计算点数
N_x = ceil(x1/Dx)
% type = 'ZXB';
% type = 'BB';
% 总矩阵赋初值
u = zeros(Nx+3, Nt); % 涉及 x 数值要超出范围,多出 -1, Nx+1, Nx+2 三个
% ===============================================
% 赋予边界条件, x 向右偏移 1 位置
switch type
```

```
        case 'ZXB'
%              1 正弦波边界条件
            for j = 0:Nt
                u(2,j+1) = p(j*Dt,A0,w); % u(2,:)表示1位置
            end
        case 'BB'
%              半正弦波边界条件
            for j = 0:Te/2/Dt % 半个周期
                u(2,j+1) = p(j*Dt,A0,w);
            end
end
% 2
u(:,1) = 0;
% 3
% u(2:Nk,2) = 0;
% 测试波源波形
% figure(10) % 显示
% plot(u(2,:))
% % = = = = = = = = = = = = = = = = = = = = = = = = = = = = = = = = = = = = = =
% 记录波源 BY,单位 ms,mm
ChaFen_BoYuan_data_t_mm = fopen(['..\..\data\Half-Sine\特征线\WY_' type '_w'
num2str(w) '_A0_' num2str(A0) '_c_' num2str(c) '_t_mm_BY.dat'],'w');
for j = 1:Nt
    if j < = Te/2/Dt % 半个周期
        fprintf(ChaFen_BoYuan_data_t_mm,'%.9f      %.9f\n',j*Dt*1000,u(2,j)*1000);
    else
        fprintf(ChaFen_BoYuan_data_t_mm,'%.9f      %.9f\n',j*Dt*1000,0);
    end
end
fclose(ChaFen_BoYuan_data_t_mm);
% % = = = = = = = = = = = = = = = = = = = = = = = = = = = = = = = = = = = = = =
% 迭代
for j = 2:Nt-1
    for k = 3:Nx-2
% 4 阶 t
        u(k,j+1) = 2*u(k,j)-u(k,j-1)+r*(1-(2*beta*(u(k+2,j)-8*u(k+1,
j)+8*u(k-1,j)-u(k-2,j))/(12*Dx)))*(u(k+1,j)-2*u(k,j)+u(k-1,j));
%
```

```
%           u(k,j+1) = r * (1 + 2 * beta * (u(k+1,j) - u(k,j))/Dk) * (u(k+1,j) - 2
* u(k,j) + u(k-1,j)) + 2 * u(k,j) - u(k,j-1);
        end
%       赋边值 u(1,t),u(Nk-1,j),u(Nk,j)
        u(1,j) = 4 * u(2,j) - 6 * u(3,j) + 4 * u(4,j) - u(5,j);
        u(Nx-1,j) = 4 * u(Nx-2,j) - 6 * u(Nx-3,j) + 4 * u(Nx-4,j) - u(Nx-5,j);
        u(Nx,j) = 4 * u(Nx-1,j) - 6 * u(Nx-2,j) + 4 * u(Nx-3,j) - u(Nx-4,j);
    end
% x 为自变量,单位 mm
% ChaFen_data_x_mm = fopen(['..\..\data\Half-Sine\WY_' type '_w' num2str(w) '_A0_'
num2str(A0) '_beta_'num2str(beta) '_c_' num2str(c) '_mm_x_J0.dat'],'w');
% for i = 1:Nx
%       fprintf(ChaFen_data_x_mm, '%.9f   %.9f\n',i*Dx, u(i,t0)*1000);
% end
% fclose(ChaFen_data_x_mm);
% ChaFen_data_x = fopen(['..\..\data\Half-Sine\WY_' type '_w' num2str(w) '_A0_'
num2str(A0) '_beta_' num2str(beta) '_c_' num2str(c) '_x_J0.dat'],'w');
% for i = 1:Nx
%       fprintf(ChaFen_data_x_mm, '%.9f   %.9f\n',i*Dx, u(i,t0));
% end
% fclose(ChaFen_data_x);
% t 自变量,单位 ms
ChaFen_data_t = fopen(['..\..\data\Half-Sine\特征线\WY_' type '_w' num2str(w) '_A0_'
num2str(A0) '_beta_' num2str(beta) '_x1_' num2str(x1) '_c_' num2str(c) '_t_J0.dat'],'w');
for i = 1:Nt
    fprintf(ChaFen_data_t, '%.12f   %.12f\n',i*Dt, u(N_x,i));
end
% ms mm
fclose(ChaFen_data_t);
ChaFen_data_t_mm = fopen(['..\..\data\Half-Sine\特征线\WY_' type '_w' num2str(w) '_A0
_' num2str(A0) '_beta_' num2str(beta) '_x1_' num2str(x1) '_c_' num2str(c) '_t_mm_J0.dat'],'w');
for i = 1:Nt
    fprintf(ChaFen_data_t_mm, '%.9f   %.9f\n',i*Dt*1000, u(N_x,i)*1000);
end
fclose(ChaFen_data_t_mm);
% plot(u(:,t0))
% plot(u(N_x,:))
% hold on
```

（3）得到透射质点振动速度。

```
function getV_ChaFen(dmax,kni,c,beta,A0,x1,f,type)
```

% 得到透射质点振动速度 ,t 是固定值

% 关键是如何解决第一个计算区间的时段

% －

% 参数信息,单位为国际单位

```
u = 0;%输出结果
u_z = 0;
t0 = 0;
% z = 0.52E +7;
% row = 2.370E +3;% 岩石密度
row = 2E +3; % 参考 Hokstad
z = row * c;
w = 2 * pi * f;
k = w/c;
```

% 原始

```
WY_BB_t_data = load(['..\..\data\Half – Sine\特征线\WY_' type '_w' num2str(w) '_A0_' num2str(A0) '_beta_' num2str(beta) '_x1_' num2str(x1) '_c_' num2str(c) '_t_J0.dat']);% 透射
```
数据 单位 ms mm

```
    t_mm_data = fopen(['..\..\data\Half – Sine\特征线\WY_BB_X' num2str(x1) '_w' num2str(w) '_' num2str(A0) '_beta' num2str(beta) '_dmax' num2str(dmax) '_mm_J1.dat'],'w');
    N = size(WY_BB_t_data,1);
    Dt = WY_BB_t_data(2,1) – WY_BB_t_data(1,1);
    for i = 1:N
        if i = = 1
            p = 0;
        else
            p = WY_BB_t_data(i –1,2); % 取出位移数据
        end
%  = = = = = = = = = = = = = 三阶 Runge – Kutta = = = = = = = = = = = = = =
%        k1 = kni * dmax/(dmax/(2 * (p – u)) –1)/z – c/8 * beta * (k * A0)^2 * cos(2 * (k * x1 – w * t));
%        k2 = kni * dmax/(dmax/(2 * (p – (u +1/m/2 * k1))) –1)/z – c/8 * beta * (k * A0)^2 * cos(2 * (k * x1 – w * (t +1/m/2)));
%        k3 = kni * dmax/(dmax/(2 * (p – (u +1/m * ( –k1 +2 * k2)))) –1)/z – c/8 * beta * (k * A0)^2 * cos(2 * (k * x1 – w * (t +1/m)));
%        u = u + 1/m/6 * (k1 +4 * k2 +k3);
%        FXX 一次差分 位移 更改计算,应力应变代入非线性关系:
```

```
%        u = u − Dt * ( c * ( 1 − 4 * beta * ( ( kni * dmax )/( dmax/( 2 * p − 2 * u ) − 1 ))/z/c )^( 1/
4 )) * (( − 1 + sqrt( 1 − 4 * beta * ( ( kni * dmax )/( dmax/( 2 * p − 2 * u ) − 1 ))/z/c ))/2/beta );
%        化简
        u = u − Dt * c * (( 1 − ( 4 * beta/z/c ) * ( ( kni * dmax )/( dmax/( 2 * p − 2 * u ) − 1 )))
^( 1/4 )) * (( − 1 + sqrt( 1 − ( 4 * beta/z/c ) * ( ( kni * dmax )/( dmax/( 2 * p − 2 * u ) − 1 ))))/2/
beta );
%  − − − − − − − − − − − − − − − − − − − − − − − − − − − − − − − − − − − − − − −
        fprintf( t_mm_data, '%. 9f  %. 9f\n', WY_BB_t_data( i,1 ) * 1000, u * 1000 );
%          plot( WY_BB_t_data( i,1 ), u_z, 'b' );
        plot( WY_BB_t_data( i,1 ), p, 'b' );
%          hold on
        plot( WY_BB_t_data( i,1 ), u, 'g' );
        hold on
end
% grid on
fclose( t_mm_data );
```

(4) 计算透射系数 T。

```
function getTouSheXiShu( dmax, kni, c, beta, A0, x1, f, type )
% 计算透射系数
%
w = 2 * pi * f;
JLH = load( [ '.. \.. \data\Half − Sine\特征线\WY_BB_X' num2str( x1 ) '_w' num2str( w ) '_'
num2str( A0 ) '_beta' num2str( beta ) '_dmax' num2str( dmax ) '_mm_J1. dat' ] );
TSXS = fopen( [ '.. \.. \data\Half − Sine\特征线\TSXS\WY_' type '_w' num2str( w ) '_A0_'
num2str( A0 ) '_beta_' num2str( beta ) '_x1_' num2str( x1 ) '_c_' num2str( c ) '_kni' num2str( kni ) '_t_
J0_TSXS. dat' ], 'w' );
% 表示是上升还是下降
key = 1; % 上升区
SIZE = size( JLH );
if mod( SIZE,2 ) ~ = 1
    SIZE = SIZE − 1;
end
% 时间步长
deltaT = JLH( 2,1 ) − JLH( 1,1 );
% 透射系数
T_tra = 0;
syms x y;
% 节理前振值 A0
```

```
% 节理后振幅
for i = 1:SIZE - 1
    time = JLH(i,1);
    h = JLH(i,2);
    e = JLH(i + 1,2);

    if e - h < 0 && key == 1
        max = h;
        key = 0;
        fprintf(TSXS,'max = %.9f, time = %.9f, 透射率:
%.9f\n',max,JLH(i,1),abs(max)/(A0 * 1000));
    end
end
% % 能量
% for i = 1:2:n - 3  % 对透射波第一个周期积分
%     first = abs(data(i,2));
%     second = abs(data(i + 1,2));
%     third = abs(data(i + 2,2));
%     I_tra = I_tra + deltaT/3 * (first + 4 * second + third);
% end
% % 能量透射系数
% switch type
%     case 1
%         y = abs(A * sin(2 * pi/Te * x));
%         E_inf = int(y, 0, Te);
%         fprintf(Vmax_min,'入射波第一周期能量 Eint:%.9f\n',double(E_inf));
%     case 2
%         E_inf = abs(Te/2 * A);
%         fprintf(Vmax_min,'入射波第一周期能量 Eint:%.9f\n',double(E_inf));
%     case 3
%         E_inf = abs(Te * A);
%         fprintf(Vmax_min,'入射波第一周期能量 Eint:%.9f\n',double(E_inf));
% end
% fprintf(Vmax_min,'透射波到%.9f 时刻(第一周期)能量 Etra:%.9f\n',time_0,I_tra);
% fprintf(Vmax_min,'第一周期透射率(能量):%.9f\n',I_tra/double(E_inf));
fclose(TSXS);
```

（5）波形频谱分析。

```
function PINPU(m,c,type,dmax,A0,x1,Te,beta,FILE_IN)
```

```matlab
% 频谱分析
% m 每秒分割数 不同于 ChaFen 中的 m
w = 2 * pi/Te;
% - - - - - - - - 需要分析的数据源 - - - - - - - - - - - - - - - - - - -
% 双非线性节理数据
file = ['WY_BB_X0.006_w16000.1314_2.5e - 005_不同 beta_dmax0.0004_mm_J1_FXX_
&XX\' FILE_IN]
DATA = load(['.. \.. \data\Half - Sine\特征线\' file '.dat']);
% = = = = = = = = = = = = = = = = = = = = = = = = = = = = = = = = = = = = =
figure(2)
% 提出需要分析的数据序列
data = DATA(:,2);
% 绘制数据源
subplot(211);
plot(DATA(:,2));
% - - - - - - - - - - - - - - - - - - - - - - - - - - - - - - - - - - - - -
PT = 1;
fs = m;% 设定采样频率
N = size(DATA,1);
% - - - - - - - - - - - - - - - - - - - - - - - - - - - - - - - - - - - - -
pp_data = fopen(['.. \.. \data\Half - Sine\特征线\' file '_PP.dat'],'w');
% = = = = = = = = = = = = = = = = = = = = = = = = = = = = = = = = = = = = =
y = fft(data,N/PT);% 进行 fft 变换
mag = abs(y);% 求幅值
f = (0:length(y)/PT - 1)' * fs/length(y)/PT;% 进行对应的频率转换
for i = 1:size(mag,1)
    fprintf(pp_data,'%.9f   %.9f \n',f(i,1),mag(i,1));
end
subplot(212);
plot(f,mag);% 作频谱图
fclose(pp_data);
```

附录 E　含成组节理的双重非线性岩石介质中 P 波传播的 MATLAB 计算程序

（1）入口函数。

```
function main( )
%  by SongBox
%
clc
%岩石参数
row = 2000；%  kg/m3
c   = 2600；%  m/s
%应力波频率
f = 50；
Te = 1/f；
z = row * c；
J = 200；
%不同节理间距
deltT = Te/J；
% deltX = deltT * c；
%  %非线性节理参数 1 大，来自 Zhao X B
kni = 3.5E + 9；
dmax = 1E - 3；
%  %节理参数 2 小，来自 Zhao J,Cai J G
% kni = 1.25E + 9；
%  dmax = 0.61E - 3；
xi = 1.5；%改进模型非线性程度,暂时无用
%%  1:不同条数
%  beta = - 1000；
%  v0 = 0.22；
%  sigma0 = row * c * v0；%单位 Pa
%  nn = 100；%不同条数
%  x1 = 3；%第一条节理位置
%  x_T = N - 1；%记录透射波形的记录点位置
%  time = 0.15；%计算截止时间
% WaveSource( N,z,c,v0,sigma0,Te,deltT,time）；%  波源
%透射波记录文件名前部分
%  filename_head = ['..\data\HF_Sine_T' num2str(Te) '_A' num2str(v0) '_x1' num2str(x1)
'_x_T' num2str(x_T) '_nn' num2str(nn) '_kni' num2str(kni/1E9) '_beta' num2str(beta) '_N'
```

```
num2str( N )];
%   for TiaoShu = 0:3
%
pro( kni,dmax,nn,x1,x_T,N,z,c,v0,sigma0,Te,deltT,time,xi,beta,TiaoShu,filename_head)
%   end
%%  2:节理间距 nn 对 T 的影响
%   beta = - 1000;
%   N = 133;
%   x1 = 10;  %第一条节理位置
%   time = 0.05;  %计算截止时间
%   for v0 = [0.01,0.08,0.15,0.22]
%       sigma0 = row * c * v0;  %单位 Pa
%       WaveSource( N,z,c,v0,sigma0,Te,deltT,time);
%       filename_head = ['..\data\HF_Sine_T' num2str( Te ) '_A' num2str( v0 ) '_x1' num2str
(x1) '_kni' num2str( kni/1E9 ) '_beta' num2str( beta )];
%       nn_min = 3;  %  3
%       nn_max = 120;  %  nn_effect 计算参数,120
%       TiaoShu = 2;
%       nn_Effect_T( kni,dmax,x1,N,z,c,v0,sigma0,Te,deltT,time,xi,beta,TiaoShu,
filename_head,nn_min,nn_max)
%   end
%%  3:beta 对 3 条节理透射波形的影响
%   v0 = 0.22;
%   v0 = 0.01;
%   sigma0 = row * c * v0;  %  单位 Pa
%   N = 212;
%   time = 0.15;  %  计算截止时间
%   nn = 100;
%   x1 = 10;  %第一条节理位置
%   x_T = N - 1;  %  记录透射波形的记录点位置
%   beta = 1000;
% WaveSource( N,z,c,v0,sigma0,Te,deltT,time);  %  波源
% TiaoShu = 3;
%  T_file_name = fopen( ['..\data\HF_Sine_T' num2str( Te ) '_A' num2str( v0 ) '_x1' num2str( x1 )
'_nn' num2str( nn ) '_x_T' num2str( x_T ) '_TiaoShu' num2str( TiaoShu ) '_beta 不同_T.dat'],'w');
%   for beta = [1000   -1000]
%       filename_head = ['..\data\HF_Sine_T' num2str( Te ) '_A' num2str( v0 ) '_x1' num2str
(x1) '_x_T' num2str( x_T ) '_nn' num2str( nn ) '_kni' num2str( kni/1E9 ) '_beta' num2str( beta ) '_
```

```
N' num2str(N)];  % 透射波记录文件名前部分
    %
    pro(kni,dmax,nn,x1,x_T,N,z,c,v0,sigma0,Te,deltT,time,xi,beta,TiaoShu,filename_head)
    %       max  = getT([T_filename_head '_nn' num2str(nn) '_x_T' num2str(x_T) '_TiaoShu'
num2str(TiaoShu) '.dat']);
    % fprintf(T_file_name,'%d       %.3f\n',beta,max/v0);
    % end
    % fclose(file_name);
    %% 4:节理间距 d 对后续波能量的影响
    % v0 = 0.08;
    % sigma0 = row * c * v0;  % 单位 Pa
    % N = 212;       % 和 3 条节理一样取值
    % % % 计算后续波能量,后续波序数
    % Start_WB = 2;
    % End_WB = 10;
    % % % 计算首波能量
    % % Start_WB = 1;
    % % End_WB = 1;
    % % time = 0.14;  % kni1.25
    % time = 0.1;  % kni3.5
    % beta = 1000;
    %
    % x1 = 10;  % 第一条节理位置
    % x_T = N - 1;  % 记录透射波形的记录点位置
    % WS_filename  = WaveSource(N,z,c,v0,sigma0,Te,deltT,time);  % 波源
    % TiaoShu = 3;
    % for  nn = 3:100
    %       filename_head = ['..\data\HF_Sine_T' num2str(Te) '_A' num2str(v0) '_x1' num2str
(x1) '_x_T' num2str(x_T) '_nn' num2str(nn) '_kni' num2str(kni/1E9) '_beta' num2str(beta) '_
N' num2str(N) '_TiaoShu_' num2str(TiaoShu)];  % 透射波记录文件名前部分
    % TouShe_filename = pro(kni,dmax,nn,x1,x_T,N,z,c,v0,sigma0,Te,deltT,time,xi,beta,
TiaoShu,filename_head);  % 返回透射波形文件名
    % getE(WS_filename,Te,J,nn,TouShe_filename,Start_WB,End_WB,filename_head);
    % end
    %% 5:透射波各波峰点连接曲线
    v0 = 0.08;
    sigma0 = row * c * v0;  % 单位 Pa
    N = 212;       % 和 3 条节理一样取值
```

```
% 透射波波峰范围,波峰序数
Start_WB_Crest = 1;
End_WB_Crest = 6;
%  time = 0.14; % kni1.25
time = 0.12; % kni3.5
beta = -1000;
x1 = 10; % 第一条节理位置
x_T = N - 1; % 记录透射波形的记录点位置
TiaoShu = 3;
WS_filename  = WaveSource(N, z, c, v0, sigma0, Te, deltT, time); %  波源
for nn = [14 50 100]
    % 透射波记录文件名前部分
    filename_head = ['..\data\HF_Sine_T' num2str(Te) '_A' num2str(v0) '_x1' num2str(x1) '_x_T' num2str(x_T) '_nn' num2str(nn) '_kni' num2str(kni/1E9) '_beta' num2str(beta) '_N' num2str(N) '_TiaoShu_' num2str(TiaoShu)];
    TouShe_filename = pro(kni, dmax, nn, x1, x_T, N, z, c, v0, sigma0, Te, deltT, time, xi, beta, TiaoShu, filename_head); %  返回透射波形文件名
    getEnvelope(nn, TouShe_filename, Start_WB_Crest, End_WB_Crest, filename_head)
end
%%  #核心计算函数
% filename_head = ['..\data\HF_Sine_T' num2str(Te) '_A' num2str(v0) '_x1' num2str(x1) '_x_T' num2str(x_T) '_nn' num2str(nn) '_kni' num2str(kni/1E9) '_beta' num2str(beta) '_N' num2str(N)]; % 透射波记录文件名前部分
% WaveSource(N, z, c, v0, sigma0, Te, deltT, time); %  波源
% pro(kni, dmax, nn, x1, x_T, N, z, c, v0, sigma0, Te, deltT, time, xi, beta, TiaoShu, filename_head)
```

（2）得到透射波形。

```
Function TouShe_filename =
pro(kni, dmax, nn, x1, x_T, N, z, c, v0, sigma0, Te, deltT, time, xi, beta, TiaoShu, filename_head)
% 返回透射波文件名
% xi:改进模型非线性程度
v = zeros(N + 1, 4000);
v_ = zeros(N + 1, 4000);
sigma = zeros(N + 1, 4000);
w = 2 * pi/Te;
size_j = fix(time/deltT) - 1; % 所计算时间长度
RuSheBianJie = load(['..\data\HF_Sine_T' num2str(Te) '_A' num2str(v0) '.dat']);
for i = 1:size_j
```

```
                v(1,i) = 2 * RuSheBianJie(i,2);
        end
        t = 0;
        %%计算部分
        for j = 1:size_j
            for n = 2:N
                if n = = x1 + t * nn && t  < TiaoShu
                    t = t + 1;
%                   kni = 3.5E + 9;
%                   dmax = 1E - 3;
%                   v_(n,j + 1) = (z * v(n - 1,j) + sigma(n - 1,j) - sigma(n,j) - (kni + sig-
ma(n,j)/dmax)^2 * deltT/kni * (v_(n,j) - v(n,j)))/z;
%                   v(n,j + 1) = (z * v_(n + 1,j) - sigma(n + 1,j) + sigma(n,j) + (kni + sig-
ma(n,j)/dmax)^2 * deltT/kni * (v_(n,j) - v(n,j)))/z;
%                   sigma(n,j + 1) = sigma(n,j) + (kni + sigma(n,j)/dmax)^2 * deltT/kni *
(v_(n,j) - v(n,j));
        % %考虑岩石非线性
                    sigma(n,j + 1) = sigma(n,j) + (kni + sigma(n,j)/dmax)^2 * deltT/kni * (v_
(n,j) - v(n,j));
                    v_(n,j + 1) = (z * v(n - 1,j) + (1 - 4 * beta * sigma(n - 1,j)/z/c)^(1/4)
* sigma(n - 1,j)  - (1 - 4 * beta * sigma(n,j + 1)/z/c)^(1/4)  * (sigma(n,j) + (kni + sigma
(n,j)/dmax)^2 * deltT/kni * (v_(n,j) - v(n,j))))/z;
                    v(n,j + 1) = (z * v_(n + 1,j) - (1 - 4 * beta * sigma(n + 1,j)/z/c)^(1/4)
* sigma(n + 1,j)  + (1 - 4 * beta * sigma(n,j + 1)/z/c)^(1/4)  * (sigma(n,j) + (kni + sigma
(n,j)/dmax)^2 * deltT/kni * (v_(n,j) - v(n,j))))/z;
                else

        %包括岩石非线性
                    sigma(n,j + 1) = sigma(n,j)  + kn * deltT/(2 * kn * deltT + z) * (z * v(n -
1,j) + sigma(n - 1,j) - z * v_(n + 1,j) + sigma(n + 1,j) - 2 * sigma(n,j));
                    v_(n,j + 1) = (z * v(n - 1,j) + (1 - 4 * beta * sigma(n - 1,j)/z/c)^(1/4) *
sigma(n - 1,j) + ((1 - 4 * beta * sigma(n,j + 1)/z/c)^(1/4) * kn * deltT)/z * (z * v(n - 1,j) +
(1 - 4 * beta * sigma(n - 1,j)/z/c)^(1/4) * sigma(n - 1,j) + z * v_(n + 1,j) - (1 - 4 * beta *
sigma(n + 1,j)/z/c)^(1/4) * sigma(n + 1,j)) - (1 - 4 * beta * sigma(n,j + 1)/z/c)^(1/4) * sig-
ma(n,j)))/(2 * (1 - 4 * beta * sigma(n,j + 1)/z/c)^(1/4) * kn * deltT + z);
                    v(n,j + 1) = (((1 - 4 * beta * sigma(n,j + 1)/z/c)^(1/4) * kn * deltT + z)/z
*  (z * v(n - 1,j) + (1 - 4 * beta * sigma(n,j + 1)/z/c)^(1/4) * sigma(n - 1,j) + z * v_(n + 1,
j) - (1 - 4 * beta * sigma(n + 1,j)/z/c)^(1/4) * sigma(n + 1,j))    + (1 - 4 * beta * sigma(n,j
```

```
+1)/z/c)^(1/4) * sigma(n,j) - z * v(n - 1,j) - (1 - 4 * beta * sigma(n - 1,j)/z/c)^(1/4) *
sigma(n - 1,j))/(2 * (1 - 4 * beta * sigma(n,j + 1)/z/c)^(1/4) * kn * deltT + z);
%  %包括介质非线性,才用非线性类似算法
%              sigma(n,j + 1) = sigma(n,j) + kn * deltT * (v_(n,j + 1) - v(n,j + 1));
%              v_(n,j + 1) = (z * v(n - 1,j) + (1 - 4 * beta * sigma(n - 1,j)/z/c)^(1/4)
* sigma(n - 1,j) - (1 - 4 * beta * sigma(n,j + 1)/z/c)^(1/4) * (sigma(n,j) + kn * deltT * (v_
(n,j + 1) - v(n,j + 1))))/z;
%              v(n,j + 1) = (z * v_(n + 1,j) - sigma(n + 1,j) * (1 - 4 * beta * sigma(n +
1,j)/z/c)^(1/4) + (1 - 4 * beta * sigma(n,j + 1)/z/c)^(1/4) * (sigma(n,j) + kn * deltT * (v_
(n,j + 1) - v(n,j + 1))))/z;
            end
        end
        t = 0;
    end
%%数据写入文件
TouShe_filename = [filename_head '. dat'];
TouShe_ms = fopen(TouShe_filename,'w');
for j = 1:size_j
    if v(x_T,j) < 0
        v(x_T,j) = 0;
    end
%    画图
%    plot(j,v(1,j)/2) %波源
%    plot(j,v(x_T,j),'b')
%    hold on
fprintf(TouShe_ms,'%. 7f\n',v(x_T,j));
end
fclose(TouShe_ms);
```

(3) 节理间距对透射特性的影响。

```
function nn_Effect_T(kni, dmax, x1, N, z, c, v0, sigma0, Te, deltT, time, xi, beta, TiaoShu,
filename_head, nn_min, nn_max)
% 节理间距对透射系数 T 的影响
%
T_file = fopen([filename_head '_nn 不同时_T. dat'],'w');
for nn = nn_min:1:nn_max
%    % 不同 nn 进行计算
    x_T = x1 + nn + 1;
    pro(kni, dmax, nn, x1, x_T, N, z, c, v0, sigma0, Te, deltT, time, xi, beta, TiaoShu, filename_
```

head);

max = getT([filename_head '_nn' num2str(nn) '_x_T' num2str(x_T) '_TiaoShu' num2str(TiaoShu) '.dat']);

fprintf(T_file,'%d   %.3f\n',nn,max/v0);

end

fclose(T_file);

%%结束计算

% T_file = fopen([filename_head '_nn 不同时_T.dat'],'w');

% % for nn = nn_min:1:nn_max

% % max = getT([filename_head '_nn' num2str(nn) '_x_T' num2str(x_T) '_TiaoShu' num2str(TiaoShu) '.dat']);

% % fprintf(T_file,'%d   %.3f\n',nn,max/v0);

% % end

% fclose(T_file);

(4) 得到透射系数 T。

function max = getT(file)

%

%得到透射系数

data = load(file);

N = size(data,1);

i = 1;

max = 0;

while i < = N

    temp = data(i);

% 比较到最后,虽然不是最优,但是最稳,先这样

    if max < temp

        max = temp;

    end

    i = i + 1;

end

(5) 得到透射能量 E。

function E_WB = getE(WS_file,Te,J,nn,TS_file,Start_WB,End_WB,filename_head)

%计算能量

% WS_filename:波源数据文件;J:Te 分割数;Start_WB,End_WB:目标波形开始和结束后续波所属后续波数

%本函数计算正值波形能量,振动速度的平方对时间的积分

% by songbox

dt = Te/J;

```matlab
%%处理波源,去掉 0
WS = load( WS_file) ;        % 2 列数据,第一列为时间坐标
N_inc = size( WS,1) ;        % 入射波行数
for i = 2 : N_inc - 1
    if WS( i - 1,2)  >  WS( i,2)  &&  WS( i,2)  = =  0
        v_inc_end = i ;
        break ;
    end
end
%%处理透射波,得到 Start_WB 至 End_WB 间波形
v_inc = WS( 1 : v_inc_end,2) ;
v_tra = load( TS_file) ;   % 单列数据
N_tra = size( v_tra) ;
flag_start = 1 ;            % 目标数据首行数
flag_end = 1 ;               % 目标数据尾行数
pre_crest = 0 ;              % 记录波峰数,开始点前一个波峰或结束点前一个波峰
flag_pre_crest = 1 ;        % 记录前一个 crest 的位置:flag_crest
for i = 2 : N_tra - 1    % 找到 Start_WB 前一个 crest 的时刻:flag
    if pre_crest  = =  Start_WB - 1
        break ;
    end
    if v_tra( i - 1)  < = v_tra( i)  &&  v_tra( i) > v_tra( i + 1)   % 找拐点
        pre_crest = pre_crest  +  1 ;
        flag_pre_crest = i ;
    end
end
for i = flag_pre_crest : N_tra - 1      % 找到目标波形开始时刻:flag_start
    if v_tra( i + 1)  >  v_tra( i) ʻ
        flag_start = i ;
        break ;
    end
end
for i = flag_start : N_tra - 1       % 找到最后一个 crest 的时刻( 和前面使用同一个参数) :flag_
pre_crest
    if pre_crest  = =  End_WB
        break ;
    end
    if v_tra( i - 1)  < = v_tra( i)  &&  v_tra( i) > v_tra( i + 1)    % 找拐点
```

```
                pre_crest = pre_crest + 1;
                flag_pre_crest = i;
            end
        end
    for i = flag_pre_crest:N_tra - 3      % 找到目标波形结束时刻:flag_end
        if v_tra(i + 1) > v_tra(i) && v_tra(i + 2) > = v_tra(i) && v_tra(i + 3) > = v_
tra(i)
                flag_end = i;
                break;
            end
        flag_end = N_tra;
    end
    v_Sternwaves = v_tra(flag_start:flag_end);      %  目标波形
    % % 绘制原始透射波和目标波形
    % %  subplot(221)      % 波源
    % %  plot(v_inc);
    % subplot(211)      % 原始透射波
    % plot(v_tra);
    % subplot(212)      % 目标波形
    % plot(v_Sternwaves)
    % % 计算入射波能量
    %  E_inc = sum(v_inc.^2) * dt;  % 矩形积分
    E_inc = trapz(v_inc.^2) * dt;
    % % 计算小于 6 次后续波能量
    E_Sternwaves = trapz(v_Sternwaves.^2) * dt;
    %  E_tra = trapz(v_tra.^2) * dt;  %  所有透射波
    % % 后续波能量
    E_WB = E_Sternwaves/E_inc;
    % % 结果输出至文件
    E_WB_filename = fopen('..\data\nn 不同时_E_WB.dat','a');
    fprintf(E_WB_filename,'% d    % .4f\n',nn,E_WB);
    fclose(E_WB_filename);
    (6) 产生波源文件。
    function WS_filename = WaveSource(N,z,c,v0,sigma0,Te,deltT,time)
    %  WS_filename:波源文件名
    %  Song Box
    %
    w = 2 * pi/Te;
```

```
size_j = fix(time/deltT) - 1; %  所计算时间长度
%%记录波源数据
WS_filename = ['..\data\HF_Sine_T' num2str(Te) '_A' num2str(v0) '.dat'];
WaveS_ms = fopen(WS_filename,'w');
for j = 1:size_j
    if j <= fix(Te/2/deltT)
%            sigma(j,1) = sigma0 * sin(w * j * deltT);
%            sigma(j,1) = sigma0;
        sigma(j,1) = 0;
        temp = v0 * sin(w * (j - 1) * deltT);
    else
        temp = 0;
    end
fprintf(WaveS_ms,'%d        %.7f\n',j,temp);
end
fclose(WaveS_ms);
% - - - - - - - - - - - - - - -以上为初始条件 - - - - - - - - - - - - -
```

(7) 形成透射波各波峰样条曲线。

```
function Envelope = getEnvelope(nn,TS_file,Start_WB_Crest,End_WB_Crest,filename_head)
%
%  by Songbox
%%初始化
v_tra = load(TS_file);    %  单列数据
N_tra = size(v_tra,1);
flag_Crest = zeros(1,End_WB_Crest - Start_WB_Crest + 1);
%%确定开始和结束段位置
crest = 0;
%  Start_WB_Crest 和 End_WB_Crest 间所有 crest 所在的时刻存入 flag_Crest
n = Start_WB_Crest;
for i = 2:N_tra - 1
    if v_tra(i - 1) <= v_tra(i) && v_tra(i) > v_tra(i + 1) && n <= End_WB_Crest
%  找拐点
        flag_Crest(n - Start_WB_Crest + 1) = i; %按顺序存放 crest 坐标
        crest = crest + 1;
        n = n + 1;
    end
end
%%初步写入 Envelope
```

```
j = 1;
N_flag_Crest = End_WB_Crest - Start_WB_Crest + 1;
%  for  i = 1:N_tra
%       Envelope(i,1) = i;
%       if i == flag_Crest(j) && j < N_flag_Crest
%            Envelope(i,2) = v_tra(i);
%            j = j + 1;
%       end
%  end
% %对 Envelope 样条插值
%  for  i = find(flag_Crest  ~ = 0)
%       x = flag_Crest(i);
%  end
%  x
x = flag_Crest;
for  i = 1:N_flag_Crest
     y(j) = v_tra(flag_Crest(i));
     j = j + 1;
end
xx = x(1):3:x(N_flag_Crest);
N_xx = size(xx,2);
yy = spline(x,y,xx);
%  plot(x,y,'o',xx,yy)
% %写入文件
Envelope_filename_FZ = fopen([filename_head '透射波后续波包络线_峰值.dat'],'w');
fprintf(Envelope_filename_FZ,'% d\n',x);
fclose(Envelope_filename_FZ);
Envelope_filename_BL = fopen([filename_head '透射波后续波包络线_样条.dat'],'w');
for  i = 1:N_xx
fprintf(Envelope_filename_BL,'% d        % .6f\n',xx(i),yy(i));
end
fclose(Envelope_filename_BL);
```

附录 F　岩石声波信号小波时频分析 MATLAB 计算程序

（1）读入数据。

```
clc
close all;
x = xlsread('D:\work\test. xlsx','dry','A2:A513');
y1 = xlsread('D:\work\test. xlsx','dry','B2:B513');
y2 = xlsread('D:\work\test. xlsx','saturated','B2:B513');
```

% 通过仪器测量的原始数据,存储在 excel(D:\work\test. xlsx)中

% 将测量数据时间赋给 x,此时 x 为 512 × 1 的矩阵

% 分别将干燥和饱和条件下测量数据振幅赋给 y1 和 y2,此时 y1,y2 均为 512 × 1 的矩阵

（2）显示原始数据曲线图(时域)。

```
subplot(4,1,1);
plot(x,y1,'b',x,y2,'r')
```

% 显示原始数据曲线图(时域图)

```
axis([min(x) max(x) 1.1 * floor(min(y1)) 1.1 * ceil(max(y1))])
xlabel('Time (us)');
ylabel('Amplitude(mV)');
title('(a)','fontsize',15);
set(gca, 'Units', 'normalized', 'Position', [0.05 0.79 0.94 0.15])
box off;
```

% 优化坐标,可有可无

（3）快速傅立叶变换。

```
y1 = y1 − mean(y1);
y2 = y2 − mean(y2);
```

% 消去直流分量,使频谱更能体现有效信息

```
fs = 1000000;
```

% 得到原始数据时,仪器的采样频率

```
N = 512;
```

% 原始数据中的被测量个数,即采样个数

```
z1 = fft(y1);
z2 = fft(y2);
```

（4）频谱分析。

```
f = (0:N − 1) * fs/N;
Mag1 = abs(z1) * 2/N;
```

% 幅值,单位同被测变量 y

```
Pyy1 = Mag1. ^2;
```

% 能量;对实数系列 X,有 X. * X = X. * conj(X) = abs(X). ^2 = X. ^2,故这里有很多表达

方式

Mag2 = abs(z2) ∗ 2/N;

Pyy2 = Mag2.^2;

（5）显示频谱图（频域）。

subplot(4,1,2);

plot(f(1:fix(N/2) − 1),Mag1(1:fix(N/2) − 1),'− b',f(1:fix(N/2) − 1),Mag2(1:fix(N/2) − 1),'− r')

% 显示频谱图

% 将这里的 Pyy 改成 Mag 就是 幅值 − 频率图了

% 将这里的 Mag 改成 Pyy 就是 能量（更确切地说是功率谱）− 频率图了

axis([min(f(1:N/2)) max(f(1:N/2)) 0.5 ∗ floor(min(Mag1(1:N/2)))

1.1 ∗ ceil(max(Mag1(1:N/2)))])

xlabel('Frequency(Hz)')

ylabel('|F(w)|')

title('(b)','fontsize',15);

set(gca, 'Units', 'normalized', 'Position', [0.05 0.55 0.94 0.15])

box off;

（6）显示小波变换时频域下的幅值图。

subplot(4,1,3);

wname = 'db4';

totalscal = 100;

% 尺度序列的长度,即 scal 的长度

wcf = centfrq(wname);

% 小波的中心频率

cparam = 2 ∗ wcf ∗ totalscal;

% 为得到合适的尺度所求出的参数

a = totalscal: − 1:1;

scal = cparam./a;

　% 得到各个尺度,以使转换得到频率序列为等差序列

coefs1 = cwt(y1,scal,wname);

% 得到小波系数

f = scal2frq(scal,wname,1/fs);

% 将尺度转换为频率

imagesc(x,f,coefs1/4);

% 绘制色谱图

title('(c)','fontsize',15);

xlabel('Time (us)');

ylabel('Frequency(Hz)')

```
set(gca, 'ydir','normal','Units', 'normalized', 'Position', [0.05 0.30 0.94 0.15])
axis([0 520 0 150000]);
subplot(4,1,4);
coefs2 = cwt(y2,scal,wname);
%得到小波系数
f = scal2frq(scal,wname,1/fs);
%将尺度转换为频率
imagesc(x,f,coefs2/4);
%绘制色谱图
title('(d)','fontsize',15);
xlabel('Time (us)');
ylabel('Frequency(Hz)')
set(gca,'ydir','normal', 'Units', 'normalized', 'Position', [0.05 0.05 0.94 0.15])
axis([0 520 0 150000]);
```

（7）输出频谱数据。

```
xlswrite('D:\work\ Frequency. xlsx',f(1:fix(N/2))','A1:A256');
xlswrite('D:\work\ Frequency. xlsx',Mag(1:fix(N/2)),'B1:B256');
%% 8.返回最大能量对应的频率和周期值
[m n] = max(Pyy1(1:N/2));
fprintf('干燥状态下快速傅里叶变换结果:\n')
fprintf('                FFT_f = %1.3f kHz\n',f(n)/1000)
%输出干燥状态下最大值对应的频率
fprintf('                FFT_T = %1.3f us\n',fs/f(n))
%输出干燥状态下最大值对应的周期
[t s] = max(Pyy2(1:N/2));
fprintf('饱和状态下快速傅里叶变换结果:\n')
fprintf('                FFT_f = %1.3f kHz\n',f(s)/1000)
%输出饱和状态下最大值对应的频率
fprintf('                FFT_T = %1.3f us\n',fs/f(s))
%输出饱和状态下最大值对应的周期
```

参 考 文 献

[1] Achenbach J D, Kitahara M. Reflection and transmission of an obliquely incident wave by an array of spherical cavities [J]. Journal of Acoustic Society of America, 1986, (80): 1209.

[2] Achenbach J D, Li Z L. Propagation of horizontally polarized transverse waves in a solid with a periodic distribution of cracks [J]. Wave Motion, 1986b, 8: 371 ~ 379.

[3] Achenbach J D, Li Z L. Reflection and transmission of scalar waves by a periodic array of screens [J]. Wave Motion, 1986a, 8: 225 ~ 234.

[4] Achenbach J D, Norris A N. Loss of specular reflection due to nonlinear crack – face interaction [J]. Journal of Nondestructive Evaluation, 1982, 3 (4): 229 ~ 239.

[5] Achenbach J D, Zhang C. Reflection and transmission of ultrasound by a region of damaged material [J]. Journal of Nondestructive Evaluation, 1990, 9 (2/3): 71 ~ 79.

[6] Achenbach J D. Wave propagation in elastic solids [M]. New York: North Holland, 1973.

[7] Achenbach J D, Gautesen A K, Mcmaken H. Ray methods for waves in elastic solids [M]. 1st edition. Boston: Pitman, 1982.

[8] Aki K, Richards P G. Quantitative seismology Vol. I [M]. New York: W. H. Freeman and Co. , 1980.

[9] Alexandre A G. Time – lapse monitoring with coda wave interferometry [D]. Colorado: Colorado School of Mines, 2004.

[10] Angel Y C, Achenbach J D. Harmonic waves in an elastic solid containing a doubly periodic array of cracks [J]. Wave Motion, 1987, 9: 375 ~ 382.

[11] Angel Y C, Achenbach J D. Reflection and transmission of elastic waves by a periodic array of cracks: oblique incidence [J]. Wave Motion, 1985b, 7: 375 ~ 382.

[12] Angle Y C, Achenbach J D. Reflection and transmission of elastic waves by a periodic array of cracks [J]. Journal of Applied Mechanics, 1985a, 52: 33 ~ 40.

[13] Ass'ad J M, Tatham R H, Mcdonald J A, Kusky T M, Jech J. A physical model study of scattering of waves by aligned cracks: comparison between experiment and theory [J]. Geophysical Prospecting, 1993, 41, 323 ~ 339.

[14] Bandis S C, Lumsden A C, Barton N R. Fundamentals of rock fracture deformation [J]. International journal of Rock Mechanics and Mining Sciences and Geomechanics Abstracts, 1983, 20 (6): 249 ~ 268.

[15] Barton N. A relation of joint roughness and joint shear strength [C] //Proceedings of symposium of international society of rock mechanics. France: Nancy, 1971: 1 ~ 8.

[16] Barton N. The shear strength of rocks and rock joints [J]. International Journal of Rock Mechanics and Mining Science and Geomechanics Abstracts, 1976, 13 (6): 225 ~ 279.

[17] Barton N, Bandis S C, Bakhtar K. Strengh, deformation and conductivity coupling of rock joints [J]. International Journal of Rock Mechanics and Mining Sciences and Geomechanics Abstracts, 1985, 22 (3): 121 ~ 140.

[18] Bedford A, Drumheller D S. Introduction to elastic wave propagation [M]. Chichester: John Wiley and Sons, 1994.

[19] Biot M A. Theory of propagation of elastic waves in a fluid saturated, porous solid I: low – frequency range [J]. Journal of Acoustic society of America, 1956a, 28: 168 ~ 178.

[20] Biot M A. Theory of propagation of elastic waves in a fluid saturated, porous solid II: higher – frequency range [J]. Journal of Acoustic Society of America, 1956b, 28: 179 ~ 191.

[21] Boström A, Eriksson A S. Scattering by two penny – shaped cracks with spring boundary conditions [M]. London, Proc. R. Soc., 1993: 443, 183 ~ 201.

[22] Brady B H, Hsiung S H, Chowdhury A H, Philip J. Verification studies on the UDEC computational model of jointed rock, mechanics of jointed and faulted rock [M]. 1990, 551 ~ 558.

[23] Brekhovskikh L M. Waves in layered media [M]. 2ⁿᵈ edition. New York: Academic Press, 1980.

[24] Brown E T. Chapter I introduction, analytical and computational methods in engineering rock mechanics [M]. 1ˢᵗ ed. London: Allen and Unwin Ltd., 1987.

[25] Cai J G, Zhao J. Effects of multiple parallel fractures on apparent wave attenuation in rock masses [J]. International Journal of Rock Mechanics and Mining Science and Geomechanics Abstracts, 2000, 37, (4): 661 ~ 682.

[26] Cai J G. Effects of parallel fractures on wave attenuation in rock masses [D]. Singapore: Nanyang Technological University, 2001.

[27] Capuani D, Willis J R. Wave propagation in elastic media with cracks part I: transient nonlinear response of a singel crack [J]. European Journal of Mechanics, A/Solids, 1997, 16 (3): 377 ~ 408.

[28] Cetinkaya C, Vakakis A F. Transient axisymmetric stress wave propagation in weakly coupled layered structures [J]. Journal of Sound and Vibration, 1996, 194 (3): 389 ~ 416.

[29] Chatterjee A K, Mall A K, Knopoff M L, Hudson J A. Attenuation of elastic waves in a cracked, fluid – staturated solid [J]. Msth. Proc. Camb. Phil. Soc., 1980, 88: 547 ~ 561.

[30] Chen S G. Discrete element modelling of jointed rock masses under dynamic loading [D]. Singapor: Nanyang Technological University, 1999.

[31] Chen S G, Cai J G, Zhao J, Zhou Y X. Discrete element modeling of underground explosions in jointed rock mass [J]. Geological and Geotechnical Engineering, 2000, 18: 59 ~ 78.

[32] Chen S G, Zhao J. A study of UDEC modeling for blast wave propagation in jointed rock masses [J]. International Journal of Rock Mechanics and Mining Sciences, 1998, 35 (1): 93 ~ 99.

[33] Chen S G, Zhao J, Makurat A, Madshus C. Mesh size influence on dynamic modeling [J]. Fragblast – International Journal for Blasting and Fragmentation, 2000, 4: 164 ~ 174.

[34] Chen S G, Zhao J, Zhou Y X. UDEC modeling of a field explosion test [J]. Fragblast – International Journal of Blasting and Fragmentation, 2000, 4: 149 ~ 163.

[35] Chen W Y, Lovell C W, Haley G M, Pyrak – Nolte L J. Variation of shear wave amplitude

during frictional sliding [J]. International Journal of Rock Mechanics and Mining Science and Geomechanics Abstracts, 1993, 30 (7): 779~784.

[36] Coates R T, Schoenberg M. Finite difference modelling of faults and fractures [J]. Geophysics, 1995, 60 (5): 1514~1526.

[37] Courant R, Hilbert D. Methods of mathematical physics, II [M]. New York: Interscience, 1962.

[38] Crampin S. A review of wave motion in anisotropic and cracked elastic – media [J]. Wave Motion, 1981, 3: 342~391.

[39] Crotty J M, Wardle L J. Boundary integral analysis of piecewise homogenous media with structural discontinuities [J]. International Journal of Rock Mechanics and mining Science and Geomechanics Abstracts, 1985, 22: 419~427.

[40] Cundall P A. A computer model for rock mass behaviour using interactive graphics for the input and output of geometrical data, report to the missouri river division, U. S. Army Corps of Engineers [M]. University of Minnesota, 1974a.

[41] Cundall P A. A computer model for simulating progressive large scale movements in blocky rock systems [J]. Proceedings Symposium of International Society of Rock Mechanics, Nancy, France, 1971, 1: II -8.

[42] Cundall P A, Hart R D. Development of generalized 2 – D and 3 – D distinct element programs for modelling jointed rock, Itasca Consulting Group Misc. Paper SL – 85 – 1, U. S. Army Corps of Engineers, 1985.

[43] Cundall P A, Hart R D. Numerical modelling of discontinue [J]. Comprehensive Rock Engineering, 1993, 2: 231~243.

[44] Cundall P A, Strack O D L. A discrete numerical model for granular assemblies [J]. Geotechnique, 1979a, 29: 47~65.

[45] Cundall P A, Strack O D L. Modelling of microscopic mechanisms in granular material, mechanics of granular materials: new model and constitutive relations [M]. Amsterdam: Elsevier, 1983: 137~149.

[46] Cundall P A, Strack O D L. The development of constitutive laws for soil using distinct element method [C] //Proceeding of 3rd Numerical Method in Geomechanics. Aachen, 1979b: 289~298.

[47] Cundall P A. Formulation of a three – dimensional distinct element model part I: a scheme to detect and represent contact in a system composed of many polyhedral blocks [J]. International ournal of Rock Mechanics and Mining Science and Geomechanics Abstracts, 1988, 25: 107~116.

[48] Cundall P A. Rational design of tunnel supports: a computer model for rock mass behaviour using interactive graphics for the input and output of geometrical data, report MRD – 2 – 74, U. S. Army Corps of Engineers [M]. Vicksburg, 1974b.

[49] Cundall P A. UDEC——a generalized distinct element program for modelling jointed rock, report PCAR – 1 – 80 U. S. Army [M]. Peyer Cundall Associates, European research Office, London, 1985: 1980.

［50］Cundall P A，Hart R D. Analysis of block test No. 1，inelastic rock mass behaviour，phase 2：a characterization of joint behaviour，final report ［M］. Itasca Consulting Group Report，Rockwell Hanford Operation，Subcontract SA - 957，1984.

［51］Day S M. Test problem for plane strain block motion codes，s - cubed memorandum to Itasca，1985.

［52］Desai C S，Ma Y. Modeling of joints and interfaces using the disturbed - state concept ［J］. International Journal for Numerical and Analytical Methods in Gemechanics，1992，16：623 ~ 653.

［53］Dowding C H，Belytschko T B，Yen H J. Dynamic computational analysis of opening in jointed rock ［J］. Journal of Geotechnical Engineering Division，ASCE；1983b，109，1551 ~ 1566.

［54］Dowding C H，Belytschko T B，Yen H J. A coupled finite element - rigid block method for transient analysis of rock caverns ［J］. International Journal for Numerical and Analytical Methods in Geomechanics，1983a，7：117 ~ 127.

［55］Dutton A J，Meek J L. Distinct element modelling of longwall gate road roof support ［C］ // computer method and advance in geomechanics. 1992，1757 ~ 1746.

［56］Eriksson A S，Boström A，Datta S K. Ultrasonic wave propagation through a cracked solid ［J］. Wave Motion，1995，22：297 ~ 310.

［57］Eshelby J D. The determination of the elastic field of an ellipsoidal inclusion and related problems ［J］. London：Proc. R. Soc. ，1957：241，376 ~ 397.

［58］Ewing W M，Jardetzky W S，Press F. Elastic waves in layered media ［M］. New York：McGraw - Hill，1957.

［59］Fan S C，Jiao Y Y，Zhao J. On modeling of incident boundary for wave propagation in jointed rock masses using discrete element method ［J］. Computers and Geotechnics，2004，31 (1)：57 ~ 66.

［60］Garbin H D，Knopoff L. Elastic moduli of a medium with liquid - filled cracks ［J］. Quart. Appl. Math，1975b，33：301 ~ 303.

［61］Garbin H D，Knopoff L. The compressional modulus of a material permeated by a random distribution of circular cracks ［J］. Quart. Appl. Math，1973，30：453 ~ 464.

［62］Garbin H D，Knopoff L. The shear modulus of a material permeated by a random distribution of free circular cracks ［J］. Quart. Appl. Math，1975a，33：296 ~ 300.

［63］Ghaboussi J，Wilson E L，Isenberg J. Finite elements for rock joints and Interfaces ［J］. Journal of Soil Mechanics and Foundation Division，1973，99：833 ~ 848.

［64］Gilbert K E. A propagator matrix method for periodically stratified media ［J］. Journal of Acoustic Society of America，1983，73 (1)：137 ~ 142.

［65］Goodman R E，Taylor L，Brekke T L. A model for the mechanics of jointed rock ［J］. Journal of Soil the Mechanics and Foundations Division，American Society of Civil Engineers，1968，94 (SM3)：637 ~ 659.

［66］Goodman R E. Methods of geological engineering in discontinuous rocks ［M］. 1st ed. New

York: West, 1976: 472 ~ 494.

[67] Goodman R E. The mechanical properties of joints [C] //Proceedings of 3rd International Congress of Rock Mechanics. Denver, 1974: 1A, 127 ~ 140.

[68] Green D H, Wang H F. Shear wave velocity and attenuation from pulse – echo studies of berea sandstone [J]. Journal of Geophysical Research, 1994, 99 (B6): 11755 ~ 11763.

[69] Green D H, Wang H F, Bonner B P. Shear wave attenuation in dry and saturated sandstone at seismic to ultrasonic frequencies [J]. International Journal of Rock Mechanics and mining Science and Geomechanics Abstracts, 1993, 30 (7): 755 ~ 761.

[70] Gu B. Interface waves on a france in rock [D]. Berkeley: University of California, 1994.

[71] Gu B, Suáre – Rivera R, Nihei K T, Myer L R. Incidence of plane waves upon a fracture [J]. Journal of Geophysical Research, 1996, 101 (B11): 25337 ~ 25346.

[72] Gu B, Nihei K T, Myer L R, Pyrak – Nolte L J. Fracture interface waves [J]. Journal of Geophysical Research, 1995, 101 (B1): 827 ~ 835.

[73] Hansson H, Jing L, Stephansson O. 3 – D DEM modelling of coupled thermo – mechanical response for a hypothetical nuclear waste repository [C] //Proceeding of NUMOG – V – International Symposium on Numercial Models in Geomechanics. Davos, Switzerland, 1995: 257 ~ 262.

[74] Hao H, Wu Y K, Ma G W, et al. Characteristics of surface ground motions induced by blasts in jointed rock mass [J]. Soil Dynamics and Earthquake Engineering, 2001, 20 (2): 85 ~ 98.

[75] Hart R D. An introduction to distinct element modelling for rock engineering [J]. Comprehensive Rock Engineering, 1993, 2: 245 ~ 261.

[76] Hart R D, John C M St. Formulation of full – coupled thermo – mechanical fluid Flow model for nonlinear geologic systems [J]. International Journal of Rock Mechanics and Mining Sciences and Geomechanics Abstracts, 1986, 23: 213 ~ 224.

[77] Haskell N A. The dispersion of surface waves in multilayered media [J]. Bulletin of the Seismological Society of America, 1953, 43: 17 ~ 34.

[78] Haugen G U, Schoenberg M A. The echo of a fault or fracture [J]. Geophysics, 1984, 49 (4): 364 ~ 373.

[79] Hirose S, Achenbach J D. Higher harmonics in the far field due to dynamic crack – face contacting [J]. Journal of Acoustic Society of America, 1993, 93 (1): 142 ~ 147.

[80] Hokstad K. Nonlinear and dispersive acoustic wave propagation [J]. Geophysics, 2004, 69 (3): 840 ~ 848.

[81] Hopkins D L. The effect of surface roughness on joint stiffness and aperture [D]. Berkeley: University of California, 1990.

[82] Hopkins D L, Myer L R, Cook N G W. Seismic wave attenuation across parallel fractures as a function of fracture stiffness and spacing [J]. Eos Transaction AGU, 1988, 68 (44): 1427.

[83] Hsiung S M, Ghosh A, Ahola M P, Chowdhury A H. Assessment methodology for joint roughness coefficient determination [J]. International Journal of Rock Mechanics and Mining Sci-

ences and Geomechanics Abstracts, 1993, 30 (7): 825～829.

[84] Hudson J A. A high order approximation to the wave propagation constants for a cracked solid [J]. Geophysical Journal of the Royal Astronomical Society, 1986, 87: 265～274.

[85] Hudson J A, Knopoff L. Predicting the overall properties of composite materials with small – scale inclusion or cracks [J]. Pageoph, 1989, 131 (4): 551～576.

[86] Hudson J A. Attenuation due to second – order scattering in material containing cracks [J]. Geophysical Journal International, 1990, 102: 485～490.

[87] Hudson J A. Overall properties of a cracked solid [J]. Math. Proc. Camb. Phil. Soc., 1980, 88: 371～384.

[88] Hudson J A. Seismic wave propagation through material containing partially saturated cracks [J]. Geophysical Journal, 1988, 92: 33～37.

[89] Hudson J A. Wave speeds and attenuation of elastic waves in material containing cracks [J]. Geophysical Journal of the Royal Astronomical Society, 1981, 64: 133～150.

[90] ISRM commission on standardization of laboratory and field test: suggested methods for the quantitative description of discontinuities in rock masses [J]. International Journal of Rock Mechanics and Mining Sciences and Geomechanics Abstracts, 1978, 15 (6): 319～368.

[91] Jing L. Numerical modelling of jointed rock masses by distinct element methods for two and three – dimensional problems [D]. Lulea: Lulea University of technology, 1990.

[92] Jing L, Nordlund E, Stephansson O. A 3 – D constitutive model for rock joints with anisotropic friction and stress dependency in shear [J]. International Journal of Rock Mechanics and Mining Sciences and Geomechanics Abstracts, 1994, 31 (2): 173～178.

[93] Johnston D H. The attenuation of seismic waves in dry and saturated rock [D]. USA: Massachusetts Institute of Technology.

[94] Johnston D H, Toksöz M N, Timur A. Attenuation of seismic waves in dry and saturated rocks: II mechanisms [J]. Geophysics, 1979, 44 (4): 691～711.

[95] Jones J P, Whittier J S. Waves at a flexibly bonded interface [J]. Journal of Applied Mechanics, 1967, 40: 905～909.

[96] Jones T, Nur A. Velocity and attenuation in sandstone at elevated temperature and pressures [J]. Geophys. Res. Lett., 1983, 10 (2): 140～143.

[97] Kana D D, Fox D J, Hsiung S M. Interlock/friction model for dynamic shear response in natural jointed rock [J]. International Journal of Rock Mechanics and Mining Sciences and Geomechanics Abstracts, 1996, 33 (4): 371～386.

[98] Kennett B L N. Seismic wave propagation in stratified media [M]. Cambridge: Cambridge University Press, 1983.

[99] King M S, Myer L R, Rezowalli J J. Experimental studies of elastic wave propagation in a columnar – jointed rock mass [J]. Geophysical Prospecting, 1986, 34 (8): 1185～1199.

[100] Kleinberg R L, Chow E Y, Plona T J, Orton M, Canaday W J. Sensitivity and reliability of fracture detection techniques for borehole application [J]. J. Pet. Technol., 1982, 34

(4): 657~663.

[101] Kuhlmeyer R L, Lysmer J. Finite element method accuracy for wave propagation problems [J]. Journal of soil mechanics and foundation division, ASCE, 1973, 99: 421~427.

[102] Kulhaway F H. Stress - deformation properties of rock and rock discontinuities [J]. Engineering Geology, 1975, 8: 327~350.

[103] Lanaro F. A random field model for surface roughness and aperture of rock fractures [J]. International Journal of Rock Mechanics and Mining Sciences, 2000, 37: 1195~1210.

[104] Lemos J V. A distinct element model for dynamic analysis of jointed rock with application to dam foundation and fault motion [D]. Minneapolis: University of Minnesota, 1987.

[105] Lemos J V, Hart R D, Cundall P A. A generalized distinct element program for modelling jointed rock mass [C] //Proceedings of International Symposium on Fundamentals of Rock Joints. Bjorkliden, Sweden, 1985: 335~343.

[106] Mal A K. Interaction of elastic waves with a penny - shaped crack [J]. International Journal of Engineering Science, 1970, 8: 381~388.

[107] Malama B, Kulatilake P H S W. Models for normal fracture deformation under compressive loading [J]. International Journal of Rock Mechanics and Mining Sciences, 2003, 40 (6): 893~901.

[108] Martin P A, Wickham. Diffraction of elastic waves by a penny - shaped crack [M]. London: Proc. R. Soc. 1981, A 378: 263~285.

[109] Martin P A, Wickham. Diffraction of elastic waves by a penny - shaped crack: analytical and numerical results [M]. London: Proc. R. Soc. 1983, A 390: 91~129.

[110] Matsuki K, Wang E Q, Sakaguchi K, et al. Timedependent closure of a fracture with rough surfaces under constant normal stress [J]. International Journal of Rock Mechanics and Mining Sciences, 2001, 38 (5): 607~619.

[111] Mavko G, Nur A. Melt Squirt in the Atmosphere [J]. Journal of Geophysical Research, 1975, 80: 1444~1448.

[112] Mavko G, Nur A. Wave attenuation in partially saturated rocks [J]. Geophysics, 1979, 44: 161~178.

[113] McCann C, McCann D M. A theory of compressional wave attenuation in non - chesive sediments [J]. Geophysics, 1985, 52: 1311~1317.

[114] Mikata Y, Achenbach J D. Interaction of harmonic waves with a periodic array of inclined cracks [J]. Wave Motion, 1988, 10: 59~78.

[115] Miksis M J. Effects of contact line movement on the dissipation of waves in partially saturated rocks [J]. Journal of Geophysical Research, 1988, 93 (6): 6624~6634.

[116] Miller R K. An approximate method of analysis of the transmission of elastic waves through a frictional boundary [J]. Joural of Applied Mechanics, 1977, 44: 652~656.

[117] Miller R K. The effects of boundary friction on the propagation of elastic waves [J]. Bulletin of Seismological Society of America, 1978, 68 (4): 987~998.

[118] Mochizuki S. Attenuation in partially saturated rocks [J]. Journal of Geophysical Research, 1982, 87, 8598~8604.

[119] Mohanty B. Physics of exploration harzard, forensic investigation of explosions [M]. Taylor and Franics, 1998: 15~44.

[120] Morris R L, Grine D R, Arkfeld T E. Using compressional and shear acoustic amplitude for the location of fractures [J]. J. Pet. Technol., 1964, 16 (6): 623~632.

[121] Morris W L, Buck O, Inman R V. Acoustic harmonic generation due to fatigue damage in high-strength aluminium [J]. Journal of Applied Physics, 1979, 50: 6737~6741.

[122] Murphy Ⅲ W F. Acoustic measures of partial gas saturation in tight sandstones [J]. Journal of Geophysical Research, 1984, 89: 11549~11559.

[123] Murphy Ⅲ W F. Effects of microstructure and pore fluids on the acoustic properties of granular sedimentary materials [D]. Stanford: Stanford University, 1982.

[124] Murphy Ⅲ W F. Effects of partial water saturation on wave attenuation in massilon sandstone and vycor porous glass [J]. Journal of Acoustic Society of America, 1982b, 71: 1458~1468.

[125] Myer L R. Fractures as collections of cracks [J]. International Journal of Rock Mechanics and Mining Sciences, 2000, 37: 231~243.

[126] Myer L R. Hydromechanical and seismic properties of fracture [C] //Proceeding of the 7th International Congress on Rock Mechanics, 1991, 1: 397~404.

[127] Myer L R. Seismic wave propagation in fractured rock [C] //Proceeding of the 3rd International Conference on Mechanics of Jointed and Faulted Rock. 1998: 2938.

[128] Myer L R, Hopkins D, Cook N G W. Effects of contact area of an interface on acoustic wave transmission characteristics [C] //Proceedings of the 26th U. S. Rock Mechanics Symposium. Boston, 1985, 1: 565~572.

[129] Myer L R, Hopkins D, Peterson J E, Cook N G W. Seismic wave propagation across multiple fractures, fractured and jointed rock masses [M]. 1995: 105~109.

[130] Myer L R, Nihei K T, Nakagawa S. Dynamic properties of interfaces [C] //Proceedings of the 1st International Conference on Damage and Failure of Interface. Vienna, Austria, 1997: 47~56.

[131] Myer L R, Pyrak-Nolte L J, Cook N G W. Effects of single fracture on seismic wave propagation [C] //Proceedings of ISRM Symposium on Rock Fractures. Loen, 1990: 467~473.

[132] Nakagawa S, Nihei K T, Myer L R. Shear-induced conversion of seismic waves across single fractures [J]. International Journal of Rock Mechanics and Mining Sciences, 2000a, 37: 203~218.

[133] Nakagawa S, Nihei K T, Myer L R. Stop-pass behaviour of acoustic waves in a ID fractured system [J]. Journal of Acoustics Society of America, 2000b, 107 (1): 40~50.

[134] Nihei K T, Yi W, Myer L R, Cook N G W. Fracture channel waves [J]. Journal of Geophysical Research, 1999, 104 (B3): 4769~4781.

[135] Nolte D D, Pyrak – Nolte L J, Beachy J, Ziegler C. Transition from the displacement discontinuity limit to the resonant scattering regime for fracture interface waves [J]. International Journal of Rock Mechanics and Mining Sciences, 2000, 37: 219 ~ 230.

[136] Nur A, Simmons G. Stress – induced velocity anisotropy in rock: an experimental study [J]. Journal of Geophysical Research, 1969, 74: 6667 ~ 6674.

[137] Nur A. Effects of stress on stress on velocity anisotropy in rock with cracks [J]. Journal of Geophysical Research, 1971, 76: 2022 ~ 2034.

[138] O' Connell R J, Budiansky B. Seismic velocities in dry and saturated cracked solids [J]. Journal of Geophysical Research, 1974, 79: 5412 ~ 5425.

[139] O' Connell R J, Budiansky B. Viscoelstic properties of fluid – saturated cracked solids [J]. Journal of Geophysical Research, 1977, 82: 5719 ~ 5730.

[140] Pande G N, Beer G, Williams J R. Numerical methods in rock mechanics [M]. New York: Wiley, 1990.

[141] Patton F D. Multiple modes of shear failure in rock [C] //Proceedings of 1st International Congress of International Society of Rock Mechanics, Lisbon, 1966: 509 ~ 513.

[142] Peacock S, Hudson J A. Seismic properties of rocks with distributions of small cracks [J]. Geophysical Journal International, 1990, 102: 471 ~ 484.

[143] Piau M. Attenuation of a plane compressional wave by a random distribution of circular cracks [J]. International Journal of Engineering Science, 1979, 17: 151 ~ 167.

[144] Pyrak – Nolte L J, Myer L R, Cook N G W. Transmission of seismic waves across single natural fractures [J]. Journal of Geophysical Research, 1990a, 95 (B6): 8617 ~ 8638.

[145] Pyrak – Nolte L J, Myer L R, Cook N G W. Anisotropy in seismic velocities and amplitudes from multiple parallel fractures [J]. Journal of Geophysical Research, 1990b, 95 (B7): 11345 ~ 11358.

[146] Pyrak – Nolte L J. Seismic Visibility of Fractures [D]. Berkeley: University of California, 1988.

[147] Pyrak – Nolte L J. The seismic response of fractures and the interrelations among fracture properties [J]. International Journal of Mechanics and mining Sciences, 1996, 33 (8): 787 ~ 802.

[148] Pyrak – Nolte L J, Cook N G W. Elastic interface waves along a fracture [J]. Geophysical Research Letters, 1987, 14 (11): 1107 ~ 1110.

[149] Pyrak – Nolte L J, nolte D D. Wavelet analysis of velocity dispersion of elastic interface waves propagating along a fracture [J]. Geophysical Research Letters, 1995, 22 (11): 1329 ~ 1332.

[150] Pyrak – Nolte L J, Roy S, Mullenbach B L. Interface waves propagated along a fracture [J]. Journal of Applied Geophysics, 1996, 35 (2 – 3): 79 ~ 87.

[151] Pyrak – Nolte L J, Xu J, Haley G M. Elastic interface waves propagating in a fracture [J]. Physical Review Letters, 1992, 68 (24): 3650 ~ 3653.

[152] Rinehart J S. Stress Transients in Solids [M]. Beijing: Coal Industry Press, 1981. (in Chinese)

[153] Roy S, Pyrak – Nolte L J. Interface waves propagating along tensile fracture in dolomite [J]. Geophysical Research Letters, 1995, 22 (20): 2773 ~ 2777.

[154] Roy S, Pyrak – Nolte L J. Observation of a distinct compressional – mode interface wave on a single fracture [J]. Geophysical Research Letters, 1997, 24 (2): 173 ~ 176.

[155] Rytove S M. Acoustical properties of a thinly laminated medium [J]. Soviet Physical Acoustic, 1956, 2: 68 ~ 80.

[156] Scheffler D R, Zukas J A. Practical aspects of numerical simulations of dynamic events: material interfaces [J]. Impact Engineering. 2000, 24 (8): 821 ~ 842.

[157] Schoenberg M, Muir F. A calculus for finely layered anisotropic media [J]. Geophysics, 1989, 54 (5): 581 ~ 589.

[158] Schoenberg M, Sayers C M. Seismic anisotropy of fractured rock [J]. Geophysics, 1995, 60 (1): 204 ~ 211.

[159] Schoenberg M. Elastic wave behaviour across linear slip interfaces [J]. Journal of Acoustic Society of America, 1980, 68 (5): 1516 ~ 1521.

[160] Schoenberg M. Reflection of elastic waves from periodically stratified media with interfacial slip [J]. Geophysical Prospecting, 1983, 31: 265 ~ 292.

[161] Shehata W M. Geohydrology of mount vernon canyon area [D]. Golden: Colorado school of mines, 1971.

[162] Sotiropoulos D A, Achenbach J D. Reflection of elastic waves by a distribution of coplanar cracks [J]. Journal of Acoustic Society of America, 1988a, 84: 752 ~ 762.

[163] Sotiropoulos D A, Achenbach J D. Ultrasonic reflection by a planar distribution of cracks [J]. Journal of Nondestructive Evaluation, 1988b, 7: 123 ~ 135.

[164] Spencer J W. Stress relaxations at low frequencies in fluid saturated rocks: attenuation and modulus dispersion [J]. Journal of Geophysical Research, 1981, 86 (B3): 1803 ~ 1812.

[165] Stacey T R. Seismic assessment of rock masses [J]. Proc. Symp. On Exploration for Rock Engng., Johannesburg, A. A. Ballkema, 1976, 2: 113 ~ 117.

[166] Stacey T R. Seismic techniques in the assessment of rock properties [D]. London: University of London, 1975.

[167] Stewart I J. Numerical and physical modelling of underground excavations in discontinuous rock [D]. Berkeley: University of California, 1981.

[168] Suárez – Rivera R. The influence of thin clay layers containing liquids on the propagation of shear waves [D]. Berkeley: University of California, 1992.

[169] Sun Z, Gerrard C, Stephansson O. Rock joint compliance tests for compression and shear loads [J]. International Journal of Rock Mechanics and Mining Sciences and Geomechnics Abstracts, 1985, 22 (4): 197 ~ 213.

[170] Sun Z. Fracture mechanics and tribology of rocks and rock joints [D]. Lulea: Lulea Univer-

sity of Technology, 1983.

[171] Swan G. Determination of stiffness and other joint properties from roughness measurements [J]. Rock Mechanical and Rock Engineering. 1983, 16: 19~38.

[172] Swan G. Tribology and the characterization of rock joints [C] //Proceeding of 22nd US Symposium on Rock Mechanics, Massachusetts Institute of Technology, 1981: 402~407.

[173] Thomson W T. Transmission of elastic waves through a stratified media [J]. Journal of Applied Physics, 1950, 21: 89~93.

[174] Walsh J B. The effect of cracks on the compressibility of rocks [J]. Journal of Geophysical Research, 1965a, 70 (2): 381~389.

[175] Walsh J B. The effect of cracks on the uniaxial elastic compression of rocks [J]. Journal of Geophysical Research, 1965b, 70 (2): 399~411.

[176] Watanabe T, Sassa K. Velocity and amplitude of P – waves transmitted through fractured zones composed of multiple thin low – velocity layers [J]. International Journal of Rock Mechanics and Mining Science and Geomechanics Abstract, 1995, 32 (4): 31~324.

[177] White J E. Seismic waves: radiation, transmission and attenuation [M]. New York: McGraw – Hill, 1965.

[178] White J E. Underground sound [M]. New York: Elsevier, 1983.

[179] Winkler K W. Frequency dependent ultrasonic properties of high – porosity sandstones [J]. Journal of Geophysical Research, 1983, 88: 9493~9499.

[180] Winkler K W, Dispersion analysis of velocity and attenuation for brea sandstone [J]. Journal of Geophysical Research, 1985, 90: 6793~6800.

[181] Wu Y K, Hao H, Zhou Y X, et al. Propagation characteristics of blast – induced shock waves in a jointed rock mass [J]. Soil Dynamics and Earthquake Engineering, 1998, 17 (6): 407~412.

[182] Xia C C, Yue Z Q, Tham L G, et al. Quantifying topography and closure deformation of rock joints [J]. International Journal of Rock Mechanics and Mining Sciences, 2003, 40: 197~220.

[183] Xu S, King M S. Attenuation of elastic waves in a cracked solid [J]. Geophysical Journal International, 1990, 101: 169~180.

[184] Xu S, King M S. Shear wave birefringence and directional permeability in fractured rock [J]. Scientific Drilling, 1989, 1: 27~33.

[185] Yang Wenyi, Kong Guangya, Cai Jungang. Dynamic model of normal behavior of rock fractures [J]. Journal of Coal Science & Engineering (China), 2005, 11 (2): 24~28.

[186] Yi W, Nihei K T, Rector J W, Nakagawa S, Myer L R, Cook N G W. Frequency – dependence seismic anisotropy in fractured rock [J]. International Journal of Rock Mechanics and Mining Science and Geomechanics Abstract, 1997, 34 (3/4): 349~360.

[187] Yu T R, Telford W M. An ultrasonic system for fracture detection in rock faces [J]. Can. Min. Met. Bull. , 1973, 66 (729): 96~106.

[188] Zhang C, Gross D. Wave attenuation and dispersion in randomly cracked solids——Ⅱ penny - shaped cracks [J]. International Journal of Engineering Science, 1993, 31: 859 ~ 872.

[189] Zhao X B. Theoretical and numerical studies of wave attenuation across parallel fractures [D]. Singapore: Nanyang Technological University, 2004.

[190] Zhao J, Cai J G. Transmission of elastic P - wave across single fracture with a nonlinear normal deformational behaviour [J]. Rock Mechanics and Rock Engineering, 2001, 34 (1): 3 ~ 22.

[191] Zhao J. Experimental studies of the hydro - thermo - mechanical behaviour of joints in granite [D]. Imperial College, University of London, 1987.

[192] Zhao J. Joint surface matching and joint shear strength, part A: joint matching coefficient (JMC) [J]. International Journal of Rock Mechanics and Mining Science, 1997a, 34 (2): 173 ~ 178.

[193] Zhao J. Joint surface matching and joint shear strength, part B: JRC - JMC shear strength criterion [J]. International Journal of Rock Mechanics and Mining Science, 1997b, 34 (2): 179 ~ 185.

[194] Zhao J, Zhao X B, Cai J G. A further study of P - wave attenuation across parallel fractures with linear deformational behaviour [J]. International Journal of Rock Mechanics and Mining Science, 2006, 44: 776 ~ 788.

[195] Zukas J A, Scheffler D R. Practical aspects of numerical simulations of dynamic events: effects of meshing [J]. Impact Engineering, 2000, 24 (9): 925 ~ 945.

[196] 毕贵权. 裂隙介质中波传播特性试验研究 [D]. 西安: 西安理工大学, 2004.

[197] 曹光暄. NSMP 天然地震波 SMC 文件记录格式及其应用 [J]. 工程与建设, 2006, 20 (5): 502 ~ 504.

[198] 陈枫, 孙宗颀, 徐纪成. 岩石压剪断裂过程中的超声波波谱特性研究 [J]. 工程地质学报, 2000, 8 (2): 164 ~ 168.

[199] 邓向允, 徐松林, 李广场, 等. 缺陷对玄武岩中声波波速影响的试验研究 [J]. 实验力学, 2009, 24 (1): 13 ~ 20.

[200] 丁梧秀, 姚增, 蒋振. 岩体工程特性研究中弹性波速参数取值方法探讨 [J]. 岩土力学, 2004, 25 (9): 1353 ~ 1356.

[201] 范留明, 李宁. 软弱夹层的透射模型及其隔震特性研究 [J]. 岩石力学与工程学报, 2005, 24 (14): 2456 ~ 2462.

[202] 郭文章, 王树仁, 张奇, 等. 节理岩体爆破的破裂规律分析 [J]. 振动与冲击, 1999, 18 (2): 30 ~ 35.

[203] 郭易圆, 李世海. 离散元法在节理岩体爆破振动分析中的应用 [J]. 岩石力学与工程学报, 2002, 21 (Supp. 2): 2408 ~ 2412.

[204] 郭易圆, 李世海. 有限长岩柱中纵波传播规律的离散元数值分析 [J]. 岩石力学与工程学报, 2002, 21 (8): 1124 ~ 1129.

[205] 韩嵩, 蔡美峰. 节理岩体物理模拟与超声波试验研究 [J]. 岩石力学与工程学报, 2007, 26 (5): 1026~1033.

[206] 鞠杨, 李业学, 谢和平, 等. 节理岩石的应力波动与能量耗散 [J]. 岩石力学与工程学报, 2006, 25 (12): 2426~2434.

[207] 雷卫东, Ashraf M H, 滕军, 等. 二维波穿过单节理的透射率特性及其隐含意义 [J]. 中国矿业大学学报, 2006, 35 (4): 492~497.

[208] 李宁, G Swoboda, 葛修润. 岩体节理在动载作用下的有限元分析 [J]. 岩土工程学报, 1994, 16 (1): 29~38.

[209] 李宁, 陈蕴生, 辛有良. 岩体节理刚度系数的现场声波测试 [J]. 应用力学学报, 1998, 15 (3): 119~123.

[210] 李夕兵, 赖海辉, 古德生. 爆炸应力波斜入射岩体软弱结构面的透、反射关系和滑移准则 [J]. 中国有色金属学报, 1992, 9~14.

[211] 李夕兵, 王卫华, 等. 不同频率荷载作用下的岩石节理本构模型 [J]. 岩石力学与工程学报, 2007, 26 (2): 247~253.

[212] 李晓昭, 安英杰, 俞缙, 等. 岩芯卸荷扰动的声学反应与卸荷敏感岩体 [J]. 岩石力学与工程学报, 2003, 22 (12): 2086~2092.

[213] 李业学. 断面分形几何特征及应力波动规律的试验研究 [D]. 北京: 中国矿业大学, 2005.

[214] 林韵梅. 岩体基本质量定量分级标准 BQ 公式的研究 [J]. 岩土工程学报, 1999, 21 (4): 481~485.

[215] 刘斌, Kern H, Popp T. 不同围压下孔隙度不同的干燥及水饱和岩样中的纵横波速度及衰减 [J]. 地球物理学报, 1998, 41 (4): 537~546.

[216] 刘彤, 苏天明, 孙健. 岩石声波差异衰减特征及工程应用探讨 [J]. 地球物理学进展, 2005, 20 (3): 822~827.

[217] 刘彤, 徐鸣洁, 胡德昭, 等. 风化花岗岩声波频谱特征 [J]. 高校地质学报, 2000, 6 (4): 588~594.

[218] 刘永贵, 徐松林, 席道瑛, 等. 节理玄武岩体弹性波频散效应研究 [J]. 岩石力学与工程学报, 2010, 29 (增刊1): 3314~3320.

[219] 卢文波. 应力波与可滑移岩石界面间的相互作用研究 [J]. 岩土力学, 1996, 17 (3): 70~75.

[220] 鲁晓兵, 郭易圆, 李世海. 爆炸荷载下三峡三期纵向围堰响应的离散元分析 [J]. 岩石力学与工程学报, 2002, 21 (2): 158~162.

[221] 钱祖文. 非线性声学 [M]. 北京: 科学出版社, 1992: 324~338

[222] 尚嘉兰, 郭汉彦. 岩体裂隙对应力波传播的影响 [C] //防护工程学术交流会论文集, 1979: 91~98.

[223] 尚嘉兰, 沈乐天, 赵宇辉, 等. Bukit Timah 花岗岩的动态本构关系 [J]. 岩石力学与工程学报, 1998, 17 (6): 634~641.

[224] 石崇, 徐卫亚, 周家文. 二维波穿过非线性节理面的透射性能研究 [J]. 岩石力学与

工程学报，2007，26（8）：1645～1652.

[225] 宋光明. 爆破振动小波包分析理论与应用研究［D］. 长沙：中南大学，2001.

[226] 汪越胜，于桂兰，章梓茂，等. 复杂界面（界面层）条件下的弹性波传播问题研究综述［J］. 力学进展，2000，30（3）：378～390.

[227] 王光纶，尹显俊. 岩体结构面三维循环加载本构关系［J］. 清华大学学报（自然科学版），2005，45（9）：1193～1197.

[228] 王礼立. 应力波基础［M］. 北京：国防工业出版社，1985.

[229] 王明洋，钱七虎. 爆炸应力波通过节理裂隙带的衰减规律［J］. 岩土工程学报，1995，17（2）：42～46.

[230] 王明洋. 爆炸应力波通过地质构造断层的动力学模型理论与试验研究［D］. 南京：中国人民解放军理工大学工程兵工程学院，1994.

[231] 王卫华，李夕兵，等. 不同应力波在张开节理处的能量传递规律［J］. 中南大学学报（自然科学版），2006，37（2）：376～380.

[232] 王卫华，李夕兵. 非线性法向变形节理对弹性纵波传播的影响［J］. 岩石力学与工程学报，2006，25（6）：1218～1225.

[233] 王卫华. 节理动态闭合变形性质及应力波在节理处的传播［D］. 长沙：中南大学，2006.

[234] 吴刚，孙钧. 卸荷应力状态下裂隙岩体的变形和强度特性［J］. 岩石力学与工程学报，1998，17（6）：615～621.

[235] 席道瑛，黄理兴. 岩芯声学特征与原位测井参数对比研究［J］. 岩土力学，1995，16（2）：52～56.

[236] 徐鸣洁，钟锴，俞缙，等. 南京地铁工程勘察中声波测试与分析［J］. 岩石力学与工程学报，2005，24（6）：1018～1024.

[237] 闫长斌，徐国元，杨飞. 爆破动荷载作用下围岩累积损伤效应声波测试研究［J］. 岩土工程学报，2007，29（1）：88～93.

[238] 叶明亮，邹义怀. 原岩应力超声波检测及应力场分析［J］. 岩土工程学报，1998，20（5）：31～36.

[239] 尹显俊，王光纶. 岩体结构面法向循环加载本构关系研究［J］. 岩石力学与工程学报，2005，24（7）：1159～1165.

[240] 俞缙，李晓昭，赵维炳，等. 基于小波变换的岩芯卸荷扰动声学反应分析［J］. 岩石力学与工程学报，2007，26（S1）：3558～3564.

[241] 俞缙，钱七虎，林从谋，等. 纵波在改进的弹性非线性法向变形行为单节理处的传播特性研究［J］. 岩土工程学报，2009，31（8）：1156～1164.

[242] 俞缙，钱七虎，宋博学，等. 不同应力波穿过多条非线性变形节理时的透射特性［J］. 工程力学，2012，29（4）：1～6.

[243] 俞缙，钱七虎，赵晓豹. 岩体结构面对应力波传播规律影响的研究进展综述［J］. 兵工学报，2009，30（S2）：119～127.

[244] 俞缙，宋博学，钱七虎. 节理岩体双重非线性弹性介质中的纵波传播特性［J］. 岩石

力学与工程学报，2011，30（12）：2463～2473.

[245] 俞缙，赵晓豹，李晓昭，等. 改进的岩体节理弹性非线性法向变形本构模型研究 [J]. 岩土工程学报，2008，30（9）：1316～1321.

[246] 张奇. 应力波在节理处的传递过程 [J]. 岩土工程学报，1986，8（6）：99～105.

[247] 张光莹. 含分布裂缝岩石的弹性本构及波传播特性研究 [D]. 长沙：中国人民解放军国防科学技术大学，2003.

[248] 张义平，李夕兵，等. 爆破震动信号的时频分析 [J]. 岩土工程学报，2005，27（12）：1471～1477.

[249] 赵坚，陈寿根，蔡军刚，宋宏伟. 用 UDEC 模拟爆炸波在节理岩体中的传播 [J]. 中国矿业大学学报，2002，31（2）：111～115.

[250] 赵坚. 岩石节理吻合系数及其对节理特性的影响 [J]. 岩石力学与工程学报，1997，16（6）：514～521.

[251] 赵坚，赵宇辉，尚嘉兰，等. Bukit Timah 花岗闪长岩的 Hugoniot 状态方程 [J]. 岩土工程学报，1998，21（3）：315～318.

[252] 赵明阶，吴德伦. 单轴加载条件下岩石声学参数与应力的关系研究 [J]. 岩石力学与工程学报，1999，18（1）：50～54.

[253] 赵明阶，吴德伦. 单轴受荷条件下岩石的声学特性模型与实验研究 [J]. 岩土工程学报，1999，21（5）：540～545.

[254] 赵明阶，吴德伦. 小波变换理论及其在岩石声学特性研究中的应用 [J]. 岩土工程学报，1998，20（6）：47～51.

[255] 赵明阶，徐蓉. 岩石损伤特性与强度的超声波速度研究 [J]. 岩土工程学报，2000，22（6）：720～722.

[256] 赵明阶，徐蓉. 用弹性波速计算正交各向异性岩体的裂隙张量 [J]. 重庆建筑大学学报，1999，21（2）：42～48.

[257] 赵明阶. 二维应力场作用下岩体弹性波速与衰减特性研究 [J]. 岩石力学与工程学报，2007，26（1）：123～130.

[258] 赵明阶. 裂隙岩体在受荷条件下的声学特性研究 [D]. 重庆：重庆建筑大学，1998.

[259] 中华人民共和国水利部. GB 50218—1994 工程岩体分级标准 [S]. 北京：中国计划出版社，1999.

[260] 原中华人民共和国电力工业部. GB/T 50266—1999 工程岩体试验方法标准 [S]. 北京：中国计划出版社，1999.

[261] 周建民，许宏发，杨红禹. 岩体节理法向变形的数学模型分析 [J]. 岩石力学与工程学报，2000，19（增）：853～855.

[262] 周锦清，郑侠光，雷芙蓉. 超声反射波频谱分析的模拟和实验研究 [J]. 测井技术，1995，2：97～104.

[263] 朱合华，周治国，邓涛. 饱水对致密岩石声学参数影响的试验研究 [J]. 岩石力学与工程学报，2005，24（5）：823～829.